高等学校计算机类“十三五”规划教材

Access 数据库设计

主　编　杨文莲　吴俊峰　张　菁

副主编　陶　冶　王　颖　张思佳

参　编　周　磊　刘　威　张　鑫

奚海波　王建彬

西安电子科技大学出版社

内 容 简 介

本书遵循教育部高等学校大学计算机课程教学指导委员会(2013—017)制定的《大学计算机基础课程教学基本要求》中关于“数据库技术与应用”课程的教学要求，同时紧扣教育部考试中心颁布的《全国计算机等级考试二级 Access 数据库程序设计考试大纲》而编写。

本书主要介绍关系数据库管理系统的基础知识以及关系数据库应用系统的开发技术，主要内容包括数据库基础知识、Access 2010 概述、数据库的创建与管理、表的创建与操作、查询、窗体、报表、宏、模块与 VBA 编程基础、VBA 数据库编程、Access 数据库应用系统开发实例等。

本书适合作为高等学校非计算机专业本科、专科学生的教材，也可作为 Access 使用者、学习者与开发人员的参考书。

图书在版编目(CIP)数据

Access 数据库设计 / 杨文莲，吴俊峰，张菁主编. — 西安：西安电子科技大学出版社，2018.9

ISBN 978-7-5606-5008-1

Ⅰ. ① A… Ⅱ. ① 杨… ② 吴… ③ 张… Ⅲ. ① 关系数据库系统 Ⅳ. ① TP311.138

中国版本图书馆 CIP 数据核字(2018)第 163980 号

策划编辑 高 樱
责任编辑 秦媛媛 阎彬
出版发行 西安电子科技大学出版社(西安市太白南路 2 号)
电 话 (029)88242885 88201467 邮编 710071
网 址 www.xduph.com 电子邮箱 xdupfxb001@163.com
经 销 新华书店
印刷单位 陕西利达印务有限责任公司
版 次 2018 年 9 月第 1 版 2018 年 9 月第 1 次印刷
开 本 787 毫米×1092 毫米 1/16 印 张 16.5
字 数 389 千字
印 数 1～3000 册
定 价 36.00 元
ISBN 978-7-5606-5008-1 / TP

XDUP 5310001-1

前言

本书遵循教育部高等学校大学计算机课程教学指导委员会(2013—2017)制定的《大学计算机基础课程教学基本要求》中关于“数据库技术与应用”课程的教学要求，同时紧扣教育部考试中心最新颁布的《全国计算机等级考试二级Access数据库程序设计考试大纲》而编写。

数据库技术是由计算机支撑的信息系统的核心和基础，其核心内容是利用计算机系统进行数据(信息)处理，它促进了计算机应用向各行各业的渗透。“数据库技术及应用”课程是大学计算机基础教学核心课程之一，其教学目标是：培养学生利用数据库技术对信息进行管理、加工和表达的能力，加强学生使用DBMS产品和数据库应用开发工具的能力以及对事物数据化、数据交叉复用价值的理解能力。本课程以数据库原理和技术为核心，践行“学以致用”的理念，着眼于加强计算思维能力的培养，将数据库模型抽象能力、数据存储、数据操纵、SQL语言等具有计算思维特征的数据库理论方法在“技术”层面或在“操作”过程中体现出来，全程体现基于计算思维能力的教学要求和课程目标。

本书介绍了数据库基础知识，并详细介绍了Microsoft Access 2010数据库技术及应用，包含Access数据库的创建与管理、表的创建与操作、查询、窗体、报表、宏、模块与VBA编程基础、VBA数据库编程、Access数据库应用系统开发实例等。

本书可以作为大学本科非计算机专业学生学习数据库基础理论的教材。本书具有标准、严谨、实用等特点，适合参加国家计算机二级考试的考生使用，也可作为高等院校或培训班的教材使用。本书以“学生管理系统.accd”中的数据表作为操作数据并贯穿全书始终，所有的应用实例都在Microsoft Access 2010环境中运行通过。

本书的配套教材《Access数据库设计实验及习题解答》为各章补充了大量的习题及其解答，帮助学生温习和巩固所学到的知识。为实验案例和实验习题录制了总计 84 条的视频讲解，见《Access 数据库设计实验及习题解答》一书的附录 2。本书的配套电子教案用 PowerPoint 编辑制作，可作为教学辅助工具。

本书由大连海洋大学杨文莲、吴俊峰、张菁、陶冶、王颖、张思佳、周磊、刘威、张鑫、奚海波、王建彬编写，由杨文莲统稿并对全书内容进行了校对。

由于时间仓促以及作者水平有限，书中可能还有不妥之处，恳请广大读者批评指正。作者 E-mail：lotusyangwl@163.com。

编　者

2018 年 4 月

目　录

第 1 章　数据库基础知识

大数据时代改变了人类原有的生存和发展模式，也改变了人类认识世界的方式和价值的判断方式。以数据库技术为基础的信息存储、查询和挖掘的手段，可以有效地将大量信息进行收集、加工、分析与处理，使得决策更为精准，释放更多数据价值。数据库技术是由计算机支撑的信息系统的核心和基础，其核心内容是利用计算机系统进行数据(信息)处理，它促进了计算机应用向各行各业的渗透。本章主要介绍数据管理技术的发展、数据模型和关系数据库的基本概念等内容，为后面各章节的学习奠定基础。

1.1　数据库系统概述

1.1.1　数据与信息

1. 数据

数据指描述事物的符号记录。文字、图形、图像、声音、学生的档案记录、货物的运输情况等都是数据。它们经过数字化后可以存入计算机。

数据是数据库中存储的基本对象，数据与其语义(数据的含义)是密不可分的。数据有一定的结构，有型与值之分。数据的型给出了数据表示的类型，如整型、实型、字符型等，而数据的值给出了符合给定型的值，如整型值 190。

2. 信息

信息是一种已经加工为特定形式的数据，这种数据形式对接收者来说是具有确定意义的，它不但对人们当前和未来活动产生影响，而且对接收者的决策具有实际价值。

3. 信息与数据的联系

数据是信息的符号表示，或称载体；信息是数据的内涵，是数据的语义解释。数据是符号化的信息，信息是语义化的数据。数据与信息的关系如图 1.1 所示。

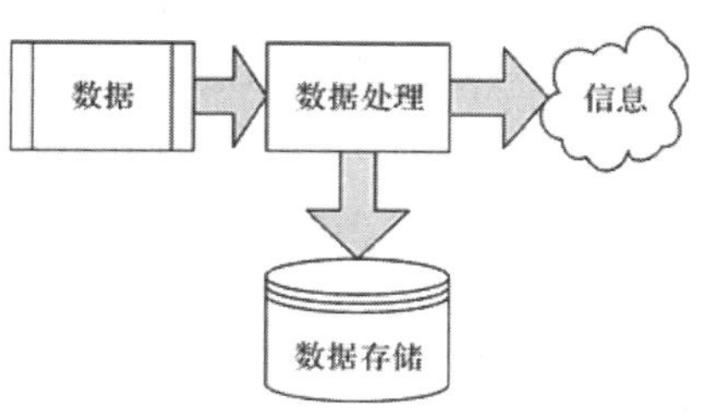

图 1.1　数据与信息的关系

4. 数据处理

数据处理是指对各种类型的数据进行采集、存储、分类、计算、检索、加工及传输的过程。数据处理的目的是从大量的原始数据中抽取和导出有价值的信息，有价值的信息可以作为决策的依据。信息、数据、数据处理的关系也可以简单表示为：信息 = 数据 + 数据处理。

1.1.2　数据管理技术的发展

在计算机应用领域，通过计算机数据处理对信息进行管理已成为主要的应用，如测绘制图管理、仓库管理、财会管理、交通运输管理、技术情报管理、办公室自动化等。

数据处理的核心问题是数据管理。数据管理指的是对数据的分类、组织、编码、存储、检索和维护等。在计算机软、硬件发展的基础上，在应用需求的推动下，数据管理技术得到了很大的发展，它经历了人工管理、文件系统和数据库系统 3 个阶段。

1. 人工管理阶段

20 世纪 50 年代中期以前，计算机存储设备只有磁带、卡片和纸带，软件方面没有操作系统和专业的数据管理软件，编程要定义数据的逻辑结构和物理结构，当数据物理结构发生变化时需要重新编制程序，即数据的组织和管理完全依靠程序员手工完成。数据和应用程序之间的关系如图 1.2 所示。

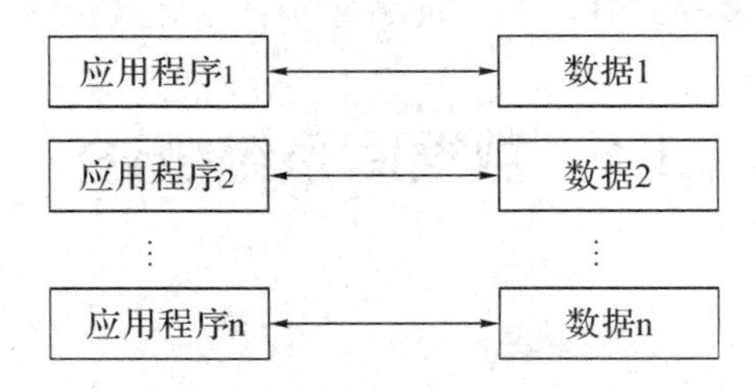

图 1.2　人工管理阶段数据与程序的依赖关系

上述数据和应用程序之间的关系导致人工管理阶段有如下几个特点：应用程序管理数据，数据不共享，用户负责数据的组织、存储结构等细节，数据完全面向特定的应用程序，数据与程序之间没有独立性。

2. 文件系统阶段

20 世纪 50 年代后期到 60 年代中期，计算机的应用范围逐渐扩大，不仅用于科学计算，还用于管理，并开始大量地用于数据处理工作。这时硬件上已有了磁盘、磁鼓等直接存取的存储设备，软件方面出现了高级语言和操作系统。操作系统中文件管理模块(即输入输出控制模块)的重要功能之一是管理外存储器中的数据，一般称为文件系统。

应用程序通过文件系统对文件中的数据进行存取和加工。此时，程序和数据之间有了一定的独立性，有了程序文件和数据文件之分，如图 1.3 所示。

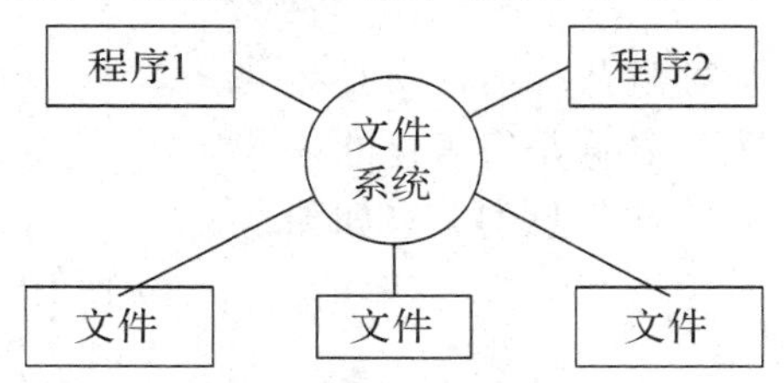

图 1.3　文件系统阶段程序与文件的关系

文件系统管理数据的主要特点：

(1) 数据可以组织成文件长期保存在计算机中，供应用程序反复使用。

(2) 数据由文件系统统一管理。在文件系统的支持下，应用程序通过文件名访问数据文件，程序员不必过多地考虑数据存储等物理细节。

(3) 数据共享性差，冗余度大。在文件系统中，一个(或一组)数据文件基本上对应于一个应用程序，数据文件之间没有联系，同一数据项可能重复出现在多个文件中。

(4) 数据独立性差。在文件系统阶段，数据和程序可以分开存储，数据与程序之间有了一定的独立性，但文件系统中的文件是为某一特定应用服务的，数据仍高度依赖于程序。

3. 数据库系统阶段

20 世纪 60 年代后期以来，计算机用于管理的规模更为庞大，应用越来越广泛，数据量急剧增长，同时多种应用、多种语言互相覆盖地共享数据集合的要求越来越强烈。这时硬件有大容量磁盘，硬件价格下降，软件价格上升，为编制和维护系统软件及应用程序所需的成本相对增加。在处理方式上，联机实时处理要求更多，并开始提出和考虑分布处理。在这种背景下，以文件系统作为数据管理手段已经不能满足应用的需求，于是为解决多用户、多应用共享数据的需求，使数据为尽可能多的应用服务，出现了数据库技术和统一管理数据的专门软件系统——数据库管理系统(DBMS)。数据库管理系统通过对数据库的操作来管理数据，克服了文件系统的缺陷，提供了对数据更高级、更有效的管理。这个阶段的程序和数据的联系通过数据库管理系统来实现，如图 1.4 所示。

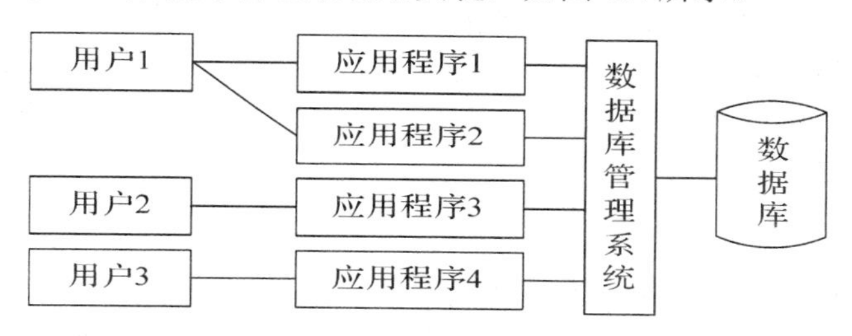

图 1.4　数据库系统阶段数据与程序的关系

20 世纪 60 年代产生了第一个数据库管理系统，主要用于大型而复杂的冒险事业，例如阿波罗登月计划。这一时期可以视为一个试验性的“概念证明”时期，在这个时期证明了用 DBMS 管理大量数据的可行性，而且在 20 世纪 60 年代后期，随着数据库任务组(DBTG)的成立，在数据库管理标准化问题上进行了第一次尝试。

20 世纪 70 年代数据库管理系统的使用已成为商业行为。这一时期开发了层次数据库管理和网状数据库管理两种数据库管理系统，它们在很大程度上用来处理日益复杂的数据结构，这些数据结构采用传统的文件处理方法进行管理是极其困难的。层次数据库管理和网状数据库管理这两种数据库管理模型被普遍认为是第一代 DBMS(数据库管理系统)。

20 世纪 80 年代关系数据模型普及到了整个商业领域。关系数据模型被认为是第二代 DBMS。在关系模型中，所有数据均以表的形式来表示。因此，关系模型为非编程人员提供了轻松的数据访问，克服了第一代系统的主要缺陷之一，而且关系模型已被证实非常适合于客户/服务器计算、并行处理和图形用户界面。关系模型产生了一种“自动传播”的数据库，来取代之前的“标准传播”数据库。目前流行的 DBMS 均为关系型数据库系统，如 Oracle、Sybase 的 PowerBuilder 及 IBM 的 DB2、微软的 SQLServer 等，还有一些小型的数据库，如 Visual FoxPro 和 Access 等也属此类。

20 世纪 90 年代，多媒体数据(包括图形、声音和视频)变得日益普及。为了处理这些日益复杂的数据，在 20 世纪 80 年代后期，面向对象数据库应运而生，这种数据库被认为是第三代数据库。因为组织机构必须管理大量的结构化和非结构化数据，所以关系数据库和面向对象数据库都极为重要。事实上，有些供应商正在开发组合的对象-关系 DBMS，这种 DBMS 可以管理两种数据：结构化数据和非结构化数据。

数据库系统的主要特点是：

(1) 数据以数据库文件组织形式长期保存，数据库中的数据是有结构的，这种结构由数据库管理系统所支持的数据模型表现出来。

(2) 数据由数据库管理系统统一管理和控制。数据库管理系统负责数据库的建立、使用和维护，并提供数据保护和控制功能。

(3) 数据的共享性高，冗余度小。数据库系统采用面向全局的观点组织数据库中的数据，而不是只考虑某一部门的局部应用，因此，数据库中的数据能够满足多用户、多应用的不同需求。数据共享可以大大减少冗余，节约存储空间，还能够避免数据之间的不相容性与不一致性。

(4) 数据独立性高。在数据库系统中，应用程序与数据的逻辑结构和物理存储结构无关，数据具有较高的逻辑独立性和物理独立性。数据的逻辑独立性是指数据库总体逻辑结构的改变，如修改数据模式、增加新的数据类型、改变数据间联系等，不需要相应地修改应用程序。数据的物理独立性是指数据的物理结构(包括存储结构、存取方式等)的改变，如存储设备的更换、物理存储的更换、存取方式改变等都不影响数据库的逻辑结构，从而不会引起应用程序的变化。

4. 新一代数据库系统

数据库技术与网络通信技术、人工智能技术、面向对象程序设计技术、并行计算技术等互相渗透、互相结合，成为当前数据库技术发展的主要特征。数据库技术与其他学科的内容相结合，是新一代数据库技术的一个显著特征。在结合中涌现出各种新型的数据库系统，例如：数据库技术与分布处理技术相结合，出现了分布式数据库；数据库技术与并行处理技术相结合，出现了并行数据库；数据库技术与人工智能相结合，出现了演绎数据库、知识库和主动数据库；数据库技术与多媒体处理技术相结合，出现了多媒体数据库；数据库技术与模糊技术相结合，出现了模糊数据库；数据库技术与 Internet/Web 技术相结合出现了数据仓库、数据挖掘、数字图书馆、电子商务和电子政务系统等。

1.1.3　数据库系统的组成

数据库系统(DataBase System，DBS)是指在计算机系统中引入数据库后的系统。数据库系统是在计算机硬件、软件系统的支持下，由用户、数据库管理系统、存储在存储设备上的数据和数据库应用程序构成的数据处理系统。

数据库系统要求硬件平台具有较大的内存空间，用于存放操作系统、DBMS 核心模块、缓冲数据与应用程序；数据库系统应有足够大的磁盘空间，用于存放数据库与数据备份；数据库系统要有较高的通道能力，提高数据传送率。数据库系统一般由数据库、数据库管理系统(及开发工具)、应用系统、数据库管理员和用户构成，如图 1.5 所示。

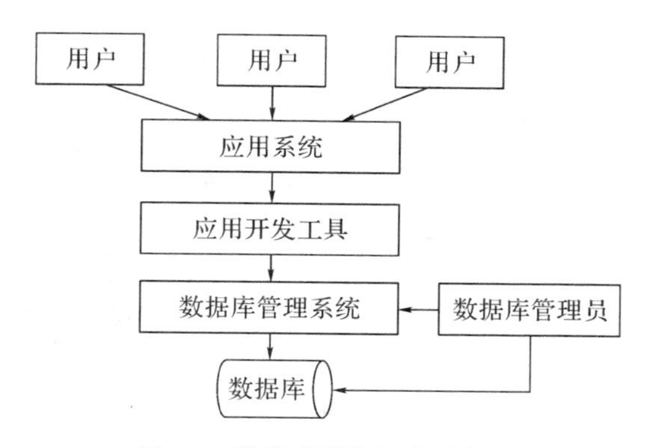

图 1.5 数据库系统组成示意图

1. 数据库

数据库(DataBase，DB)指长期存储在计算机内有组织的、可共享的数据集合。数据库中的数据按一定的数据模型组织、描述和存储，具有较小的冗余度、较高的数据独立性和易扩展性，并可为各种用户共享。

数据库中不仅包括描述事物的数据本身，还包括相关事物之间的联系。对数据库中数据的增加、删除、修改和检索等操作，均由数据库管理系统统一管理和控制。

2. 数据库管理系统

数据库管理系统(DataBase Management System，DBMS)指位于用户与操作系统之间的一层数据管理软件，在操作系统支持下工作，是数据库系统的核心组成部分。数据库在建立、运用和维护时由数据库管理系统统一管理、统一控制。数据库管理系统使用户能方便地定义数据和操纵数据，并能够保证数据的安全性、完整性、多用户对数据的并发使用及发生故障后的系统恢复。

不同 DBMS 要求的硬件资源、软件环境是不同的，因此其功能与性能也存在差异，但一般来说，DBMS 的功能主要包括以下 6 个方面：

(1) 数据定义。数据定义包括定义构成数据库结构的外模式、模式和内模式，定义各个外模式与模式之间的映射，定义模式与内模式之间的映射，定义有关的约束条件(例如为保证数据库中数据具有正确语义而定义的完整性规则，为保证数据库安全而定义的用户口令和存取权限等)。

(2) 数据操纵。数据操纵包括对数据库数据的检索、插入、修改和删除等基本操作。此外，数据操纵还具有简单的算术运算和统计功能，以及强大的程序控制功能。

(3) 数据库运行管理。对数据库的运行进行管理是 DBMS 运行时的核心部分，包括对数据库进行并发控制、安全性检查、完整性约束条件的检查和执行数据库的内部维护(如索引、数据字典的自动维护)等。所有访问数据库的操作都要在这些控制程序的统一管理下进行，以保证数据的安全性、完整性、一致性以及多用户对数据库的并发使用。

(4) 数据组织、存储和管理。数据库中需要存放多种数据，如数据字典、用户数据、存取路径等，DBMS 负责分门别类地组织、存储和管理这些数据，确定以何种文件结构和存取方式物理地组织这些数据，如何实现数据之间的联系，以便提高存储空间利用率以及提高随机查找、顺序查找、增、删、改等操作的时间效率。

(5) 数据库的建立和维护。建立数据库包括数据库初始数据的输入与数据转换等。维护数据库包括数据库的转储与恢复、数据库的重组织与重构造、性能的监视与分析等。

(6) 数据通信接口。DBMS 需要提供与其他软件系统进行通信的功能。例如，提供与其他 DBMS 或文件系统的接口，从而能够将数据转换为另一个 DBMS 或文件系统能够接受的格式，或者接收其他 DBMS 或文件系统的数据。

为了提供上述 6 方面的功能，DBMS 通常由以下 4 部分组成：

(1) 数据定义语言及其翻译处理程序。DBMS 一般都提供数据定义语言(Data Definition Language，DDL)供用户定义数据库的外模式、模式、内模式、各级模式间的映射、有关的约束条件等。用 DDL 定义的外模式、模式和内模式分别称为源外模式、源模式和源内模式，各种模式翻译程序负责将它们翻译成相应的内部表示，即生成目标外模式、目标模式和目标内模式。

(2) 数据操纵语言及其编译(或解释)程序。DBMS 提供了数据操纵语言(Data Manipulation Language，DML)实现对数据库的检索、插入、修改、删除等基本操作。DML 分为宿主型 DML 和自主型 DML 两类。宿主型 DML 本身不能独立使用，必须嵌入主语言中，例如嵌入 C、COBOL、FORTRAN 等高级语言中。自主型 DML 又称为自含型 DML，它们是交互式命令语言，语法简单，可以独立使用。

(3) 数据库运行控制程序。DBMS 提供了数据控制语言(Data Control Language，DCL)，即数据库运行过程中控制与管理系统运行的控制程序，包括系统初启程序、文件读写与维护程序、存取路径管理程序、缓冲区管理程序、安全性控制程序、完整性检查程序、并发控制程序、事务管理程序、运行日志管理程序等，它们在数据库运行过程中监视着对数据库的所有操作，控制管理数据库资源，处理多用户的并发操作等。

(4) 实用程序。DBMS 通常还提供一些实用程序，包括数据初始装入程序、数据转储程序、数据库恢复程序、性能监测程序、数据库再组织程序、数据转换程序、通信程序等。数据库用户可以利用这些实用程序完成数据库的建立与维护，以及数据格式的转换与通信。

3. 数据库应用系统

数据库应用系统(DataBase Application Systems，DBAS)是利用数据库系统资源，为特定应用环境开发的应用软件，如人事管理系统、财务管理系统等。

4. 数据库管理员

数据库管理员(DataBase Administrator，DBA)是负责数据库的建立、使用和维护的专门人员。

1.1.4 数据库系统的体系结构

数据库系统的体系结构分为外部级、概念级和内部级三级，每一级都有对应的模式，所以数据库的体系结构称为三级模式结构。数据库的外部级、概念级和内部级三级之间往往差别很大。为了实现三级结构的联系和转换，DBMS 提供了两层映射：模式/内模式映射和外模式/模式映射，如图 1.6 所示。

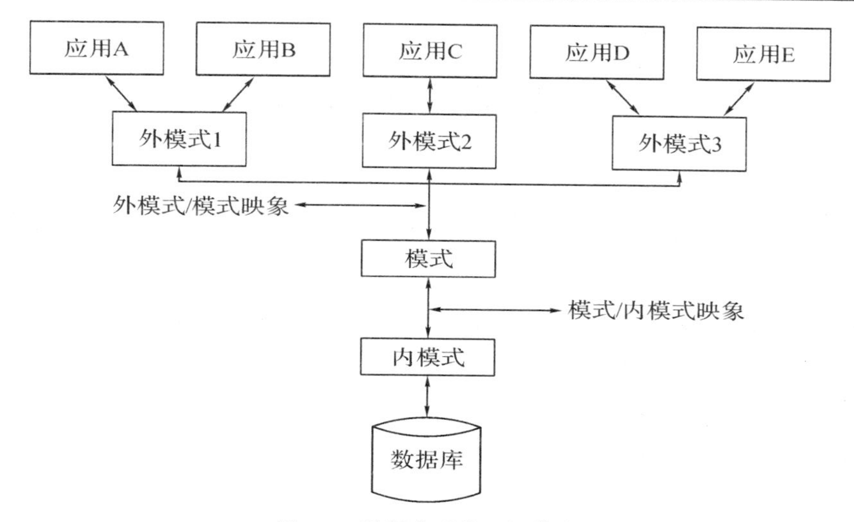

图 1.6　数据库系统三级模式

1. 数据库系统的三级模式结构

数据库系统的三级模式结构是指数据库系统是由外模式、模式和内模式三级组成。

(1) 外模式。外模式也称子模式或用户模式，它是数据库用户(包括应用程序员和最终用户)看见和使用的局部数据的逻辑结构和特征的描述，是数据库用户的数据视图，是与某一应用有关的数据的逻辑表示。一个数据库可以有多个外模式。

(2) 概念模式。概念模式简称为模式，是数据库中全部数据的整体逻辑结构和特征的描述，是所有用户的公用数据视图。一个数据库只有一个模式。

(3) 内模式。内模式也称存储模式或物理模式，它是数据库在物理存储方面的描述，它定义所有的内部记录类型、索引和文件的组织方式，以及数据控制方面的细节。一个数据库只有一个内模式。

2. 数据库的二级映射功能与数据独立性

数据库系统的三级模式是对数据三个级别的抽象，它把数据的具体物理实现留给物理模式，使得全局设计者不必关心数据库的具体实现与物理背景；通过两级映射建立了模式间的联系与转换，使得概念模式与外模式虽然并不物理存在，但也能通过映射获得实体。同时，两级映射也保证了数据库系统的数据能够具有较高的逻辑独立性和物理独立性。

模式描述的是数据的全局逻辑结构，外模式描述的是数据的局部逻辑结构。对应于同一个模式可以有任意多个外模式。对于每一个外模式，数据库系统都有一个外模式/模式映射，定义了该外模式与模式之间的对应关系。当模式改变时(例如，增加新的数据类型、新的数据项、新的关系等)，由数据库管理员对各个外模式/模式的映射作相应改变，可以使外模式保持不变，从而应用程序不必修改，保证了数据的逻辑独立性。

数据库中只有一个模式，也只有一个内模式，所以模式/内模式映射是唯一的，它定义了数据全局逻辑结构与存储结构之间的对应关系。当数据库的存储结构改变时(例如，采用了更先进的存储结构)，由数据库管理员对模式/内模式映射作相应改变，可以使模式保持不变，从而保证了数据的物理独立性。

1.2　关系数据库基本原理

1.2.1　关系模型的基本概念

数据库总是基于某种数据模型的，数据模型是数据库的框架。这个框架形式化地描述数据库的数据组织形式，在框架约束下填入具体数据就形成实际的数据库。关系数据库是建立在关系数据库模型基础上的数据库，借助于集合代数等概念和方法来处理数据库中的数据，同时也是一组拥有正式描述性的表格，这些表格中的数据能以许多不同的方式被存取或重新召集而不需要重新组织数据库表格。

1970 年，IBM 公司研究员 E.F.Codd 博士在美国计算机学会会刊 Communication of the ACM 上发表了题为“A Relational Model of Data for Shared Data Banks”(“大型共享数据银行的关系模型”)的文章，该文中首次提出数据库系统的关系模型，开创了数据库关系方法和关系数据理论研究的基础，为关系型数据库奠定了理论模型。20 世纪 80 年代以来，计算机厂商新推出的数据库管理系统(DBMS)几乎都支持关系模型，非关系系统的产品也大都加上了关系接口。数据库领域当前的研究工作都是以关系方法为基础的。

数据模型是现实世界数据特征的抽象，是按计算机系统的观点对数据建模，主要用于 DBMS 的实现，依赖于特定的 DBMS 系统。将现实世界的具体事物抽象、组织为某一 DBMS 支持的数据模型，其过程为：通过人的思维对现实世界进行认识与抽象，形成概念模型，再转化为数据模型。

基本数据模型有层次模型、网状模型、关系模型和面向对象模型。本书主要讨论关系模型。关系模型中数据的逻辑结构是一张二维表，由行和列组成，其示例如表 1-1 所示。

表 1-1　学生基本信息表

学号	姓名	学院编号	行政班	性别	出生日期	生源地	入学分数
1101170215	赵海涛	01	生科 2013-2	女	1995/7/14	天津	547
1210120115	钱宁宁	10	法学 2013	女	1994/12/15	辽宁大连	478
1210130201	孙诗诗	10	海技 2013-2	女	1994/12/24	山东济南	496
1302120101	李意缘	02	船舶 2014-2	男	1995/1/28	黑龙江齐齐哈尔	492
1302120205	周振楠	02	船舶 2014-2	男	1995/1/29	黑龙江佳木斯	488
1302120209	武海洋	02	船舶 2014-3	男	1995/1/30	黑龙江佳木斯	484
1302120315	郑依峰	02	航海 2013-2	男	1995/2/5	辽宁铁岭	460
1302130203	储宪罡	02	航海 2014-3	男	1995/2/10	辽宁铁岭	440
1302130204	魏岩峰	02	航海 2014-2	男	1995/2/11	辽宁盘锦	478

关系及相关概念如下。

(1) 关系，关系与 E-R 模型中的实体集对应。关系就是一张二维表。每个关系都有一个关系名。关系具有以下性质：

① 表中的每一列都是不可再分的基本数据项。

② 表中每一列的名称不同。

③ 列是同质的，即每一列中的分量都是同一类型的数据，并都来自同一个域。

④ 不同的列可以出自同一个域。

⑤ 表中列的顺序是无关的，即列的次序可以改变。但排列顺序一旦固定，就不再变化。

⑥ 行的顺序是无关的，即行的次序可以改变。

⑦ 在同一个表中不存在完全相同的两行。

(2) 属性和属性值，表中的一列称为一个属性，每个属性都有一个名称即属性名。属性值是属性的具体取值。

(3) 元组，表中的一行称为一个元组，与实体相对应。

(4) 分量，分量即每个元组的一个属性值，一个元组在一个属性上的值称为该元组在此属性上的分量。

(5) 域，域是属性的取值范围，是一组具有相同数据类型的值的集合。例如“学号”、“姓名”的数据集合分别为{“1101170215”，“1210120115”}，{“赵海涛”，“钱宁宁”}。

(6) 候选键，候选键也称为候选码或候选关键字，用来唯一决定一行的属性，如表 1-1 中的“学号”、“姓名”。

(7) 主键，若一个关系有多个候选键，则选定其中一个为主键，也称为主码。

(8) 外键，外键也称为外码或外部关键字。假设 R1 和 R2 两个关系，若 X 是关系 R1 中的一个属性(组)，但不是主码(或候选码)，但却是 R2 的主码，则称 X 是 R1 的外码。

(9) 主属性，包含在候选键中的属性。

(10) 非主属性，在一个关系中，主属性之外的属性称为非主属性。

(11) 关系模式，对关系的信息结构和语法限制的描述称为关系模式。通常使用关系名及其所有属性名组成的集合来表示。在关系模式主属性上加下划线表示该属性为主键属性。关系模式的一般形式为：

　　关系名(属性 1, 属性 2, …, 属性 n)

例如，表 1-1 对应的关系模式为：

　　学生基本信息表(学号, 姓名, 学院编号, 行政班, 性别, 出生日期, 生源地, 入学分数)

1.2.2　数据模型

数据模型是对现实世界的客观事物及其联系的数据描述。数据模型不仅要表示存储了哪些数据，更重要的是要用某种结构形式表示各种不同数据之间的联系。利用这种联系，可从某个数据出发很快地找出与之相关联的一连串数据，进行各种运算和处理。

1. 对数据的描述

数据描述，是从客观事物到抽象概念再到计算机的存储方式，实际上涉及三个领域：现实世界、信息世界和机器世界。在不同的领域里，使用不同的名词术语。这里做一些说明。

(1) 现实世界。

现实世界是数据的源头。例如仓库管理，有货物进出、货物检查、货物存放，随之产生的许多报表都是现实世界中最原始的数据。

(2) 信息世界。

信息世界是指现实世界事物在人脑中的抽象反映。信息世界中用到下列一些术语。

实体(Entity)：实体是客观存在并相互区别的事物及事物之间的联系。例如，一个学生、一门课程、学生的一次选课等都是实体。

属性(Attribute)：属性是实体所具有的某一特性。例如，学生的学号、姓名、性别、出生年份、系、入学时间等。每一个实体都有自己的一组属性值。不同的实体，可以根据各自不同的属性值来区分。换言之，实体靠属性来描述。实体与属性是信息世界表达概念的两个不同单位。

属性的取值类型和取值范围称为域。例如，年龄的域为大于 15 小于 35 的整数，性别的域为男/女。

实体和属性都有“型”与“值”之分。型是概念的内涵，值是概念的实例。例如，学生这一实体，通过“学号，姓名，性别，出生年份，系，入学时间”表述学生的状况，这些属性的组合就是实体型；在实体型的框架之下，每个学生的具体数据称为实体值。

实体集(Entity Set)：实体集是具有相同性质的同类实体的集合。例如，一个班级的全体学生就是一个实体集。

实体标识符(Identifier)：实体标识符能够唯一标识每个实体的属性或属性集，也称为关键码(Key)。例如，学生的学号可以作为学生实体标识符。

(3) 机器世界。

信息在机器世界中以数据形式存储，因此机器世界又称为数据世界。机器世界中数据描述有下列术语。

字段(Field)：标识实体属性的符号集称为字段或数据项。它是可以命名的最小数据单位。

记录(Record)：若干相关数据项的有序集合称为记录。一般可用一个记录描述一个实体。

文件(File)：若干记录的集合称为文件。文件是描述实体集的。

关键字(Key)：能够唯一标识文件中每个记录的数据项或数据项的组合，称为记录的关键字。关键字又叫关键码，简称键。它与实体标识符概念相对应。上述术语的对应关系如表 1-2 所示。

表 1-2　术语的对应关系

信息世界	机器世界
属性	数据项
实体	记录
实体集	文件
实体标识符	关键字

在数据库中的数据同样有型(Type)和值(Value)之分。例如，记录也有记录类型和记录值之分。

物理数据是实际存放在存储设备上的数据。物理数据描述是指数据在存储设备上的存储方式。例如，物理结构、物理文件、物理记录都是描述存储数据的细节。

逻辑数据是程序员或用户用以操作的数据形式。或者说是按照某种逻辑观点看待数据的视图。逻辑数据描述，例如，逻辑联系、逻辑记录等都是用户观点下的数据描述。

在数据库系统中，逻辑数据与物理数据之间可能有很大的差别。两者的相互转换，由数据库管理系统负责。这些转换是根据数据模型的定义进行的。

2. 对数据联系的描述

现实世界的事物相互联系，这些联系必然经过信息世界再反映到机器世界。在数据库中要描述并且处理这些联系。

实体与实体之间以及实体与组成它的各属性间的关系称为联系。实体的联系有两种：一种是实体内部的联系，反映在数据上是一个记录内各数据项间的联系；另一种是实体与实体间的联系，反映在数据上是记录与记录间的联系。实体间最基本的联系方式有三种，即一对一联系，一对多联系，多对多联系。

(1) 一对一联系。如果实体集 E_1 中的每个实体至多和实体集 E_2 中的一个实体有联系，并且实体集 E_2 中的每个实体至多和实体集 E_1 中的一个实体有联系，则称 E_1 对 E_2 的联系是一对一联系，简记为 1∶1。

例如，公民和身份证之间、系和系主任之间都是 1∶1 联系，如图 1.7 所示。

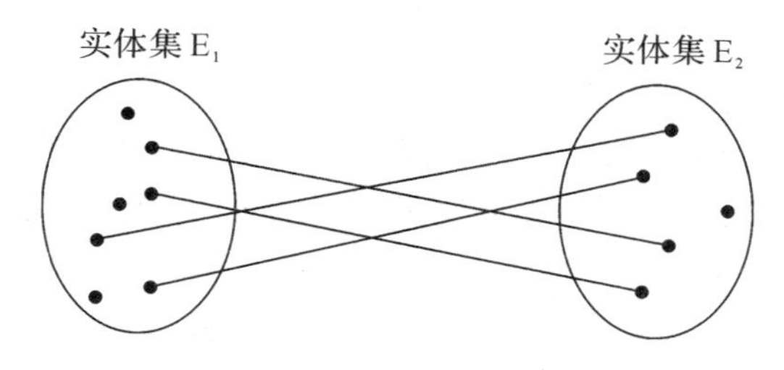

图 1.7　一对一联系

(2) 一对多联系。如果实体集 E_1 中的每个实体与实体集 E_2 中的任意个(包括零个)实体有联系，并且实体集 E_2 中的每个实体至多和实体集 E_1 中的一个实体有联系，则称 E_1 对 E_2 的联系是一对多联系，简记为 1∶n。

例如，班和学生之间、母亲和孩子之间都是 1∶N 联系，如图 1.8 所示。

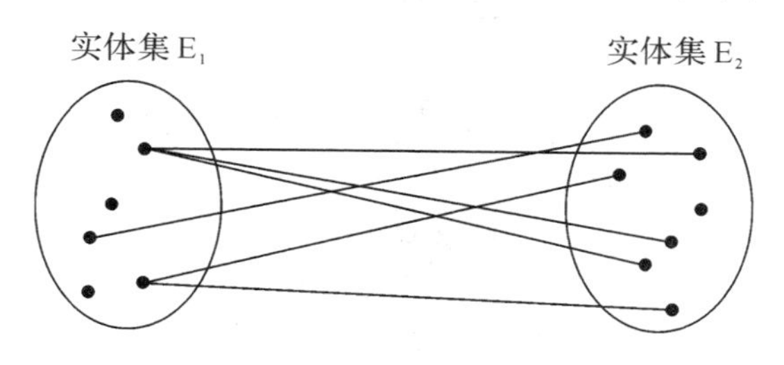

图 1.8　一对多联系

(3) 多对多联系。如果实体集 E_1 中的每个实体与实体集 E_2 中的任意个(包括零个)实体有联系，并且实体集 E_2 中的每个实体与实体集 E_1 中的任意个(包括零个)实体有联系，则称 E_1 对 E_2 的联系是多对多联系，简记为 m∶n。

例如，学生和课程之间、工厂和产品之间都是 M∶N 联系，如图 1.9 所示。

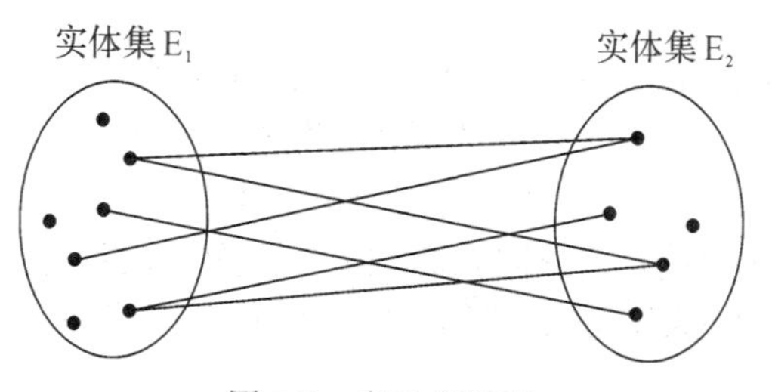

图 1.9　多对多联系

1.2.3 实体联系模型

现实世界的事物反映到人的头脑中来，人们把这些事物抽象为一种既不依赖于具体的计算机系统又不为某一 DBMS 支持的概念模型，然后再把概念模型转换为计算机上某一 DBMS 支持的数据模型。

概念模型中比较著名的是实体联系模型(Entity-Relationship Model)，简称 E-R 模型。E-R 模型是 P.P.Chen 于 1976 年提出的，现已广泛应用于数据库设计中。E-R 模型通过 E-R 图表示实体及其联系。在设计数据库时，先用 E-R 图准确地反映信息，再从 E-R 图出发，结合具体的计算机系统和 DBMS，构造实际的数据模型。

E-R 模型的图示法：

(1) 实体(型)：实体用矩形框表示，框内为实体名称。

(2) 属性：属性用椭圆形框表示，在椭圆形框内写上该属性的名称，连线到实体。

(3) 联系：联系用菱形框表示，框内写上联系的名称，连线到实体，线上标注联系类型(1∶1，1∶n 或 m∶n)。

建立 E-R 图的过程为：确定实体型，确定联系型，用连线组合实体型和联系型，确定实体型和联系型的属性，确定并标记键。如图 1.10 所示为表示学生实体型和课程实体型间联系的 E-R 图，其中学号和课程号分别为关键字。

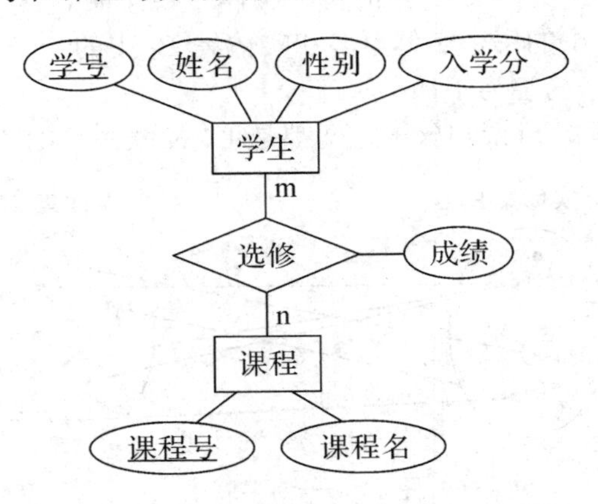

图 1.10　学生与课程联系的 E-R 图

注意两点：

(1) 实体间的联系，实际上反映了实体间的语义关系。学生和课程两个实体集的联系，学生要通过选修课程才能完成学业，于是用“选修”自然就将学生和课程联系起来了。

(2) 要表示某个学生学习了哪些课程和某门课程有哪些学生在学习，“选修”起着联系的作用。联系也是实体，也可以有自己的属性。如成绩就是选修的属性。

如果考虑班级与学生(一个班多个学生，一个学生属于一个班)，学生与课程(一个学生选几门课，一门课多个学生选)，教师与课程和参考书(一门课涉及多个教师，每个教师讲一门课，每本参考书供一门课使用)这些相关的实体集及其联系，我们可以给出完整的 E-R 图，如图 1.11 所示。

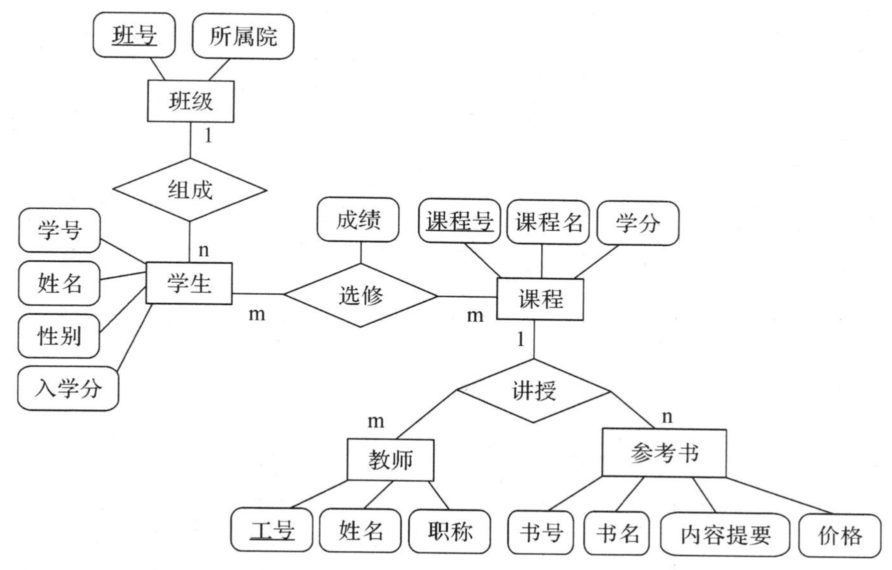

图 1.11　学生、课程、班级、教师、参考书间联系的 E-R 图

1.2.4　关系运算

关系模型与关系运算密切相关。关系代数是关系运算理论中的一部分。关系代数是使用关系代数运算来表达数据操作的，关系代数以集合理论为基础。

1. 传统的集合运算

传统的集合运算是二目运算，包括并、交、差、广义笛卡尔积四种运算。设关系 R 和关系 S 具有相同的目 n (即两个关系都具有 n 个属性)，且相应的属性取自同一个域，则四种运算定义如下：

(1) 并。关系 R 与关系 S 的并由属于 R 或属于 S 的元组组成，其结果关系仍为 n 目关系，记作：R∪S。

$$R \cup S = \{ t \mid t \in R \vee t \in S \}$$

(2) 交。关系 R 与关系 S 的交由既属于 R 又属于 S 的元组组成，其结果关系仍为 n 目关系，记作：R∩S。

$$R \cap S = \{ t \mid t \in R \wedge t \in S \} \quad 或 \quad R \cap S = R - (R - S)$$

(3) 差。关系 R 与关系 S 的差由属于 R 而不属于 S 的所有元组组成，其结果关系仍为 n 目关系，记作：R − S。

$$R - S = \{ t \mid t \in R \wedge t \notin S \}$$

(4) 广义笛卡尔积。两个分别为 n 目和 m 目的关系 R 和 S 的广义笛卡尔积是一个(n + m)列的元组的集合。元组的前 n 列是关系 R 的一个元组，后 m 列是关系 S 的一个元组。若 R 有 A1 个元组，S 有 A2 个元组，则关系 R 和关系 S 的广义笛卡尔积有 A1×A2 个元组，记作：R × S。

$$R \times S = \{ t_r t_s \mid t_r \in R \wedge t_s \in S \}$$

关系 R、关系 S 如表 1-3 中的(a)、(b)所示，则 R∪S、R∩S、R − S、R × S 分别如表

1-3(c)、(d)、(e)、(f)所示。

表 1-3　传统的集合运算

R

a	b	c
1	2	3
4	5	6
7	8	9

(a)

S

a	b	c
1	2	3
10	11	12
7	8	9

(b)

R∪S

a	b	c
1	2	3
4	5	6
7	8	9
10	11	12

(c)

R∩S

a	b	c
1	2	3
7	8	9

(d)

R－S

a	b	c
4	5	6

(e)

R × S

a	b	c	a	b	c
1	2	3	1	2	3
1	2	3	10	11	12
1	2	3	7	8	9
4	5	6	1	2	3
4	5	6	10	11	12
4	5	6	7	8	9
7	8	9	1	2	3
7	8	9	10	11	12
7	8	9	7	8	9

(f)

2. 专门的关系运算

专门的关系运算包括选择、投影、连接、自然连接、除法、扩充的关系代数运算等。下面主要介绍选择、投影、连接这三种关系运算。

(1) 选择。选择是在关系 R 中选择满足给定条件的诸元组，记作：

$$\sigma(R) = \{t \mid t \in R \wedge F(t) = '真'\}$$

其中，F 表示选择条件，它是一个逻辑表达式，取逻辑值“真”或“假”。选择运算实际上是从关系 R 中选取使逻辑表达式 F 为真的元组。这是从行的角度进行的运算。

设有一个学生—课程关系数据库，包括学生关系 S、课程关系 C 和选修关系 SC，如表 1-4 所示。下面的例子将对这三个关系进行运算。

表 1-4　学生关系 S、课程关系 C 和选修关系 SC

S

学号 S#	姓名 SN	性别 SS	年龄 SA	所在系 SD
000101	李晨	男	18	信息系
000102	王博	女	19	数学系
010101	刘思思	女	18	信息系
010102	王国美	女	20	物理系
020101	范伟	男	19	数学系

C

课程号 C#	课程名 CN	学分 CC
1	数学	6
2	英语	4
3	计算机	4
4	制图	3

SC

学号 S#	课程号 C#	成绩 G
000101	1	90
000101	2	87
000101	3	72
010101	1	85
010101	2	42
020101	3	70

【例 1-1】 查询数学系学生的信息。

采用如下运算查询数学系学生的信息：

$$\sigma_{SD='数学系'}(S) \quad 或 \quad \sigma_{5='数学系'}(S)$$

结果如表 1-5 所示。

表 1-5　查询数学系学生的信息结果

学号 S#	姓名 SN	性别 SS	年龄 SA	所在系 SD
000102	王博	女	19	数学系
020101	范伟	男	19	数学系

【例 1-2】 查询年龄 < 20 的学生的信息。

采用如下运算查询年龄 < 20 的学生的信息：

$$\sigma_{SA<20}(S) \quad 或 \quad \sigma_{4<20(S)}$$

结果如表 1-6 所示。

表 1-6　查询年龄 < 20 的学生的信息结果

学号 S#	姓名 SN	性别 SS	年龄 SA	所在系 SD
000101	李晨	男	18	信息系
000102	王博	女	19	数学系
010101	刘思思	女	18	信息系
020101	范伟	男	19	数学系

(2) 投影。关系 R 上的投影是从 R 中选择出若干属性列组成新的关系，记作：

$$\pi_A(R) = \{t[A] \mid t \in R\}$$

其中，A 为 R 中的属性列。

投影操作是从列的角度进行的运算。投影之后不仅取消了原关系中的某些列，而且还可能取消某些元组，因为取消了某些属性列后，就可能出现重复行，应取消这些完全相同的行。

【例 1-3】 查询提取学生的学号和姓名信息。

采用如下运算查询学生的学号和姓名：

$$\pi_{S\#,\ SN}(S) \quad 或 \quad \pi_{1,\ 2}(S)$$

结果如表 1-7 所示。

表 1-7　查询学生的学号和姓名结果

学号 S#	姓名 SN
000101	李晨
000102	王博
010101	刘思思
010102	王国美
020101	范伟

【例 1-4】 查询学生所在系，即查询学生关系 S 在所在系属性上的投影。

采用如下运算查询学生所在的系：

$$\pi_{SD}(S) \quad 或 \quad \pi_5(S)$$

结果如表 1-8 所示。

表 1-8　查询结果

所在系 SD
信息系
数学系
物理系

(3) 连接。连接也称为 θ 连接。它是从两个关系的笛卡尔积中选取属性间满足一定条件的元组，记作：

$$R \underset{A\theta B}{\bowtie} S = \{t_r t_s \mid t_r \in R \wedge t_s \in S \wedge t_r[A]\theta t_s[B]\}$$

其中，A 和 B 分别为 R 和 S 上度数相等且可比的属性组。θ 是比较运算符。连接运算从 R 和 S 的笛卡尔积 R × S 中选取 R 关系在 A 属性组上的值与 S 关系在 B 属性组上的值满足比较关系 θ 的元组。θ 为“=”的连接运算称为等值连接。它是从关系 R 与 S 的笛卡尔积中选取 A、B 属性值相等的那些元组。即等值连接为

$$R \underset{A\theta B}{\bowtie} S = \{t_r t_s \mid t_r \in R \wedge t_s \in S \wedge t_r[A]\theta t_s[B]\}$$

若 A、B 是相同的属性组，就可以在结果中把重复的属性去掉。这种去掉了重复属性

的等值连接称为自然连接。

自然连接可记作：

$$R\underset{A\theta B}{\bowtie}S=\{t_r t_s \mid t_r \in R \wedge t_s \in S \wedge t_r[B]=t_s[B]\}$$

【例 1-5】 设关系 R、S 分别为表 1-9 中的(a)和(b)，C < D 的结果如表 1-9(c)所示，等值连接 C = D 的结果如表 1-9(d)所示。

表 1-9　关系表

R

A	B	C
1	2	3
4	5	6
7	3	0

(a)

S

D	E
3	1
6	2

(b)

C < D

A	B	C	D	E
1	2	3	6	2
7	3	0	3	1
7	3	0	6	2

(c)

C = D

A	B	C	D	E
1	2	3	3	1
4	5	6	6	2

(d)

若 R 和 S 有相同的属性组 C，如表 1-10 中的(a)和(b)所示，自然连接的结果如表 1-10(c)所示。

表 1-10　关系表

R

A	B	C
1	2	3
4	5	6
7	3	0

(a)

S

C	E
3	1
6	2

(b)

$R\bowtie S$

A	B	C	E
1	2	3	1
4	5	6	2

(c)

1.3　关系规范化理论

一个关系数据库由一组关系模式组成，一个关系由一组属性名组成，关系数据库设计就是如何把已给定的相互关联的一组属性名分组，并把属性名组织成关系的问题。关系规范化理论用于指导关系模式的设计。

针对具体问题，关系模式如果构造不好，就会存在插入异常、更新异常、删除异常、数据冗余等问题，为了解决这些问题，需要对关系模式进行规范化。关系规范化理论提供了判别关系模式的标准，为数据库设计工作提供了严格的理论依据。

1.3.1　函数依赖

函数依赖是指在同一个关系中，存在于不同的属性之间的相互依赖关系，是属性之间的一种联系。即假设给定一个属性的值，就可以唯一确定(查到)另一个属性的值。

定义：设 R(U)是属性集 U 上的关系模式，X、Y 是 U 的子集。若对于 R(U)的任意一个可能的关系 R，R 中不可能存在两个元组在 X 上的属性值相等，而在 Y 上的属性值不等，则称 X 函数确定 Y 或 Y 函数依赖于 X，记作 X→Y。

属性间的依赖情况，通常会影响关系的规范化程度。以下结合实例说明属性间依赖情况。

【例 1-6】 有如下关系 stuscore，如表 1-11 所示。关系中的主键是“学号 + 课程号”。

表 1-11　关系 stuscore

学号	姓名	系别	系办地址	课程号	课程名	学分	成绩
10101	李晨	信息系	C-403	C1	数学	4	90
10102	王博	数学系	B-202	C2	英语	4	87
10103	刘思思	信息系	C-403	C3	计算机	4	72
10104	王国美	物理系	B-201	C4	制图	3	85
10101	李晨	信息系	C-403	C4	制图	4	77
10105	范伟	数学系	B-202	C1	数学	6	67

1. 属性之间的函数依赖类型

(1) 完全函数依赖：在 R(U)中，如果 X→Y，并且对于 X 的任何一个真子集 X'，都有 X'↛Y，则称 Y 对 X 完全函数依赖，记作 $X \xrightarrow{F} Y$。

例如，由于只有学号和课程号组合在一起才能唯一确定 stuscore，因此，称属性成绩对于“学号+课程号”是完全依赖的关系。

(2) 部分函数依赖：在 R(U)中，若 X→Y，并且存在 X 的一个真子集 X'，有 X'→Y，则称 Y 对 X 部分函数依赖，记作 $X \xrightarrow{P} Y$。

例如，在 stuscore 关系中，姓名、系别、系办地址、课程名都部分依赖于“学号+课程号”，因此称这些属性对于“学号 + 课程号”是部分依赖的关系。

(3) 传递函数依赖：在 R(U)中，如果 X→Y(Y⊈X)、Y↛X、Y→Z，则称 Z 对 X 传递函数依赖。

例如，属性系办地址是由系别决定的，而系别依赖于学号，所以说系办地址间接依赖于学号。通常把这类依赖称为属性系办地址对于学号的传递函数依赖。

2. 不适当的函数依赖存在的问题

在 stuscore 关系中，由于在各属性间存在着各种函数依赖，因此可能存在以下问题：

(1) 数据冗余。在 stuscore 关系中有多个属性值是重复的，如课程号 C1、C4 两次重复，课程名数学两次重复，制图两次重复等，当修改某一项数据内容时，就要修改多项内容，不能有任何遗漏，否则会造成数据的不一致性。

(2) 更新异常。若调整了某门课程的学分，数据表中有关的“学分”值都要更新，否则会出现同一门课程学分不同的情况。

(3) 插入异常。假设要开设一门新的课程，暂时还没有人选修。由于还没有“学号”关键字，课程名和成绩无法输入数据表中。

(4) 删除异常：假设学生王博开始选了英语这门课，而且只选了这一门课，后来不想选了，这里应该将这门课的课程号删除，但是，由于(学号+课程号)共同组成主键，若课程号删除了，导致整个元组就被删除了。很显然，这会导致删除异常。

上述这些问题的产生，主要原因就是关系 stuscore 中存在着不适当的函数依赖，就是说虽然属性“成绩”对主键是完全依赖的，但其他属性对主键存在着部分依赖关系，要解决这个问题，需要提高关系 stuscore 的范式等级。

1.3.2　关系模式的规范化

所谓规范化，就是用形式更为简洁、结构更加规范的关系模式取代原有关系的过程。为了减少数据中不适当函数依赖引起的各种异常，E.F.Codd 列出了关系中的若干种数据库范式(Normal Form)，并讨论了它们与函数之间的依赖关系，给数据库设计人员提供了规范。Codd 提出了 3 种基本范式：第一范式、第二范式、第三范式。后来，其他学者相继又补充了 BCNF、4NF、5NF 等范式。

范式是对关系的不同数据依赖程度的要求，根据满足的约束条件确定满足哪个范式，满足最低要求的为第一范式；符合 1NF 而又进一步满足另一些约束条件的为第二范式，依此类推，共有五种范式。

在实际应用中，确定关系模式的范式等级应从实际出发。在大多数情况下，使用 3NF 就能达到比较满意的效果。通过模式分解将一个低级范式转换为若干个高级范式的过程称作规范化。

1. 第一范式(1NF)

定义：设 R 是一个关系模式，如果 R 中的每一个属性 A 的值域中的每个值都是不可分解的，则称 R 是属于第一范式的，记作 1NF。

对于一张二维表，如果它的每一个分量都是不可分的数据项。我们称这个关系模式满足了第一范式。例如表 1-11 的关系 stuscore 满足第一范式。

2. 第二范式(2NF)

定义：若关系 R 属于 1NF，且每一个非主属性完全函数依赖于码，则关系 R 属于 2NF。码决定了每一个非主属性，或称消除非主属性对码的部分依赖。

例如，在关系 stuscore 中，非主属性“姓名”仅函数依赖于“学号”，也就是“姓名”部分函数依赖于主码(学号，课程号)，而不是完全依赖；非主属性“系别”仅函数依赖于“学号”，也就是“系别”部分函数依赖于主码(学号，课程号)，而不是完全依赖。所以关系 stuscore 不满足第二范式，不是 2NF 关系。可以用模式分解的方法将非 2NF 的关系模式分解为多个 2NF 的关系模式。

去掉部分函数依赖关系的分解过程如下：

(1) 用组成主码的属性集合的每一个子集作为主码构成一个表。

(2) 对于每个表，将依赖于此主码的属性放置到此表中。

例如，将关系 stuscore 分解成两个关系模式：

Stu1(课号, 课程名, 学分)　　' 主码为“课号”

Stu2(学号, 姓名, 系别, 系办地址)　　' 主码为“学号”

3. 第三范式(3NF)

定义：若关系 R 属于 2NF，且每一个非主属性对任何候选码都不存在传递函数依赖，则关系 R 属于 3NF。

上例中关系模式 Stu1 和 Stu2 都是 2NF，但在 Stu2(学号，姓名，系别，系办地址)中，存在如下函数依赖：属性系办地址是由系别决定的，而系别依赖于学号，所以系办地址对于学号存在传递函数依赖，Stu2 不满足 3NF。

去掉函数传递依赖关系的分解过程如下：

(1) 对于不是候选码的每个决定因子，从关系模式中删除依赖于该决定因子的属性。

(2) 新建一个关系模式，新的关系模式中应包含在原表中所有依赖于该决定因子的属性。

(3) 将决定因子作为新关系模式的主码。

例如，将 Stus2 分解成两个关系模式：

Stu3(学号, 姓名, 系别)

Stu4(系别, 系办地址)

这两个关系模式不再存在传递依赖，它们均为第三范式。在通常的数据库设计中，一般要求达到 3NF。3NF 是一个实际可用的关系模式应满足的最低模式。

1.3.3　关系完整性

关系完整性是为保证数据库中数据的正确性和相容性对关系模型提出的某种约束条件或规则。关系完整性通常包括实体完整性、参照完整性和用户定义完整性。

1. 实体完整性

实体完整性是对关系中的记录唯一性的约束，也就是对主键的约束。准确地说，实体完整性是指关系中的主属性值不能为空(Null)且不能有相同值。关系对应到现实世界中的实体集，元组对应到实体。实体是相互可区分的，通过主码来唯一标识，若主码为空，则出现不可标识的实体，这是不允许的。

2. 参照完整性

参照完整性是对关系数据库中建立关联关系的数据表间数据参照引用的约束，也就是对外键的约束。准确地说，外键要么取空值，要么等于相关联关系(主表)中主键的某个值。

如果实施了参照完整性，那么当主表中没有相关记录时，就不能将记录添加到相关表(子表)中。也不能在子表中存在匹配的记录时删除主表中的记录，更不能在子表中有相关记录时，更改主表中的主键值。如果删除主表中的一条记录，则子表中凡是外键的值与主表的主键值相同的记录也会被同时删除，将此称为级联删除；如果修改主表中主键的值，则子表中相应记录的外键值也会随之被修改，将此称为级联更新。

3. 用户定义完整性

实体完整性和参照完整性是关系模型中必须满足的完整性约束条件，只要是关系数据库系统就应该支持实体完整性和参照完整性。此外，不同的关系数据库系统根据其应用环境的不同，往往还需要一些特殊的约束条件，这些约束不是关系数据模型本身要求的，而是为了满足应用方面的要求提出的，这些完整性是由用户定义的，称为用户定义完整性。

用户定义完整性最常见的是限定属性的取值域，对数据表中字段属性进行约束，通常指数据的有效性,它包括字段的值域、字段的类型及字段的有效规则等约束，可以确保不会输入无效的值。例如，可以限定性别的取值只能是“男”和“女”；成绩的取值范围只能是 0～100。

本 章 小 结

数据处理的核心问题是数据管理。数据管理技术经历了人工管理、文件系统和数据库系统 3 个阶段。数据库管理系统(DBMS)通过对数据库的操作来管理数据，解决多用户、多应用共享数据的需求，提供了对数据更高级、更有效的管理。关系数据库是建立在关系数据库模型基础上的数据库，借助于集合代数等概念和方法来处理数据库中的数据。关系规范化理论为数据库设计工作提供了严格的理论依据。在实际应用中，确定关系模式的范式等级应从实际出发。在大多数情况下，使用 3NF 就能达到比较满意的效果。关系完整性是为保证数据库中数据的正确性和相容性，对关系模型提出的某种约束条件或规则。完整性通常包括域完整性、实体完整性、参照完整性和用户定义完整性。

习　　题

1. 什么是数据库、数据库管理系统和数据库系统？它们之间有什么关系？
2. 简述数据库三级模式。
3. 解释关系运算选择、投影和连接的含义。
4. 什么是函数依赖？有几种类型的函数依赖关系？
5. 关系的三种主要范式是什么？各有什么特点？它们之间有什么关系？

第 2 章　Access 2010 概述

2.1　Access 2010 简介

Access 是一种关系型数据库管理系统，Access 像 Word、Excel、Power Point 一样，是美国微软公司 Office 办公软件系列中的套件产品之一，即 Microsoft Office Access，它是桌面关系数据库管理系统，主要用于管理小型数据库。Access 是一个面向对象的开发工具，具有界面友好、易操作、存储方式简单、易于维护管理、支持 ODBC、易于扩展等优点。

2.1.1　Access 2010 的功能

Access 的功能集中体现在数据分析和软件开发两方面，前者可通过 Access 的查询功能，方便快捷地对数据进行汇总、平均等统计分析操作，提高数据管理效率；后者则可用于开发小型数据库应用系统软件，如人事管理、财务管理等软件。由于 Access 简单易学、入门门槛低，很适合非计算机专业人员进行数据库应用系统的研发。除此之外，在开发一些小型网站 WEB 应用程序时，Access 还可用于存储数据。

从 20 世纪 90 年代初诞生至今，Access 已历经多个版本。Access 2010 是 Microsoft Office 2010 的重要组成部分，它在继承前序版本界面友好、功能强大等优点的基础上，又新增了很多新功能，例如：新增的计算字段允许用户存储计算结果；表达式生成器具有智能感知功能，用户在键入时可以看到需要的选项；新增的数据显示功能可帮助用户更快地创建数据库对象，然后更轻松地分析数据等。

2.1.2　Access 2010 的运行环境

运行 Access 2010 需要满足以下硬件环境要求：

(1) CPU：工作频率为 500 MHz 以上；

(2) 内存：至少 256 MB 的内存；

(3) 硬盘：2 GB 或 2 GB 以上的可用空间；

(4) 显示器分辨率：1024 × 768 或更高的分辨率。

2.1.3　Access 2010 的启动与退出

Access 2010 是 Microsoft Office 2010 的套件之一，所以在安装 Microsoft Office 2010 时，选择安装 Access，就可以实现 Access 2010 的安装。安装好 Access 2010 后即可启动

Access 2010。

1. 启动 Access 2010

启动 Access 2010 有很多种方法，一般常规启动 Access 2010 的方法主要有以下三种：

1) 通过桌面图标启动

如果桌面上有 Access 2010 程序的快捷图标，可直接双击该图标快速启动 Access 2010，如图 2.1 所示。

图 2.1 通过桌面图标启动 Access 2010

注：若桌面上没有 Access 2010 快捷图标，但需要经常使用 Access 软件，则可在桌面创建该程序的快捷图标。

2) 通过开始菜单启动

单击“开始”菜单：

(1) 如果“开始”菜单列表中已经有“Microsoft Access 2010”，直接单击即可启动，如图 2.2 所示；

(2) 如果“开始”菜单列表中尚无“Microsoft Access 2010”，则单击“所有程序”，在 Microsoft Office 下单击选择“Microsoft Office Access 2010”，如图 2.3 所示。

图 2.2 通过“开始”菜单列表启动

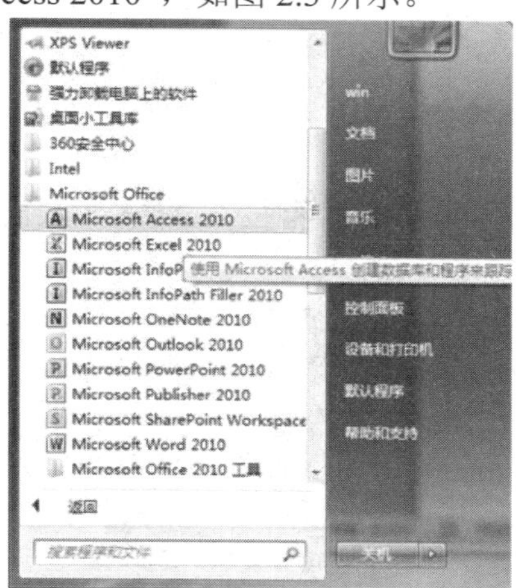

图 2.3 通过“所有程序”启动

3) **通过已有数据库文件启动**

如果已经存在数据库文件，双击该文件，打开文件的同时也就启动了 Access 2010。

注意：同一时刻，Access 2010 只能打开一个数据库，即打开另外一个数据库文件时，当前已打开的数据库文件会自动关闭。

2. 退出 Access 2010

通常，退出 Access 2010 同退出其他 Windows 程序类似，常用方法有以下几种：

(1) 单击窗口右上角的“关闭”按钮 ![x]。

(2) 单击文件选项卡中的“退出”命令，如图 2.4 所示。

(3) 双击标题栏最左侧的控制图标 [A] 可快速退出。

(4) 按组合键 Alt + Space，在弹出的菜单中单击“关闭”命令。

(5) 在 Access 2010 为活动窗口的前提下，直接按快捷键 Alt + F4，立即退出程序。这是最常用最快捷的退出方式，适用于 Windows 下几乎任意程序、窗口、文件夹的关闭。

(6) 在任务栏中右键单击 Access 2010 的任务按钮，在弹出的快捷菜单中单击“关闭窗口”命令，如图 2.5 所示。

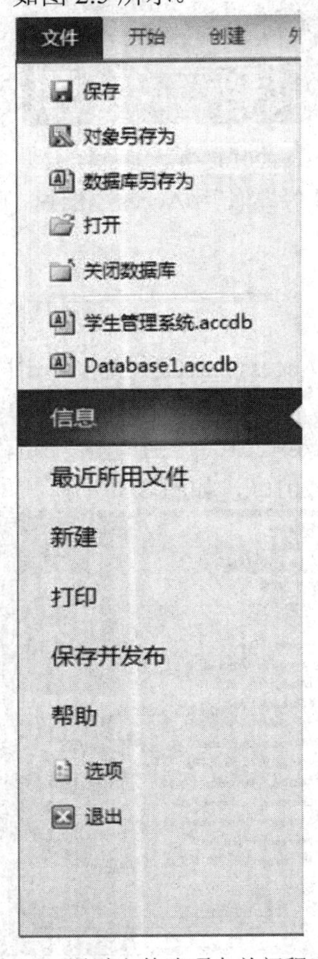

图 2.4　通过文件选项卡关闭程序

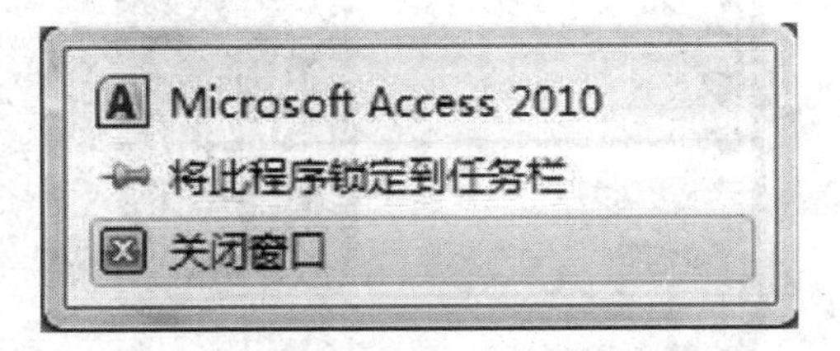

图 2.5　通过任务按钮关闭程序

2.2　Access 2010 的工作界面

2.2.1　Backstage 视图

视图即界面，默认情况下，刚启动 Access 2010 程序但未打开数据库文件时首先映入眼帘的界面就是 Backstage 视图，如图 2.6 所示。Backstage 视图是 Access 2010 新增的功能，它使用户能够访问应用于整个数据库的所有命令或来自“文件”菜单的命令。从视觉上看，它取代了 Office 前期版本中的“Microsoft Office”按钮和“文件”菜单，以“文件”选项卡的形式呈现给用户；从功能上看，它在早期 Access 版本“文件”菜单命令的基础上增加了所有可针对整个数据库操作的命令和相关信息，也就是说，Backstage 视图中各个命令的操作对象是数据库，而非数据库中某个具体的对象，如表、查询等。Backstage 视图对数据库执行的操作均在后台进行，因此又称为后台视图。在对数据库操作的过程中，随时通过单击“文件”选项卡即可进入 Backstage 视图。

注：通过启动已有数据库文件启动 Access 2010 时并不显示 Backstage 视图。

图 2.6　Backstage 视图界面

Backstage 视图主要由两大部分组成，左侧是命令的集合，类似于早期版本中的“文件”菜单；右侧是左侧各个命令所对应的不同显示内容。左侧命令包括“保存”、“打开”、“关闭数据库”、“信息”、“新建”、“打印”、“帮助”、“选项”等，其中，通过“信息”命令可获取当前数据库的相关信息、对数据库文件进行压缩、修复、加密等操作；通过“新建”命令可新建空数据库，也可以借助事先设计好的专业数据库模板快速创建空数据库，并在右侧设置数据库文件名和文件存放路径；通过“打印”命令可在打印前对打印范围、打印份数等进行相关设置；通过“帮助”命令获得相关帮助信息；通过“选项”命令，可自定义功能区、增减快速访问工具栏中的命令等。值得一提的是，Access 2010 为用户提供了很多数据库模板，特别是样本模板，如果其设计基本符合自己的要求，就可以直接使用或按自己的需求做相应的修改即可得到空数据库文件；如果没有满意的模板，也可在 Office.com 上搜索并下载其他用户提供的模板。

2.2.2　功能区

功能区位于标题栏的下方，用命令选项卡取代了 Access 以前版本的菜单栏和工具栏，它将命令以先分类后分组的形式组织到一起，形成多个命令选项卡(只有“文件”选项卡不是以命令组的形式呈现出来，而是进入 Backstage 视图)，每个选项卡内以灰色竖线分隔命令组。为了扩大数据库的显示范围、方便用户操作数据库文件，可在不执行功能区命令时隐藏功能区，通过不断单击或双击选项卡名实现隐藏或展开功能区的切换。

Access 2010 功能区默认含有 5 个命令选项卡，分别是“文件”、“开始”、“创建”、“外部数据”、“数据库工具”选项卡。

(1) “文件”选项卡，单击“文件”选项卡，即进入 Backstage 视图，这里不再赘述。

(2) “开始”选项卡，如图 2.7 所示，“开始”选项卡包含“视图”、“剪贴板”、“排序和筛选”、“记录”、“查找”、“文本格式”、“中文简繁转换”7 个命令组，具体可实现不同视图间切换、剪切、复制、格式设置等基本操作，增减表中记录，对表中记录进行查找、排序、筛选等常见操作。

图 2.7　“开始”选项卡

(3) “创建”选项卡，如图 2.8 所示，“创建”选项卡包含“模板”、“表格”、“查询”、“窗体”、“报表”、“宏与代码”6 个命令组，具体可实现创建表、查询、窗体、报表等数据库对象。

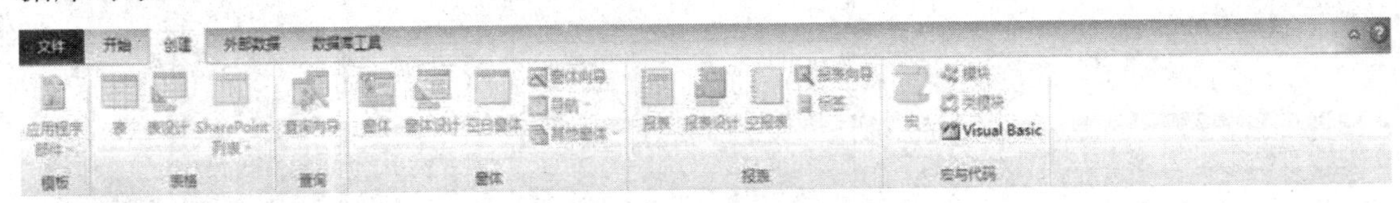

图 2.8　“创建”选项卡

(4) “外部数据”选项卡，如图 2.9 所示，“外部数据”选项卡包含“导入并链接”、“导出”、“收集数据”3 个命令组，可对外部数据文件做导入导出等操作。

图 2.9　“外部数据”选项卡

(5) “数据库工具”选项卡，如图 2.10 所示，“数据库工具”选项卡包含“工具”、“宏”、“关系”、“分析”、“移动数据”、“加载项”6 个命令组，具体可实现压缩修复数据库、编写宏、操作表间关系、分析移动数据等操作。

图 2.10　“数据库工具”选项卡

除上述 5 个常规的选项卡外，根据当前处理对象的不同还可能在“数据库工具”选项卡后出现上下文选项卡。因为处理对象不同，所对应的操作不同，将当前对象可能要执行的操作集合到一起即构成上下文选项卡。因而上下文选项卡只是一种通称，具体显示时根据不同对象，选项卡名称和内容会相应变化，即操作对象不同，上下文选项卡呈现的内容就不同。如图 2.11 是选中“表”对象时自动显示“表格工具”选项卡，可对表格中的字段、格式做设计等操作；如图 2.12 是选中“窗体”对象时自动显示“窗体布局工具”选项卡，可做窗体设计；如图 2.13 是选中“报表”对象时自动显示“报表布局工具”选项卡，可做报表设计等等。

图 2.11　“表格工具”选项卡

图 2.12　“窗体布面工具”选项卡

图 2.13　“报表布局工具”选项卡

2.2.3　快速访问工具栏

快速访问工具栏包含一些用户经常使用的命令按钮，如图 2.14 所示，包括保存、撤销、恢复、打印预览等命令，可提高用户的操作效率。单击右侧 ，即可显示“自定义快速访问工具栏”菜单，如图 2.15 所示，菜单中前方打钩的命令表示该命令已经以按钮形式显示在快速访问工具栏中。如果想向快速访问工具栏中添加命令，单击未打钩的命令即可；反之，如果想删除快速访问工具栏中的命令按钮，单击打勾的命令即可取消该命令在快速访问工具栏中的显示。

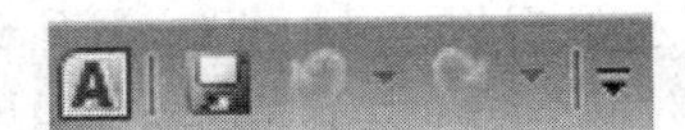

图 2.14 快速访问工具栏

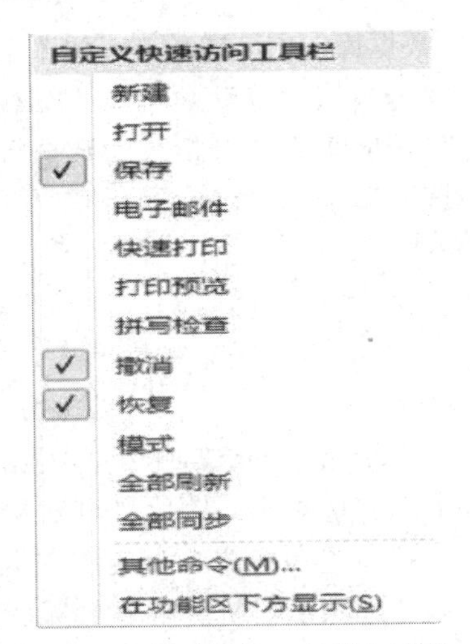

图 2.15 “自定义快速访问工具栏”菜单

如果想要添加的命令不在“自定义快速访问工具栏”菜单中，可执行“其他命令”进行添加。具体操作步骤如下：

(1) 单击“其他命令”，出现如图 2.16 所示的对话框；

(2) 在左侧窗格中选中要添加的命令，点击“添加”按钮；

(3) 点击“确定”按钮，即可将该命令添加至快速访问工具栏中。

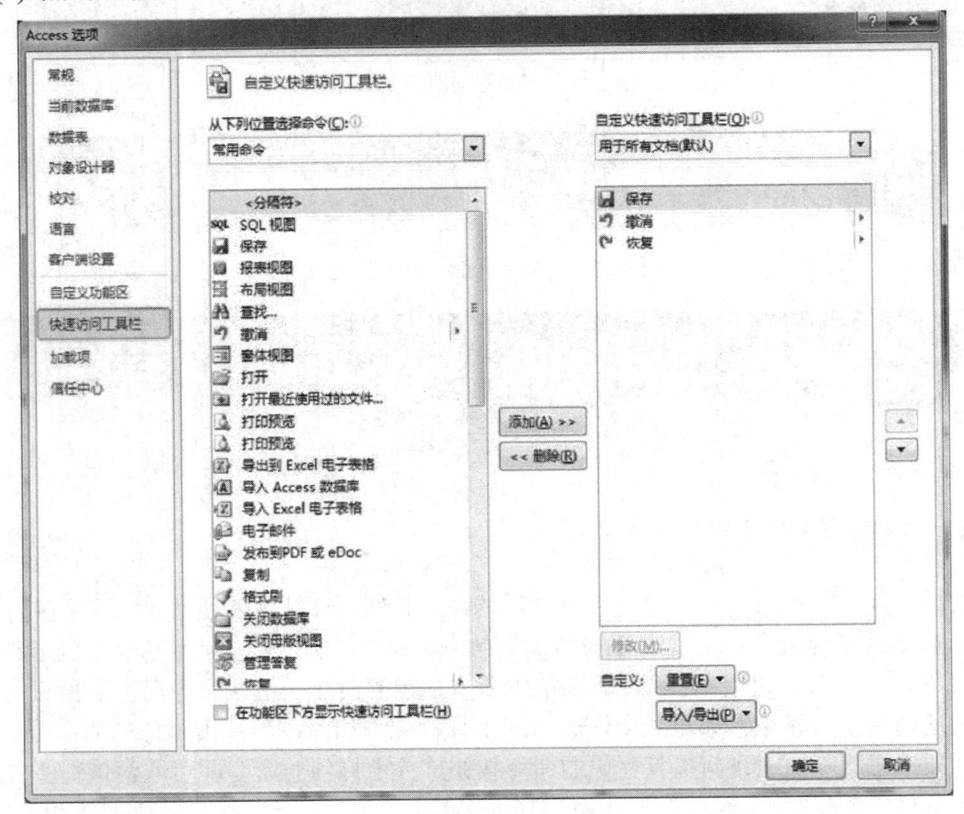

图 2.16 自定义快速访问工具栏对话框

2.2.4　导航窗格与工作区

导航窗格是从 Access 2007 开始引入的，位于功能区下方窗口的左侧，如图 2.17 所示，它取代了 Access 以前版本的数据库窗口并扩展了数据库窗口的功能，负责组织和管理数据库中的所有对象。因此，从外观上，导航窗格主要显示了各种数据库对象。

图 2.17　导航窗格

在导航窗格中，通过单击百叶窗的开/关按钮 « 和 » 可展开或折叠导航窗口，如果需要扩大右侧数据库对象的显示区域，就可暂时将导航窗口折叠起来；单击“所有 Access 对象”后的 按钮，打开“浏览类别”菜单，可在菜单中选择查看对象的方式，通常会选择按“对象类型”查看数据库对象；单击某一数据库对象后的 或 按钮，或直接单击数据库对象名一栏的任意位置，如在 表 上任意处单击，即可折叠或展开该数据库对象的内容；双击数据库对象下的具体对象，右侧即可显示该对象内容，如双击“学生基本信息表”，右侧即可显示该表内容。

工作区位于功能区下方、导航窗格的右侧，是 Access 2010 的主要工作区域，可以显示数据库对象的具体内容，并做各种编辑操作，如图 2.18 所示，工作区显示的是“学生基本信息表”这个表对象的内容。

学生基本信息表

学号	姓名	学院	行政班	性别	出生日期	生源地	入学分数
1101170215	赵海涛	水生	生科2013-2	女	1995/7/14	天津	547
1210120115	钱宁宁	法学院	法学2013	女	1994/12/15	辽宁大连	478
1210130201	孙诗诗	法学院	海技2013-2	女	1994/12/24	山东济南	496
1302120101	李意缘	航船	船舶2014-2	男	1995/1/28	黑龙江齐齐哈尔	492
1302120205	周振楠	航船	船舶2014-2	男	1995/1/29	黑龙江佳木斯	488
1302120209	武海洋	航船	船舶2014-3	男	1995/1/30	黑龙江佳木斯	484
1302120315	郑依峰	航船	航海2013-2	男	1995/2/5	辽宁铁岭	460
1302130109	王冠男	航船	航海2014-2	男	1995/2/7	辽宁铁岭	452
1302130129	冯马越	航船	航海2014-2	男	1995/2/8	辽宁铁岭	448
1302130130	陈雷涛	航船	航海2014-3	男	1995/2/9	辽宁铁岭	444
1302130203	储宪罡	航船	航海2014-3	男	1995/2/10	辽宁铁岭	440
1302130204	魏岩峰	航船	航海2014-3	男	1995/2/11	辽宁盘锦	478
1302130205	马贸云	航船	航海2014-3	女	1995/2/12	辽宁盘锦	478
1302170106	杨瑞	航船	轮机2014-3	女	1995/2/24	山东日照	544
1302170203	王宝宝	航船	工业2013-1	女	1995/2/25	山东日照	540
1303140106	章德帅	机械	机制2014-3	女	1997/3/10	黑龙江佳木斯	516
1303140203	刘东雷	机械	机制2014-3	女	1995/3/11	黑龙江佳木斯	512
1303170308	王小飞	机械	能动2013-3	男	1995/3/26	福建厦门	504
1303170311	赵世宁	机械	能动2013-3	男	1995/3/27	福建厦门	500

记录: 第 1 项(共 128 项)　搜索

图 2.18　工作区

2.3　Access 2010 的数据库对象

使用 Access 时首先要创建数据库文件，下面是创建一个空数据库文件的过程。

在 Backstage 视图下要设置模板类型、文件名、文件存放位置信息，在可用模板中，已默认选中“空数据库”，如果创建的模板类型不用再修改，则在右侧文件名文本框中将默认的文件名“Database1”修改为“学生管理系统”，单击该文本框右侧的文件夹按钮，将数据库文件存放到 D 盘根目录，如图 2.19 所示，所有信息设置好后，单击“创建”按钮即可创建数据库文件“学生管理系统.accdb”，此时打开如图 2.20 所示的表对象窗口。

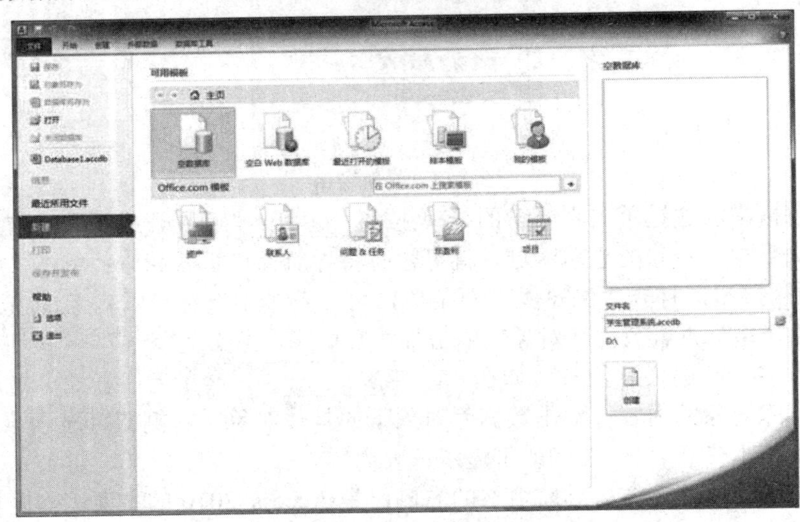

图 2.19　创建“学生管理系统”数据库

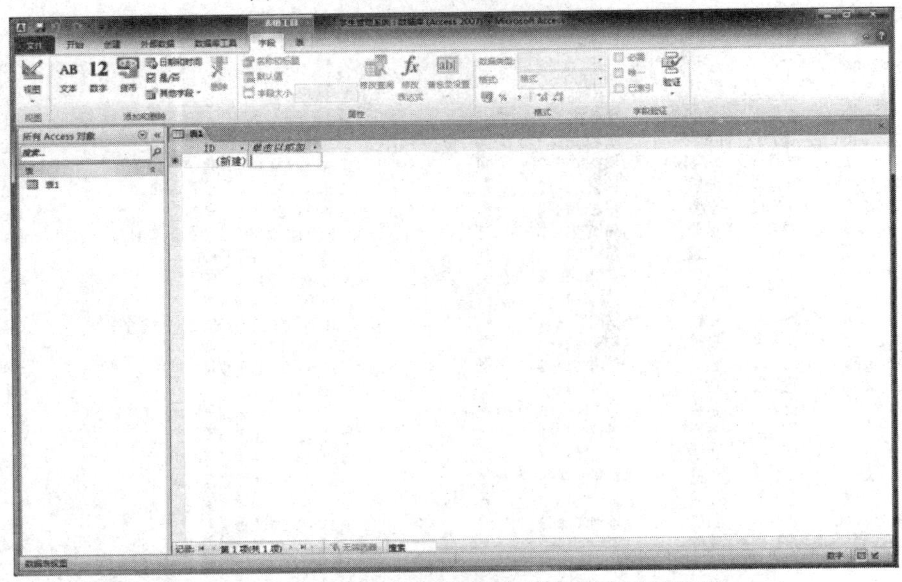

图 2.20　刚创建“学生管理系统”数据库后的界面

注意：Access 2007 版本以上(含 Access 2007)的数据库文件扩展名为 accdb，而在此之前版本的数据库文件扩展名则为 mdb。

每个数据库文件就像一个容器一样，可以包含若干数据库对象。通过 Access 2010 创建的数据库文件可包含六种数据库对象，分别是表、查询、窗体、报表、宏和模块，每种对象在数据库中有着不同的分工，发挥不同的作用。简单地说，表是用来存储数据的对象，查询是在表或已有查询中查找满足特定条件记录的对象，窗体是负责将数据库和用户联系起来的对象，报表则是提取数据库中需要的数据以供分析、整理、计算或送打印机打印的对象，宏是自动执行一系列操作的对象，模块是通过建立复杂的 VBA 程序以完成宏等数据库对象不能完成的任务的对象。

注意：Access 2010 以前的版本支持表、查询、窗体、报表、数据访问页、宏和模块共七种数据库对象，而 Access 2010 版本不再支持数据访问页对象。

2.3.1　表

创建好数据库后，首要任务就是创建数据表。数据表简称表，是数据库中存储数据的对象，表中数据可以作为其他数据库对象的数据源，如创建查询对象时，通常要从表中找到满足条件的数据。

Access 中一个数据库通常包含若干张数据表，每张数据表存储不同类别的数据，如学生信息表、课程信息表等。每张表中又可以包含不同类型的数据，如学生姓名是文本型、课程成绩是数字型等等。表对象以二维表形式呈现给用户，即表中数据以行、列形式组织到一起，表中每一行称为“记录”，构成一条完整的信息；每一列称为“字段”，表示信息某一方面的属性，字段是表示信息的基本单位，通常一条记录由多个字段组成。如一个学生的基本信息就是一条记录，一条学生记录由姓名、性别等若干属性组成。表中记录不能重复出现。将能够唯一区分每条记录的一个属性或多个属性的组合称为“关键字”，如学号是学生信息表的关键字，学号 + 课程编号是课程信息表的关键字。

创建数据表时，首先设计表结构，即确定有哪些字段及字段的类型等，然后再录入具体数据。一般可通过“数据表视图”、“表设计视图”、“表模板”三种方法创建表。

通常情况下，同一数据库中的各个表不是孤立存在的，表与表之间有着直接或间接的联系。因此，可以在创建好各张表后，为各个表建立关系。表间关系有一对一、一对多、多对多关系。

值得一提的是，表是数据库中唯一负责存储数据信息的对象，可以说，没有表就没有其他数据库对象，因此表是数据库中最基本也是最重要的对象，是整个数据库系统的核心与基础。

2.3.2　查询

查询是数据库设计目的的体现，人们经常需要从数据库浩瀚的信息中查找满足自身需要的数据，因此，查询是数据库系统中最常用的功能，是所有数据库对象中应用较多的数据库对象。

顾名思义，查询就是查找，根据事先设置的查找条件，从表(一个表或多个表)或已有查询中筛选出符合条件的记录(可包含全部或部分字段信息)，构成一个新的数据集合。查询的结果是查询那一时刻数据库表中存储的数据，一旦生成查询，结果就以静态的二维表形式展现给用户，其中可能包含来自一个表或多个表的字段信息。具体地说，查询能实现以下几种功能。

1. 查询符合条件的完整记录

例如在“学生基本信息表”中查找所有法学院的学生记录，查询结果如图 2.21 所示。

学号	姓名	学院	行政班	性别	出生日期	生源地	入学分数	照片	简历
1210120115	钱宁宁	法学院	法学2013	女	1994/12/15	辽宁大连	478	Package	
1310120104	刘富城	法学院	行政2013-1	男	1994/12/16	辽宁大连	480		
1310120105	杨一兵	法学院	行政2013-2	男	1994/12/17	辽宁大连	482		
1310120119	李思萌	法学院	人力2012-2	女	1995/1/2	辽宁大连	484		
1310120121	郝鸣飞	法学院	人力2013-1	男	1995/1/3	辽宁大连	486		
1310120123	李云龙	法学院	人力2013-1	男	1995/1/4	辽宁大连	488		
1310120128	高鹏飞	法学院	人力2013-1	女	1995/1/5	辽宁大连	490		
1310110130	赵雨	法学院	人力2013-2	女	1995/1/6	辽宁大连	492		
1310110206	刘小鑫	法学院	海技2013-1	女	1994/12/23	山东济南	494		
1210130201	孙诗诗	法学院	海技2013-2	女	1994/12/24	山东济南	496	Package	
1310130102	李宇宁	法学院	海科2014-1	男	1994/12/25	山东济南	498		
1310130106	韩英哲	法学院	海科2014-1	男	1994/12/26	山东济南	500		
1310130111	李西西	法学院	海科2014-2	女	1994/12/27	山东济南	502		
1310130208	王小燕	法学院	海科2014-2	女	1994/12/28	山东济南	504		

图 2.21　查询“学生基本信息表”中所有法学院的学生记录

2. 查询表中部分字段信息

例如只显示“学生基本信息表”中“学号”、“姓名”、“生源地”、“入学分数”四个字段信息，查询结果如图 2.22 所示。

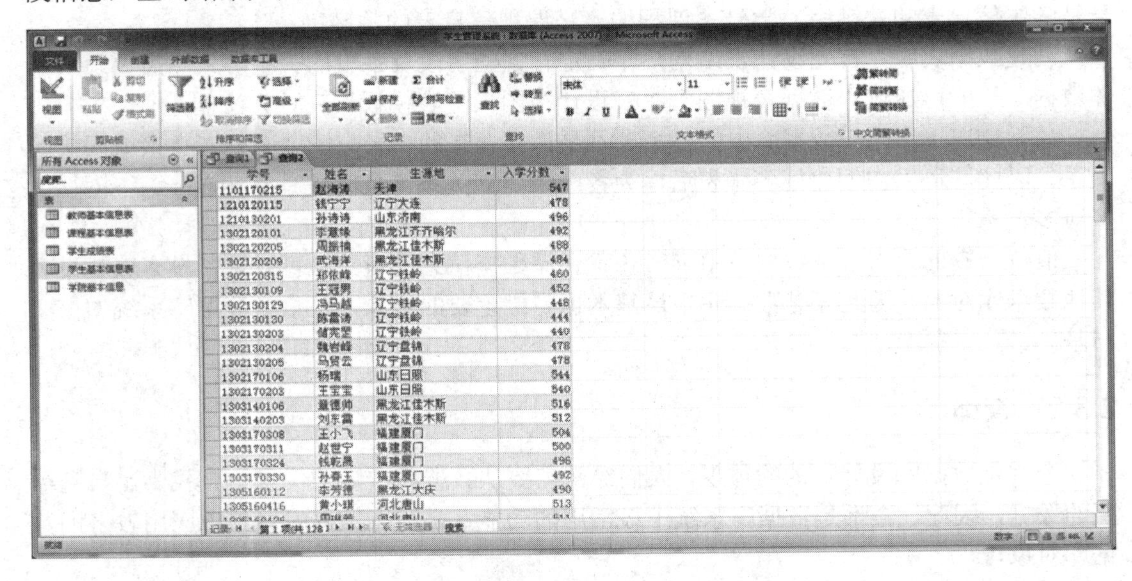

学号	姓名	生源地	入学分数
1101170215	赵海涛	天津	547
1210120115	钱宁宁	辽宁大连	478
1210130201	孙诗诗	山东济南	496
1302120101	李慧缘	黑龙江齐齐哈尔	492
1302120205	周振楠	黑龙江佳木斯	488
1302120209	武海洋	黑龙江佳木斯	484
1302120315	郑依峰	辽宁铁岭	460
1302130109	王冠男	辽宁铁岭	452
1302130129	冯马越	辽宁铁岭	448
1302130130	陈霜涛	辽宁铁岭	444
1302130203	储克坚	辽宁铁岭	440
1302130204	魏岩峰	辽宁盘锦	478
1302130205	马贺云	辽宁盘锦	478
1302170106	杨瑞	山东日照	544
1302170203	王宝宝	山东日照	540
1303140106	葛德帅	黑龙江佳木斯	516
1303140203	刘乐霖	黑龙江佳木斯	512
1303170308	王小飞	福建厦门	504
1303170311	赵世宁	福建厦门	500
1303170324	钱乾晨	福建厦门	496
1303170330	孙春王	福建厦门	492
1305160112	李芳德	黑龙江大庆	490
1305160416	黄小琪	河北唐山	513

图 2.22　查询“学生基本信息表”中部分记录

3. 利用查询编辑表中记录

用户通过查询可对数据源中的数据做增、删、改操作，实现自动更新对应表中数据。例如在前面创建的查找所有法学院学生记录的查询中，将钱宁宁同学的学院字段改为“外语”，如图 2.23 所示，则“学生基本信息表”中钱宁宁的学院字段立即自动更新为“外语”，如图 2.24 所示。

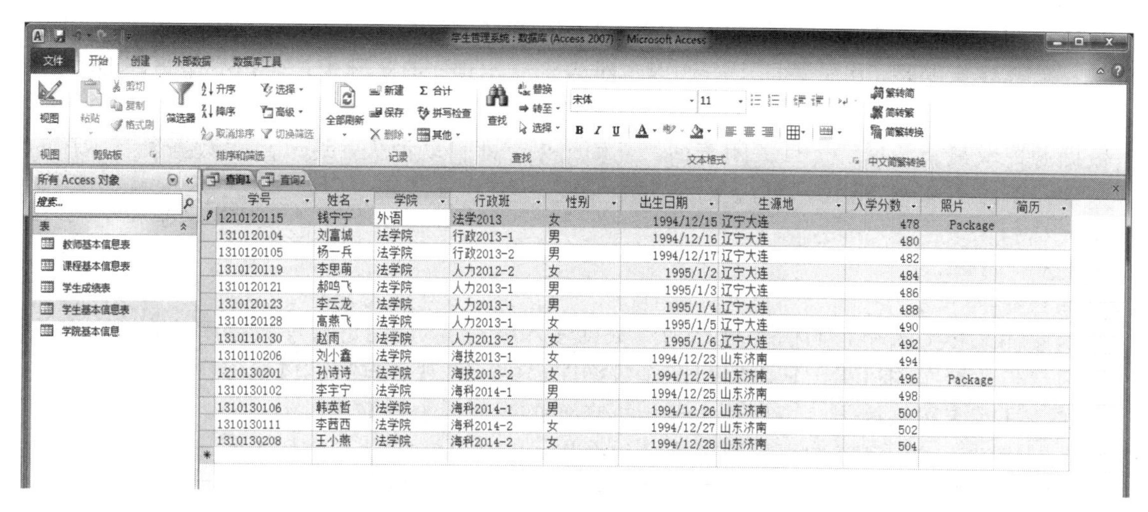

图 2.23　在查询中修改字段信息

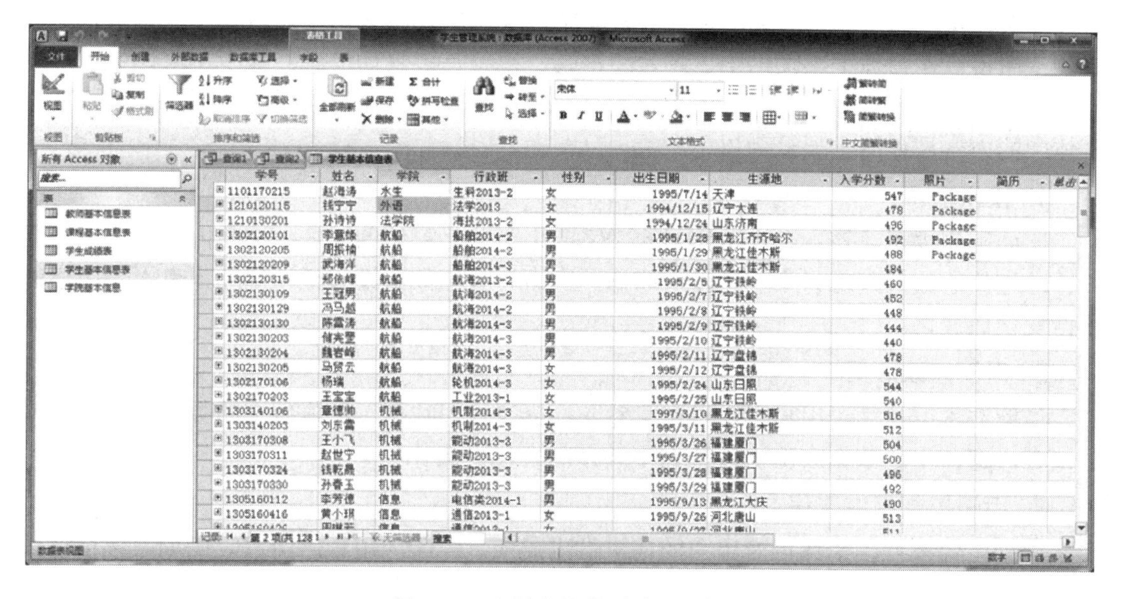

图 2.24　表随查询的更改而更新

4. 利用查询结果创建一个新表

如有必要，可以将查询得到的结果保存成一个新表。

5. 查询过程中进行各种统计计算或额外建立计算字段并保存计算结果

有时更希望看到数据的统计结果而非数据本身，例如统计学生表中男女生人数，这时就需要带统计计算的查询效果。

6. 查询结果可以作为其他查询、窗体和报表的数据源

通常查询、窗体和报表的数据源是表，但如果某个查询的结果是从其他表中选取出来的更适合用户需要的数据，则该查询也可作为其他查询、窗体和报表的数据源。

一般采用“查询向导”和“查询设计视图”两种方式创建查询。Access 中的查询包括选择查询、交叉表查询、参数查询、操作查询、SQL 查询。

需要注意的是，尽管表面上查询以二维表形式出现，但实际上，它并不存储查询结果，即数据库中并不保存查询结果数据，而只保存查询的操作方式。也就是说，运行查询时从数据源提取最新数据，一旦关闭查询，查询结果立即自动消失，这一点跟数据表有本质的区别，所以不能把查询结果与表对象混为一谈。

2.3.3　窗体

窗体又称为表单，有时也被称为“数据输入屏幕”，是用户管理数据库的窗口，是沟通用户与数据库的桥梁，它为用户操作数据库提供了直观、友好、风格多样的界面。特别是在数据库应用系统中，窗体是实现人机交互必不可少的数据库对象。

创建窗体时，可以按用户需要为窗体布局，安排各种控件在窗体上的显示位置、验证输入数据的合法性等。往窗体上添加的每一个对象称之为“控件”，控件不同，作用不同，比如标签控件，负责显示说明性文本信息；文本框控件，负责输入或编辑库中数据；按钮控件，负责执行命令等等。创建窗体的数据可以来源于表或查询中的数据。除显示普通数据外，还可以在窗体上添加图形、图片、声音、视频等多媒体信息，甚至在窗体中还可以包含子窗体。在窗体中加入宏，就可以将 Access 的各个数据库对象联系起来。综上所述，窗体中的内容按作用主要分为以下三类。

1. 仅供显示

比如用作提示、警告、说明作用的文字或用于美化窗体的图片，这些内容只显示给用户看，与其他数据库对象不产生任何联系，因而对表中数据没有任何影响，也不会因表中数据变化而变化。

2. 用于修改数据

借助文本框控件，用户可通过键盘输入、修改表中数据。当窗体中的数据来源于表或查询时，窗体中的数据会随表或查询中数据的变化而变化。

3. 用于控制程序流程

借助按钮控件，窗体可对用户的请求做出反应，控制应用程序流程。比如很多窗体中都包含的“确定”和“取消”按钮。

创建好的窗体外观类似于窗口，用户借助窗体可方便地浏览、输入、编辑、打印表中数据以及通过在窗体上设置按钮实现控制数据库应用程序的执行过程等操作。

按显示数据方式不同，Access 提供七种类型的窗体，包括纵栏式窗体、表格式窗体、数据表窗体、主/子窗体、图表窗体、数据透视表窗体和数据透视图窗体。仅以前三种类型为例说明不同类型窗体的区别：纵栏式窗体是一个窗体只显示一条记录，每条记录按列显示，列的左侧显示字段名，右侧显示对应字段内容；表格式窗体是在一个窗体中连续显示多条记录，记录中的每个字段信息都显示在一个文本框中；数据表窗体的显示方式同数据表完全相同。

Access 2010 中，窗体共有六种视图，分别是设计视图、窗体视图、布局视图、数据表视图、数据透视表视图、数据透视图视图。不同的视图呈现形式不同，作用各有侧重。

(1) 设计视图，设计视图主要用于创建和修改窗体，用户可根据需要向窗体中添加各种控件，安排控件在窗体中的摆放位置，设置各控件属性等。

(2) 窗体视图，窗体视图主要用于查看、添加、修改、删除数据库中的数据，还可对数据进行统计操作。

(3) 布局视图，布局视图同窗体视图类似，都是窗体运行时的显示方式，外观也极其相似，主要用于修改窗体，包括添加新控件、根据实际数据调整控件大小和位置等。布局视图是 Access 2010 新增的一种视图。

(4) 数据表视图，数据表视图从显示效果上与数据表类似，也是以表格形式显示数据。

(5) 数据透视表视图，数据透视表视图主要借助 Office 数据透视表组件，实现数据的分析和统计。

(6) 数据透视图视图，数据透视图视图的主要作用也是分析和统计数据，只不过是以更加直观的交互式图表方式显示。

2.3.4 报表

Access 中，报表是负责将数据库信息送打印机打印的数据库对象。报表的数据源可以是表、查询或窗体中的数据，用户可以对数据进行整理、分析、计算后，按指定样式显示或打印输出。利用报表可以创建计算字段，对记录先分组然后对各分组进行汇总统计，报表中可以嵌入图片或图像、可以包含子报表或图表数据。

多数情况下，报表由报表页眉、页面页眉、主体、页面页脚、报表页脚五部分组成。报表与窗体最大的区别是，用户可与窗体交互，但不能与报表交互，即用户只能浏览报表数据，不能通过报表输入或修改数据。

报表有三种视图：“设计视图”、“打印预览视图”和“版面预览视图”。其中，“设计视图”主要用于创建和编辑报表结构；“打印预览视图”主要用于打印前查看报表的打印效果；“版面预览视图”主要用于查看报表的版面设置。

一般有三种创建报表的方法：

① 通过“报表向导”创建报表；

② 通过“报表设计视图”创建报表；

③ 通过自动创建报表功能创建报表。

通常可采用“报表向导”或自动创建报表功能快速形成报表结构，然后通过“报表设计视图”根据需要做调整。需要说明的是，不能在创建报表的表打开时删除该报表。

注意：通过自动创建报表功能创建的报表只有主体，没有报表页眉、页面页眉、页面页脚和报表页脚。

2.3.5 宏

前面介绍的表、查询、窗体和报表这四个数据库对象在 Access 数据库中分别完成不同的数据处理任务，起着不同的作用，它们各自独立工作，不能相互调用。引入数据库对象宏，可将各个数据库对象联系起来、互相配合完成特定任务乃至更加复杂的任务。因此，宏是 Access 中极其重要的一个数据库对象。

宏是一个或多个操作的集合，其中的每个操作都能实现特定功能，比如打开数据表、弹出提示信息框等。宏将完成某任务连续执行的多条指令精简成一条指令，这条指令即称为宏，也就是说，只要执行一条宏指令，宏中所有操作便能按顺序依次自动执行。宏还可以是由若干个宏构成的宏组。可通过设置条件表达式来决定是否执行宏或宏组。通过在窗体、报表、控件和模块中使用宏，可以自动完成大量重复性操作，简化 Access 数据库的管理和维护工作。

Access 中的宏最大的优点就是已经预先定义好了几十个功能强大的宏，用户只需进行简单的参数设置即可使用宏。在 Access 2010 中，内置了错误处理，使宏的功能进一步增强，为完成更复杂的任务创造了条件。利用宏与内置函数相似的特点和其简便易用性，不用编写程序就可以开发数据库管理系统，方便了数据库用户。

2.3.6 模块

模块是 Access 数据库中一个重要的数据库对象，它是用 VBA(Visual Basic for Application)语言编写的程序代码，是开发 Access 数据库应用系统必不可少的对象。Visual Basic 是美国微软公司开发的一种面向对象的程序设计语言，其特点是简单易学且功能强大，微软将其内置到 Microsoft Office 的 Word、Excel、PowerPoint、Access 等办公软件中，这种内置在应用程序中的 VB 就被称为 VBA。VBA 是 VB 的子集，可以帮助用户快速开发数据库应用程序，实现更加复杂的工作。用 VBA 语言编写的程序代码就存放在模块中，因此，也可以将模块看成是保存 VBA 代码的容器。模块可将所有数据库对象联系起来，构建完整数据库应用系统，完成宏所不能完成的复杂任务。

模块包含声明语句和一个或多个过程，将声明和过程作为一个已命名的单元保存在一起。其中，声明部分是对模块使用的常量、变量等进行说明，而过程是构成模块的基本单元，每个过程可完成特定功能。过程分为事件过程和通用过程，而通用过程又包括子过程(以 Sub 开始、以 End Sub 结束)和函数过程(以 Function 开始、以 End Function 结束)。事件过程是以控件及其所响应的事件名称命名的，可以理解为是特殊的子过程。事件过程与通用过程的区别在于：事件过程不能独立存在，必须依附于窗体或报表，而通用过程具有独立性，能被其他过程调用。

Access 有两种类型的模块：类模块和标准模块。

1. 类模块

Access 2010 中的类模块包括窗体模块、报表模块和独立的类模块。窗体模块和报表模块分别包含特定窗体或报表上所有事件过程的代码，各自与某一窗体或报表相关联。通常在为窗体、报表创建第一个事件过程时，Access 就会自动创建与之关联的窗体模块或报表模块。独立的类模块可以定义一个类，然后通过定义的类创建自定义对象。由于独立的类模块不依赖于任何窗体和报表，自身没有内置的用户界面，所以独立的类模块主要用于无需界面操作的计算、查询和修改数据等工作。

窗体模块和报表模块都具有局部特性，从空间角度即作用范围看，二者各自局限于所属的窗体或报表内；从时间角度即生命周期看，窗体模块和报表模块分别随着窗体或报表的打开而开始、关闭而结束。

2. 标准模块

标准模块是存放公共过程的模块，这些公共过程不与数据库的任何对象相关联，可供其他数据库对象使用，而且可以在数据库中的任何位置被调用执行。除公共过程，标准模块还包含公共变量，供其他模块中的过程使用。标准模块中的公共变量和公共过程具有全局特性，其作用范围是整个数据库系统应用程序，生命周期与应用程序相同，即随着应用程序的运行而开始、运行结束而结束。

2.4 SharePoint 网站

随着网络的高速发展，人们越来越需要通过网络进行活动宣传、产品销售等各种业务，相应地，越来越多的数据需要发布到网络上供人们访问、操作和维护。Access 2010 及后续版本加强了数据的网上发布和访问功能，方便用户通过网络实现对数据库的访问和操作。

SharePoint 是 SharePoint Portal Server 的简称，它是一个门户站点，使得企业能够开发出智能的门户站点，这个站点能够无缝连接到用户、团队和知识。通过 SharePoint 网站可以实现发布、共享和管理信息，使一个团队内部人员通过 SharePoint 实现信息共享和协同工作。

在网络环境下，将 Access 和 SharePoint 集成在一起，可实现无缝共享数据，即可将 Access 数据库中的表对象链接到 SharePoint 网站的列表上并存储在网站中或将整个 Access 文件存储到 SharePoint 网站上，反之，也可以将 SharePoint 网站上的数据导入到 Access 数据库中或通过在 Access 中创建链接表，将其链接到 SharePoint 网站上列表中的表，实现在 SharePoint 列表和 Access 2010 之间的数据同步，并使两组数据保持最新。

在 Access 2010 中，通过将 Access 2010 和 SharePoint 结合使用，极大增强了信息共享能力与协同开发能力。

本 章 小 结

本章介绍了 Access 2010 的功能、运行环境、启动与退出，Access 2010 的工作界面以及 Access 2010 的数据库对象，表、查询、窗体、报表、宏和模块，并简单介绍了 SharePoint 网站。

习　　题

1. 一般启动 Access 2010 的方法主要有几种？分别是什么？

2. 退出 Access 2010 的常用方法有几种？分别是什么？
3. 一个数据库文件可以包含几种数据库对象？请简述每种数据库对象的功能。
4. 请简述创建数据表的步骤。
5. 查询主要能实现哪几种功能？分别是什么？
6. Access 2010 中，窗体共有几种视图？分别是什么？
7. 一般有三种创建报表的方法，分别是什么?
8. 什么是宏？其优点有哪些？

第 3 章　数据库的创建与管理

“数据库”是指数据的集合以及针对数据进行各种基本操作的对象集合，在 Access 中，数据库是一个容器，用于存储数据库应用系统中的任何对象，也就是说，构成数据库应用系统的对象都存储在数据库中。Access 2010 数据库是一个独立的数据库文件，扩展名为.accdb。在 Access 2010 数据库中，可以包含 6 种数据库对象。本章主要介绍 Access 2010 数据库模板，创建数据库的方法以及数据库和数据库对象的基本操作。

3.1　数据库模板

通过 Access 数据库模板可以快速创建一个 Access 数据库并可以立即投入使用，这个数据库包含所有的表、窗体、报表、查询、宏和关系。因为模板已设计为完整的端到端数据库解决方案，所以使用它们可以节省时间和工作量并能够立即开始使用数据库。使用模板创建数据库后，可以自定义数据库以使其更好地符合需要，效果就如同从头开始构建数据库一样。打开 Access 2010，在“文件”选项卡下选择“新建”选项，点击右侧可用模板中的样本模板，如图 3.1 所示，就可以看见 Access 2010 中所有的数据库模板了，如图 3.2 所示。

图 3.1　新建数据库界面

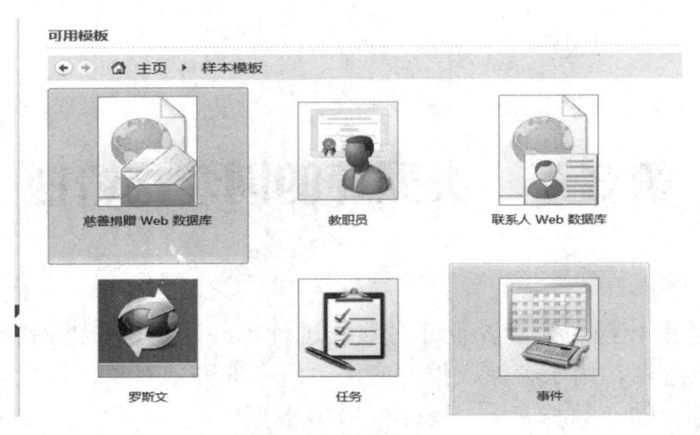

图 3.2　样本模板界面

Access 数据库模板包括两类，分别为 Web 数据库模板和客户端数据库模板。

3.1.1　Web 数据库模板

Web 数据库模板是 Access 2010 新增的功能，可以使用户比较快地掌握 Web 数据库的创建。Web 数据库的本意指的是数据库要发布到 SharePoint 服务器上运行 Access Services。但是，Web 数据库也可以作为标准客户端数据库，在本地使用。Access 2010 包含有五种 Web 数据库模板，分别为资产 Web 数据库、慈善捐赠 Web 数据库、联系人 Web 数据库、问题 Web 数据库、项目 Web 数据库。

(1) 资产 Web 数据库：用于跟踪资产，包括特定资产详细信息和所有者，分类并记录资产状况、购置日期、地点等。

(2) 慈善捐赠 Web 数据库：如果为接受慈善捐赠的组织工作，可使用此模板来跟踪筹款，它可以跟踪多个活动并报告每个活动期间收到的捐赠，跟踪捐赠者、与活动相关的事件及尚未完成的任务。

(3) 联系人 Web 数据库：管理团队协作的人员(例如客户和合作伙伴)的信息，跟踪姓名和地址信息、电话号码、电子邮件地址，甚至可以附加图片、文档或其他文件。

(4) 问题 Web 数据库：创建数据库来管理一组问题，例如，需要执行的维护任务，可以按照框架安排任务分配给谁、确定任务的优先级以及任务的开始日期和截止日期。

(5) 项目 Web 数据库：跟踪各种项目及其相关任务，向人员分配任务并监视完成百分比。

3.1.2　客户端数据库模板

Access 2010 包含有七种客户端数据库模板，分别为事件、教职员、营销项目、罗斯文、销售渠道、学生、任务。客户端数据库模板不会发布到 SharePoint 服务器上，但可以放置在网络文件夹或文档库中共享。

(1) 事件：跟踪即将到来的会议、截止时间和其他重要事件。记录标题、位置、开始时间、结束时间以及说明，还可附加图像。

(2) 教职员：管理有关教职员的重要信息，例如电话号码、地址、紧急联系人信息以及员工数据。

(3) 营销项目：管理营销项目的详细信息，计划并监控项目可交付结果。

(4) 罗斯文：创建管理客户、员工、订单明细和库存的订单跟踪系统，需要注意的是罗斯文模板包含示例数据，在使用数据库之前需要删除这些数据。

(5) 销售渠道：在较小的销售小组范围内监控预期销售过程。

(6) 学生：管理学生信息，包括紧急联系人、医疗信息及其监护人信息。

(7) 任务：跟踪要完成的一组工作项目。

3.2　创建数据库

Access 2010 提供了两种建立数据库的方法：一种是使用模板创建数据库，一种是创建空白数据库。使用模板创建数据库又分为样品模板、根据现有内容创建、我的模板、最近打开的模板以及从 Office.com 获取模板几种选择方式。另外，Access 2010 提供了两类数据库的创建，即 Web 数据库和传统数据库，本书将对利用本地模板创建数据库、利用 Office.com 上的模板创建数据库、创建空白数据库的方法进行介绍。

3.2.1　利用本地模板创建数据库

利用本地模板创建数据库是创建数据库的最快方式，用户只需要进行一些简单的操作，就可以创建一个包含表、查询等数据库对象的数据库系统。如果能找到并使用与要求最接近的模板，此方法的效果最佳。

【例 3-1】 使用本地模板创建一个“联系人 Web 数据库”，具体操作步骤如下：

(1) 启动 Access 2010，打开 Access 的启动窗口。在启动窗口中的“可用模板”窗格中(见图 3.1)，单击“样本模板”选项，可以看到 Access 2010 提供的示例模板(见图 3.2)。

(2) 选择“联系人 Web 数据库”模板，在右侧窗格的文件名文本框中自动生成一个默认的文件名“联系人 Web 数据库 1.accdb”，保存位置默认在我的文档中，如图 3.3 所示，用户也可以自己指定文件名和文件保存的位置。

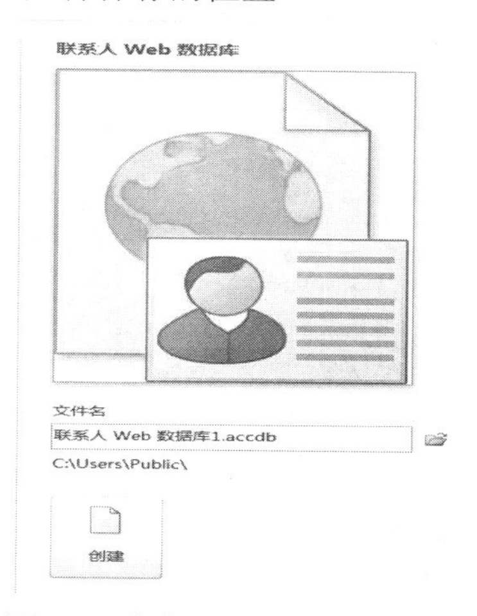

图 3.3　联系人 Web 数据库创建界面

(3) 单击“创建”按钮，完成数据库的创建。创建的数据库如图 3.4 所示。这个窗口中提供了配置数据库和使用数据库教程的链接。此外，如果计算机已经联网，则单击按钮就可以播放相关教程。

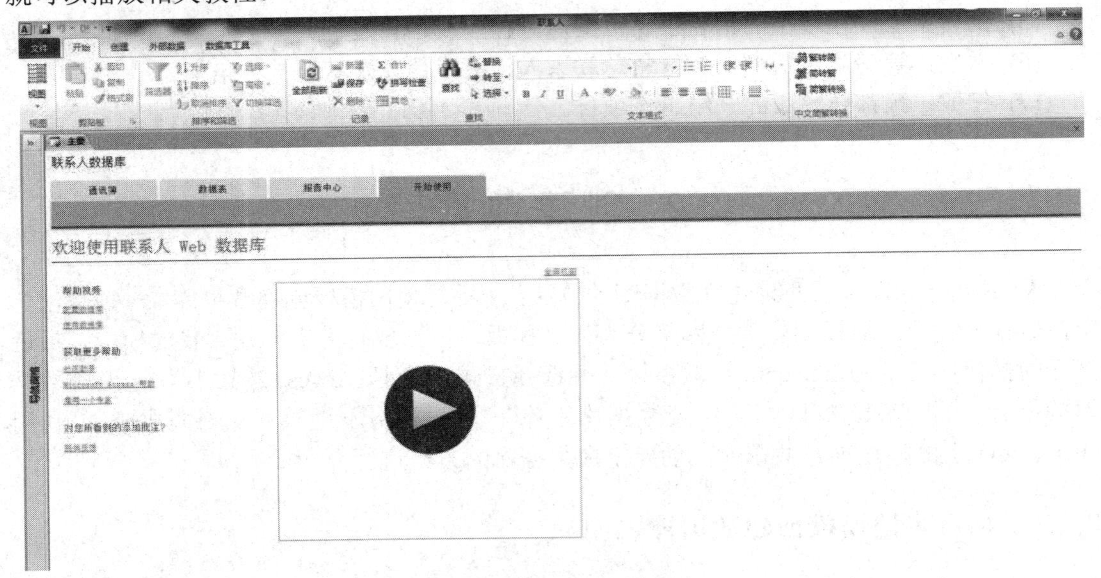

图 3.4　联系人 Web 数据库

(4) 点击屏幕左侧的“导航窗格”，可以查看该数据库包含的所有 Access 对象，如图 3.5 所示。

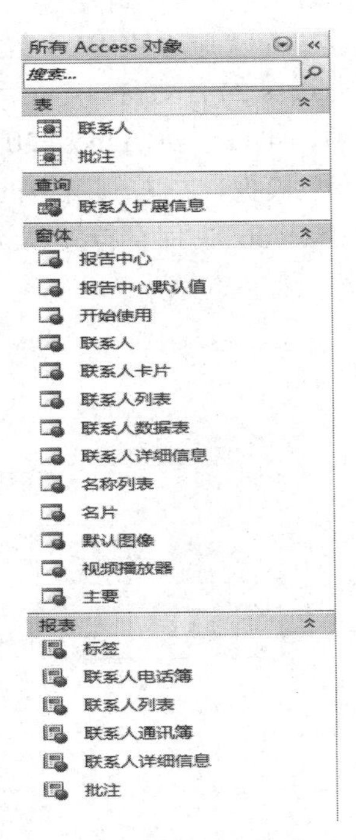

图 3.5　查看联系人 Web 数据库的所有对象

通过数据库模板可以创建专业的数据库系统，但是这些系统有时不能够完全符合需求，因此最简单的方法就是先利用模板生成一个数据库，然后再进行修改，使其符合需求。

3.2.2　利用 Office.com 上的模板创建数据库

除了可以使用 Access 2010 提供的本地方法创建数据库之外，还可以利用互联网上的资源，如果能在 Office.com 的网站上搜索到所需的模板，就可以把模板下载到本地计算机中，从而快速创建出所需的数据库。

【例 3-2】 使用互联网中的模板创建一个“学生信息数据库”，具体操作步骤如下：

(1) 保证计算机已经连接互联网，然后启动 Access 2010，打开 Access 的启动窗口。在启动窗口中的“office.com 模板”窗格中(见图 3.1)，可以看到 office.com 提供的数据库模板的分类文件夹，如业务、个人、书籍等。

(2) 双击教育文件夹，找到学生数据库模板并单击，在右侧窗格的文件名文本框中自动生成一个默认的文件名“学生 2.accdb”，保存位置默认在我的文档中，如图 3.6 所示，用户也可以自己指定文件名和文件保存的位置。

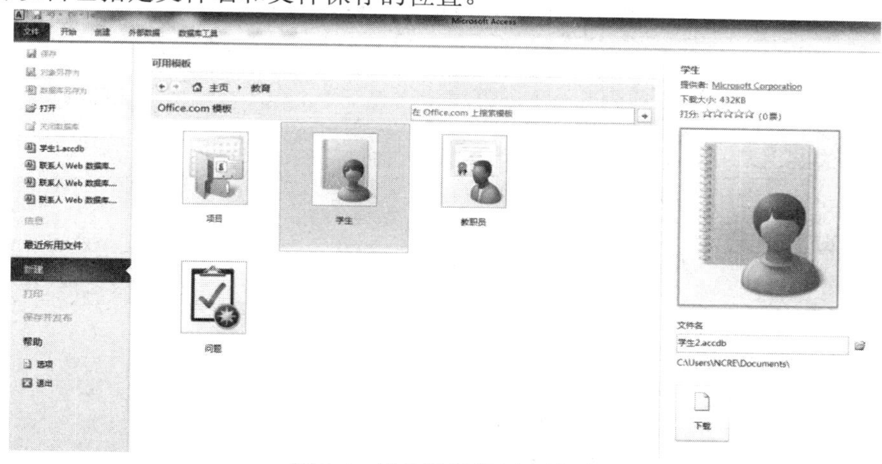

图 3.6　学生数据库创建界面

(3) 单击“下载”按钮，Access 会把 office.com 上的此模板下载到本地，便可完成数据库的创建，打开导航窗格，创建的学生数据库如图 3.7 所示。

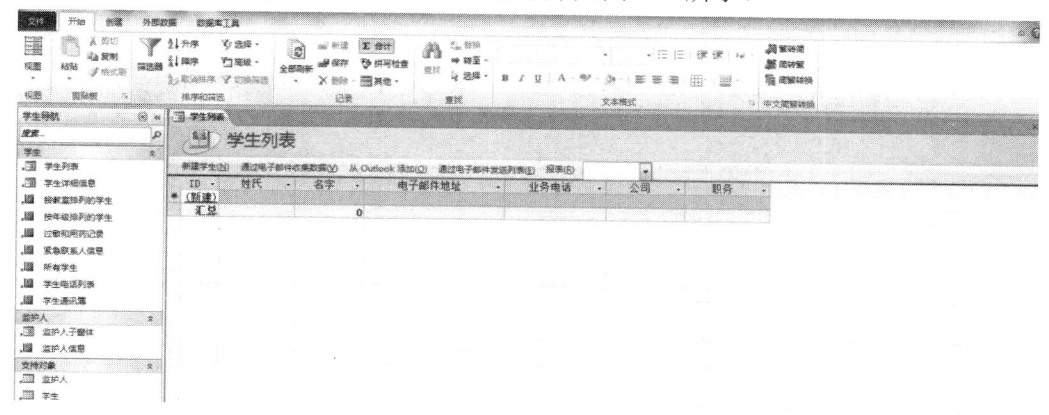

图 3.7　学生数据库

3.2.3　创建空白数据库

如果在数据库模板中找不到满足需要的模板，或在另一个程序中有要导入的 Access 数据，最好的办法就是创建一个空白数据库，这种方法适合于创建比较复杂的数据库，并且没有合适的数据库模板的情况。其实空白数据库就是建立的数据库的外壳，但是没有对象和数据而已。

空白数据库创建成功后，可以根据实际需要，添加所需要的表、窗体、查询、报表、宏和模块等对象。这种方法非常灵活，可以根据需要创建出各种数据库，但是由于用户需要自己动手创建各个对象，因此操作比较复杂。

【例 3-3】 创建一个空白数据库“书籍数据库”，具体操作步骤如下：

(1) 启动 Access 2010，打开 Access 的启动窗口。在启动窗口中的“可用模板”窗格中(见图 3.1)，点击第一项空数据库，在右侧窗格的文件名文本框中，是默认的文件名 Database1.accdb，如图 3.8 所示，这里将数据库名称命名为“书籍.accdb”。

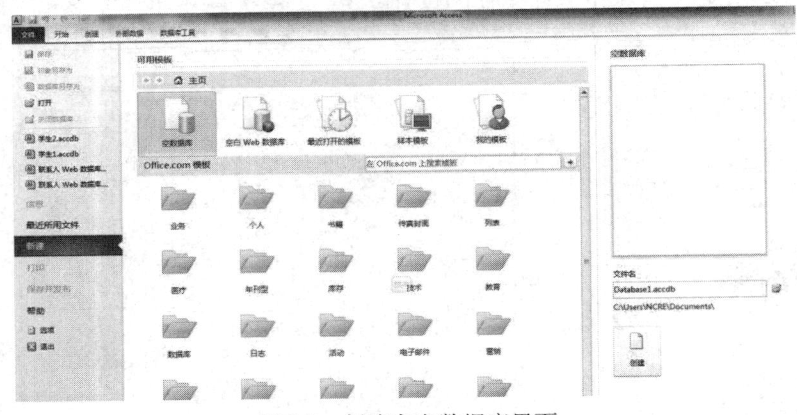

图 3.8　创建空白数据库界面

(2) 单击“浏览”按钮，在打开的“文件新建数据库”对话框中，选择数据库的保存位置。

(3) 在右侧窗格下面，单击“创建”按钮，即可创建一个空白数据库，并以数据工作表视图方式打开一个默认名为“表 1”的数据表，如图 3.9 所示。

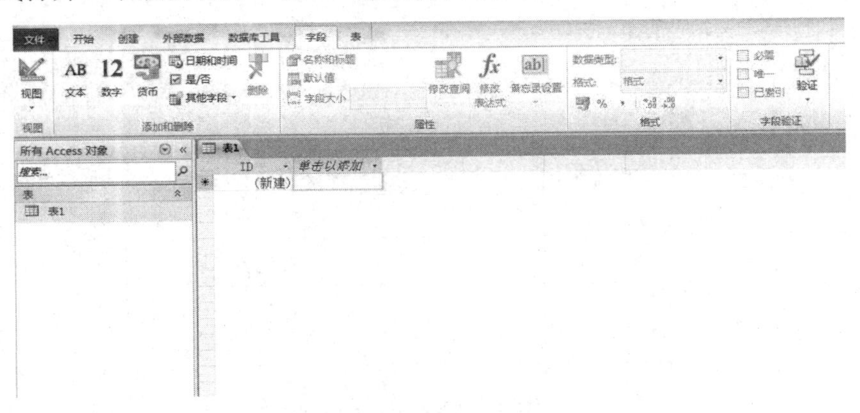

图 3.9　空白数据库创建成功界面

(4) 空白数据库创建好以后，就可以添加表和数据了，用户可以在该空白数据库中逐一创建 Access 的各种对象，具体方法会在后面的章节陆续介绍。

3.3　数据库的操作与维护

数据库创建好之后，在使用中还会涉及数据库的打开、编辑、保存、关闭等操作，同时为了数据安全，还要考虑数据库的备份、修复等问题，这些都是使用数据库的重要操作。

3.3.1　打开数据库

打开数据库是数据库操作中最基本、最简单的操作。打开一个已经存在的数据库，一般操作步骤如下。

(1) 启动 Access 2010，单击功能区的“文件”选项卡，选择“打开”命令，出现 “打开”对话框。

(2) 在该对话框中选择需要打开的数据库文件，接着单击“打开”按钮旁的三角符号按钮，弹出一个下拉菜单，从中选择数据库的打开方式，如图 3.10 所示。

图 3.10　打开数据库对话框

用不同的打开方式打开数据库，操作数据库的权限是不同的，以“打开”这种方式打开数据库，就是以共享模式打开数据库，即允许多位用户在同一时间同时读写数据库；以“只读”这种方式打开数据库，只能查看而无法编辑数据库；以“独占方式打开”这种方式打开数据库时，当有一个用户在读写数据库，则其他用户都无法使用该数据库；以“独占只读方式打开”这种方式打开数据库时，在一个用户打开某一个数据库后，其他用户将只能以只读模式打开此数据库，而并非限制其他用户都不能打开此数据库。

此外，Access 会自动记忆最近打开过的数据库，对于最近使用过的文件，只需要单击

“文件”标签，并且在打开的 Backstage 视图中选择“最近所用文件”命令，接着在右侧窗格中直接单击要打开的数据库名称即可，如图 3.11 所示。这种方式可以方便快速地打开所需数据库。

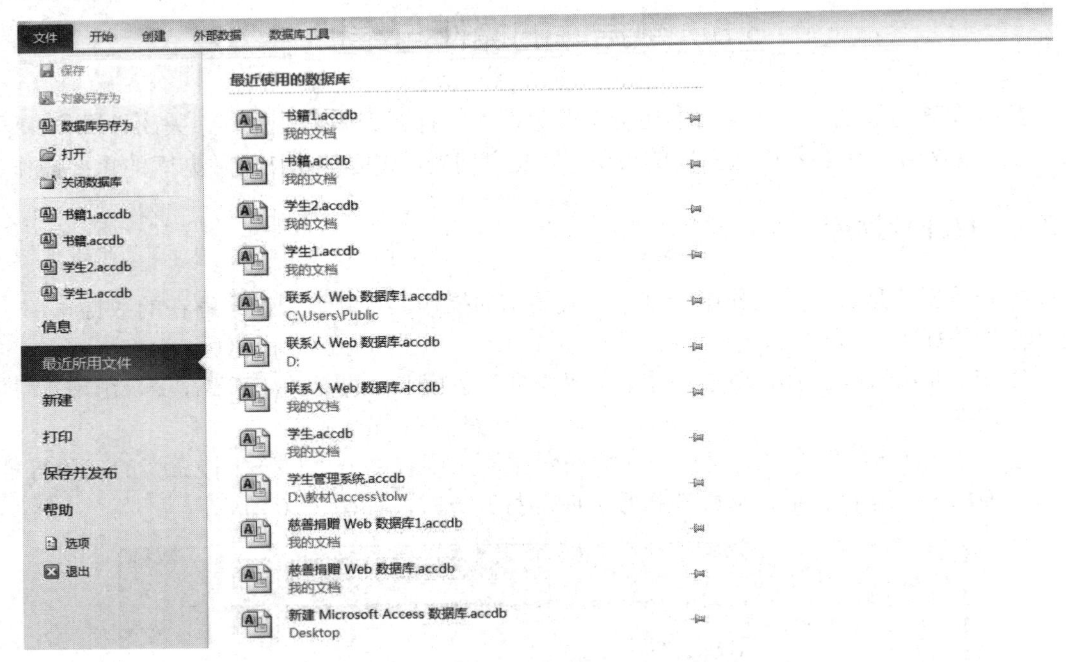

图 3.11　用最近所用文件打开数据库

3.3.2　保存与关闭数据库

对数据库做了修改以后，需要及时的保存数据库，才能永远保存所做的修改操作。保存数据库有两种方式。

第一种方式：单击“文件”选项卡，选择“保存”命令，即可保存对当前数据库的修改，数据库的名称以及存放路径不会改变。

第二种方式：选择“数据库另存为”命令，可更改数据库的保存位置和文件名，使用该命令时，Access 会弹出提示框，提示用户在保存数据库前必须关闭所有打开的对象，单击“是”按钮即可，如图 3.12 所示。然后在打开的“另存为”对话框中，选择文件的保存位置，然后在“文件名”文本框中输入新的数据库文件名称，单击“保存”按钮即可。

图 3.12　另存数据库提示对话框

当不再需要使用数据库时，可以将数据库关闭。关闭数据库包括以下两种方式。

(1) 单击窗口右上角的关闭按钮，即可关闭数据库。

(2) 单击“文件”选项卡，选择“关闭数据库”命令，也可关闭数据库。

3.3.3 压缩和修复数据库

数据库文件在使用过程中可能会迅速增大，它们有时会影响数据库的性能，有时也可能损坏数据库。在 Access 2010 中，可以使用“压缩和修复数据库”命令来防止或修复这些问题。

1. 需要压缩和修复数据库的原因

(1) 数据库文件在使用过程中不断变大。

随着不断添加、更新数据以及更改数据库设计，数据库文件会变得越来越大。导致增大的因素不仅包括新数据，还包括其他一些方面，比如 Access 会创建临时的隐藏对象来完成各种任务。有时，Access 在不再需要这些临时对象后仍将它们保留在数据库中。删除数据库对象时，系统不会自动回收该对象所占用的磁盘空间。也就是说，尽管该对象已被删除，数据库文件仍然使用该磁盘空间。

随着数据库文件不断被遗留的临时对象和已删除对象所填充，其性能也会逐渐降低，表现为：对象可能打开得更慢，查询可能比正常情况下运行的时间更长，各种典型操作通常也需要使用更长时间。

需要注意的是，压缩数据库并不是压缩数据，而是通过清除未使用的空间来缩小数据库文件。

(2) 数据库文件可能已损坏。

在特定情况下，可能会损坏数据库文件。比如，如果多个用户同时使用文件并直接通过网络共享数据库文件，该文件就存在损坏的风险；如果用户经常编辑备注字段中的数据，那么随着时间的增加，文件也有可能被破坏。通过使用压缩和修复数据库命令，可以降低此风险。

有时，数据库文件损坏也会导致数据丢失，但这种情况并不常见。在这种情况下，丢失的数据一般仅限于某位用户的最后一次操作，即对数据的单次更改。当用户开始更改数据而更改被中断时(例如，由于网络服务中断)，Access 便会将该数据库文件标记为已损坏，此时可以修复该文件。

2. 压缩和修复数据库的方法

(1) 手动“压缩和修复”数据库。

打开 Access 2010，单击“数据库工具”选项卡，在“工具”区域中选择“压缩和修复数据库”命令，便可以对当前数据库进行压缩和修复，如图 3.13 所示。

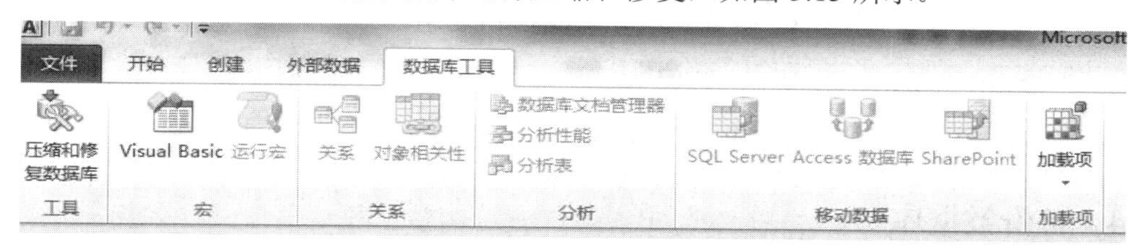

图 3.13　压缩和修复数据库第一种方法

或者打开 Access 2010，单击“文件”选项卡，然后选择“信息”选项，在右侧窗口便会出现“压缩并修复数据库”选项，如图 3.14 所示。

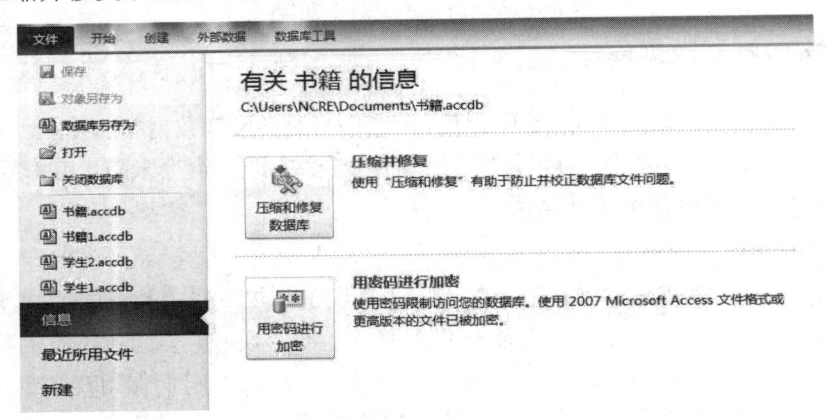

图 3.14　压缩和修复数据库第二种方法

(2) Access 2010 关闭时自动“压缩和修复”数据库。

打开 Access 2010，单击“文件”选项卡，点击“选项”命令，在弹出的“Access 选项”对话框中，选择“当前数据库”，然后把右边“关闭时压缩”前的复选框勾上对号即可开启自动压缩和修复功能，如图 3.15 所示。

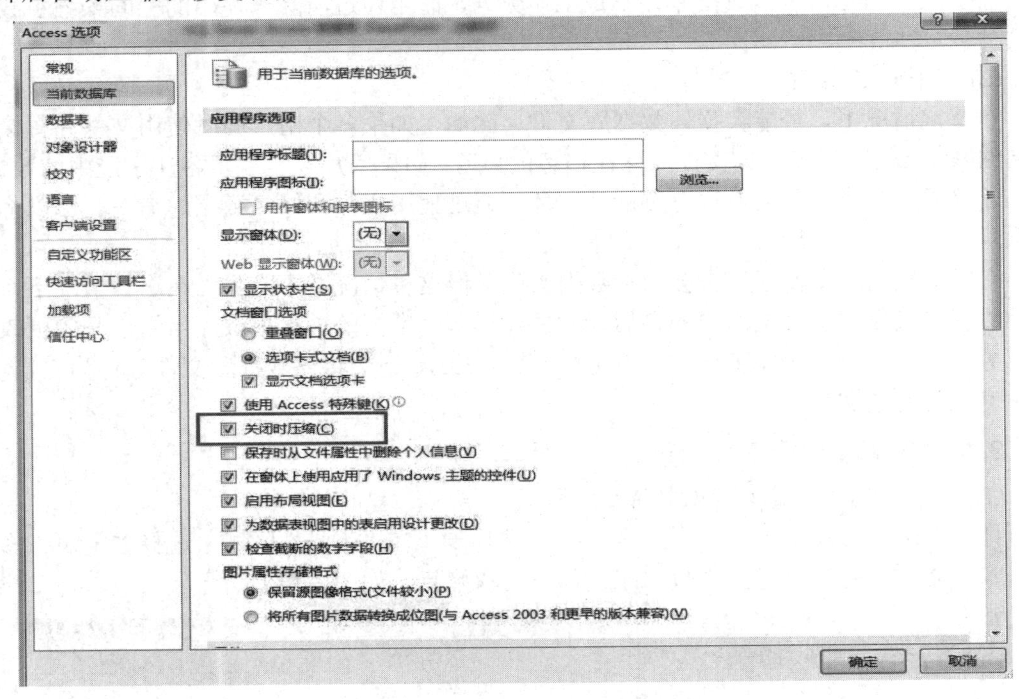

图 3.15　开启自动压缩和修复功能

3.3.4　备份数据库

虽然修复数据库能够一定程度上提高数据库的可靠性，但是当数据库受到严重破坏时，有可能造成数据库无法修复，导致严重的后果，所以定期地备份数据库是更加安全可靠的方法，也是目前最常用的安全措施。下面以“书籍.accdb”数据库文件为例，介绍如何在 Access 2010 中备份数据库。

【例 3-4】 在 Access 2010 中备份数据库文件“书籍.accdb”，具体操作步骤如下：

(1) 启动 Access 2010，打开压缩过的“书籍.accdb”数据库文件，然后单击“文件”标签，并在打开的 Backstage 视图中选择“保存并发布”命令，选择“备份数据库”选项，如图 3.16 所示。

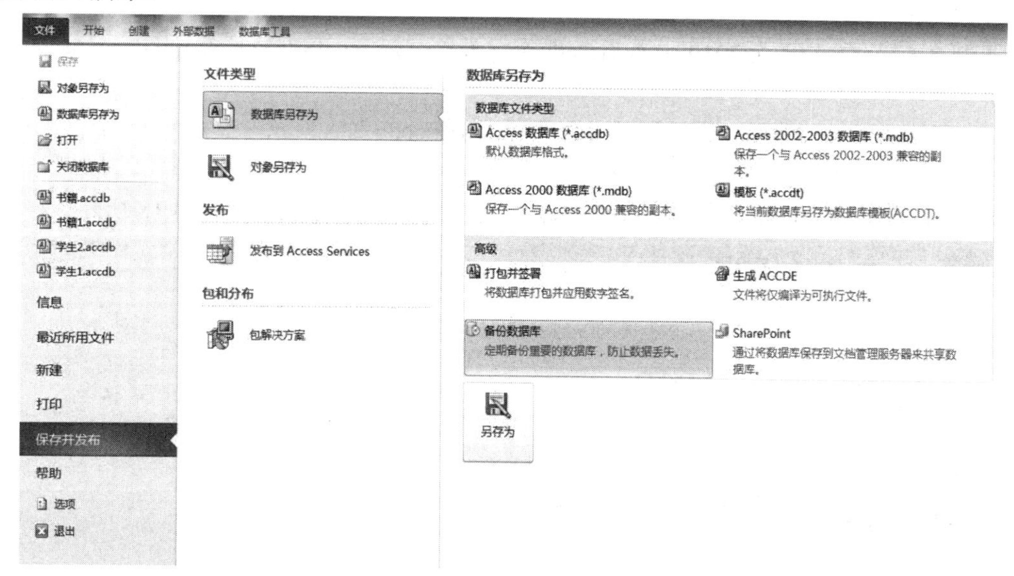

图 3.16　备份“书籍.accdb”数据库文件

(2) 双击“备份数据库”选项后，系统将弹出“另存为”对话框，默认的备份文件名为“数据库名 + 备份日期”，如图 3.17 所示。

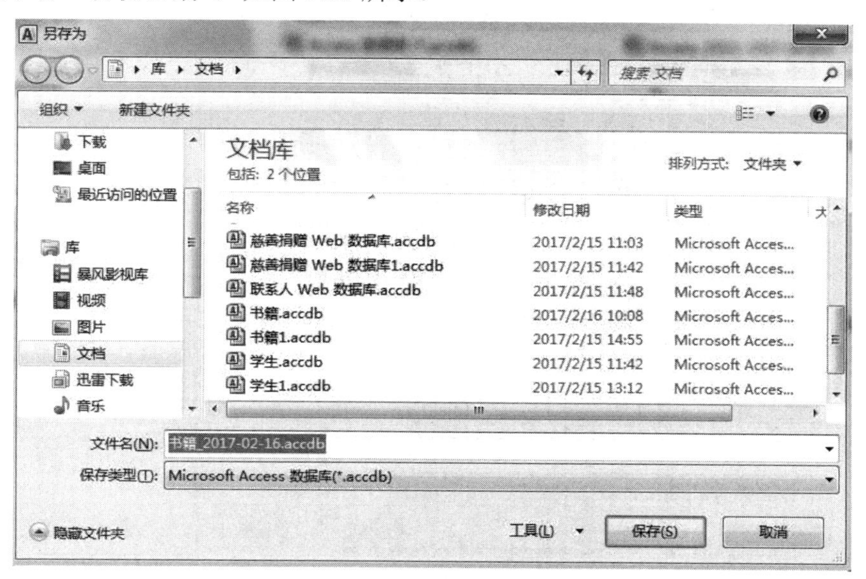

图 3.17　备份数据库的另存为对话框

(3) 单击“保存”按钮，即可完成数据库的备份。

数据库的备份功能和“另存为”功能类似，除了上面介绍的方法以外，利用 Windows 的“复制”功能或者 Access 的“另存为”功能也可以完成数据库文件的备份。

3.3.5 查看和编辑数据库属性

打开一个数据库以后，可以通过“查看和编辑数据库属性”功能查看数据库的属性，了解数据库的相关信息。

【例 3-5】 在 Access 2010 中查看数据库文件“书籍.accdb”的具体信息，具体操作步骤如下：

(1) 启动 Access 2010，打开数据库文件“书籍.accdb”。

(2) 单击屏幕左上角的“文件”标签，在打开的 Backstage 视图中选择“信息”命令，在屏幕最右侧的区域中可以看到“查看和编辑数据库属性”选项，如图 3.18 所示。

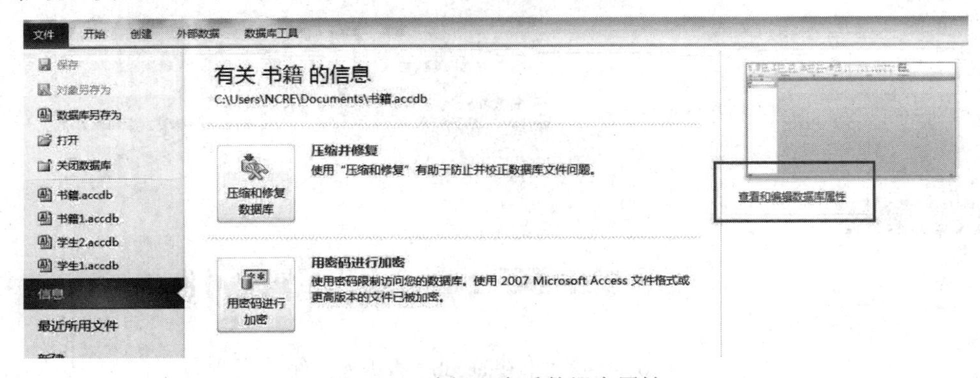

图 3.18　编辑和查看数据库属性

(3) 在弹出的数据库属性对话框的“常规”选项卡中显示了数据库文件的类型、存储位置和大小等信息，设置只读、隐藏等属性，如图 3.19 所示。

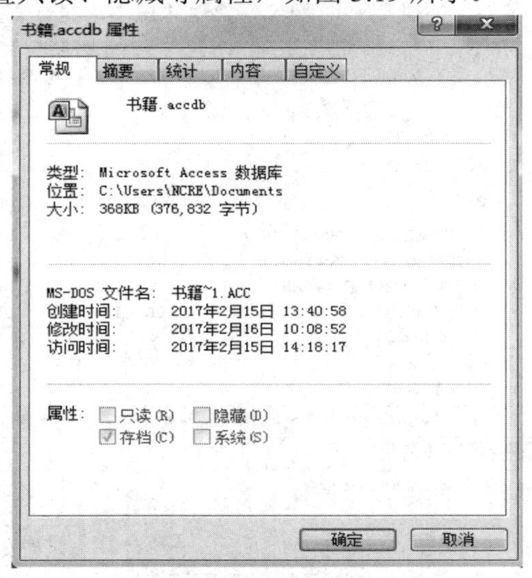

图 3.19　数据库属性对话框

除了常规选项卡以外，数据库属性对话框中还包含摘要、统计、内容、自定义选项卡，可以查看数据库的相关内容，这里就不一一介绍了，需要注意的是为了数据库今后便于管理，建议尽可能详细地填写“摘要”选项卡的信息，这样便于其他人对数据库进行日常维护，也方便查看数据库的具体内容。

本章小结

本章主要介绍了 Access 数据库模板，使用本地模板创建数据库、利用 Office.com 上的模板创建数据库和创建空白数据库的方法，以及对数据库的打开、编辑、保存、关闭等基本操作和数据库的备份、修复等重要操作。

习　　题

1. 如何利用模板建立一个学生数据库？
2. 打开数据库有几种方式？这几种方式都有什么区别？
3. 请列举几种常见的数据库操作。

第 4 章　表的创建与操作

表是建立数据库和进行程序设计的基础，各种数据库应用系统都有其具体的表，表是应用程序重要的数据资源。使用数据库时，将数据存储在表中，表是基于主题的列表，包含以记录形式排列的数据。数据表文件由表结构和表内容(记录)两部分组成。表的结构是指数据表的框架，主要包括表名和字段属性两部分。表名是用户访问数据的唯一标识。字段属性即表的组织形式，它包括表中字段的个数，每个字段的名称、数据类型、字段大小、格式、输入掩码、有效性规则等。表内容是指表中存储的数据。

在 Access 2010 中，表具有以下主要规范，如表 4-1 所示。

表 4-1　主要表规范

属　性	最 大 值
表名的字符个数	64
字段名的字符个数	64
表中字段的个数	255
打开表的个数	2048(此限制包括 Access 从内部打开的表)
表的大小	2 GB 减去系统对象需要的空间
文本字段的字符个数	255
备注字段的字符个数	通过用户界面输入数据为 65 535，以编程方式输入数据时为 2 GB 的字符存储
OLE 对象字段的大小	1 GB
表中的索引个数	32
索引中的字段个数	10
有效性消息的字符个数	255
有效性规则的字符个数	2048
表或字段说明的字符个数	255
当字段的 UnicodeCompression 属性设置为“是”时记录中的字符个数(除“备注”和“OLE 对象”字段外)	4000
字段属性设置的字符个数	255

4.1　创　建　表

在 Access 2010 中创建表有多种方法，下面具体介绍三种最常用的方法：使用模板创建表、在数据表视图中创建表和在数据表设计视图中创建表。

4.1.1　使用模板创建表

在“创建”功能区的“模板”组中包含“应用程序部件”按钮，单击该按钮则在“快速入门”组中有 5 个表模板，分别是联系人、批注、任务、问题、用户。

使用模板创建表的操作步骤如下：

(1) 打开或创建一个数据库。

(2) 单击“创建”选项卡，在“模板”组中单击“应用程序部件”按钮，弹出相关模板库。

(3) 单击“快速入门”组中的相关表模板，然后按照向导操作创建相关表。

4.1.2　在数据表视图中创建表

在数据表视图中创建表是一种方便简单的方式，能够迅速地构造一个较简单的数据表。例如在 Access 2010 中创建一个空数据库文件“学生管理系统.accdb”时，同时自动创建了一个空表“表 1”，并显示了其数据表视图，在该数据表视图中就可以创建新表。下面通过例子来说明具体的操作步骤。

【例 4-1】 在“学生管理系统”数据库中创建“学院基本信息表”，表结构如表 4-2 所示。

表 4-2　“学院基本信息表”的表结构

字段名	字段类型	字段大小	说明
学院编号	文本	3	主键
学院名称	文本	30	
办公电话	文本	15	

具体操作步骤如下：

(1) 打开“学生管理系统”数据库。

(2) 如果不存在“表 1”，单击“创建”选项卡“表格”选项组中的“表”按钮，系统自动创建一个默认名为“表 1”的新表，并以数据表视图显示，如图 4.1 所示。

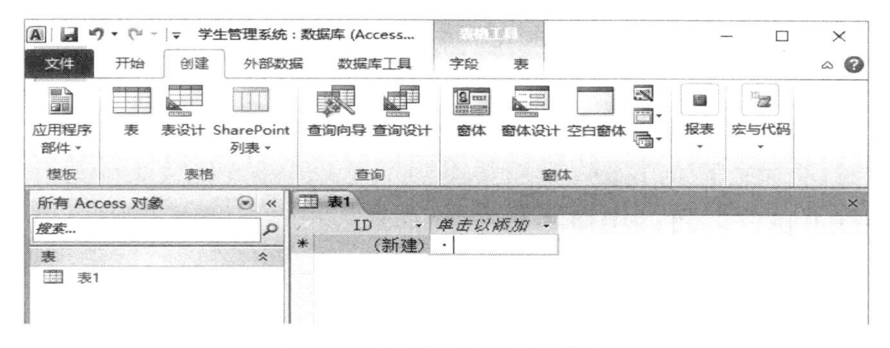

图 4.1　使用数据表视图创建表

(3) 单击“单击以添加”列标题，在下拉列表中选择“文本”，则添加一个文本型的字段，字段名称默认为“字段 1”。

(4) 修改“字段 1”名称为“学院编号”，并在表格工具“字段”选项卡的“属性”组中将“字段大小”修改为 3，如图 4.2 所示。

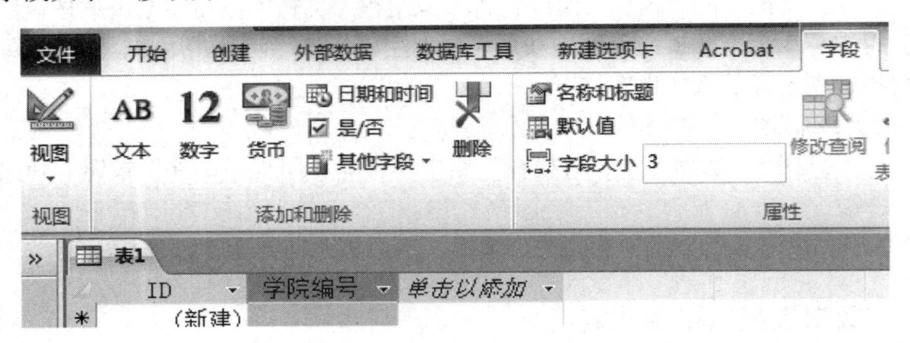

图 4.2　添加字段

(5) 重复步骤 3 和步骤 4，添加“学院名称”字段，并设置字段大小为 30。

(6) 重复步骤 3 和步骤 4，添加“办公电话”字段，并设置字段大小为 15。

(7) 单击“快速访问工具栏”中的“保存”按钮，弹出“另存为”对话框，在对话框中输入表的名称“学院基本信息表”，单击“确定”按钮完成表的创建，此时导航窗格中可以看到一个名为“学院基本信息表”的表对象，如图 4.3 所示。

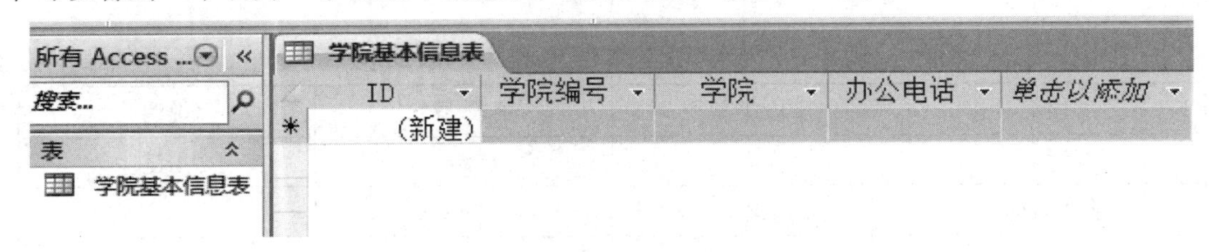

图 4.3　学院基本信息表

创建完表结构之后，在数据表视图中就可以直接输入表的数据。输入表的数据时，在字段名称下面的单元格中依次录入即可。

使用数据表视图创建表后，会有一个 ID 字段，这是 Access 2010 自带的，其默认数据类型为自动编号，可以更改此字段的名称及数据类型等属性，也可以删除该字段。

使用数据表视图创建表，可以在字段名称处直接输入字段名称(或更改字段名称)，也可以对表中的数据进行编辑、添加、修改、删除等操作。但对于字段的属性设置有一定的局限性，例如不能选择数字型字段的字段大小(字节、整型、长整型、单精度型和双精度型等)，因此。还需要在“设计视图”中对表结构做进一步的设置。

4.1.3　在数据表设计视图中创建表

虽然在数据表视图下可以直观地创建表，但使用设计视图可以根据用户需要灵活地创建表。对于较复杂的表，通常在设计视图下创建，下面通过例子来说明具体的操作步骤。

【例 4-2】 在“学生成绩管理”数据库中创建“学生基本信息表”，其表结构如表 4-3 所示。

表 4-3　“学生基本信息表”的表结构

字段名	字段类型	字段大小	说明
学号	文本	10	主键
姓名	文本	10	
学院编号	文本	3	
行政班	文本	20	
性别	文本	2	
出生日期	日期/时间	默认值	
生源地	文本	20	
入学分数	数字	单精度型	
照片	OLE 对象	默认值	
简历	备注	默认值	

具体操作步骤如下：

(1) 打开“学生成绩管理”数据库。

(2) 在“创建”选项卡的“表格”选项组中，单击“ 表设计”按钮，系统自动创建一个默认名为“表 1”(或其他有序编号)的新表，并显示表的设计视图。

(3) 按照表 4-3“学生基本信息表”的表结构的内容，在“字段名称”列中输入各个字段名称，在“数据类型”列中选择相应的数据类型，并按要求设置相应的字段大小。图 4.4 所示的“学号”字段大小为 10 个字符，输入掩码为 0000000000；图 4.5 所示的“性别”字段的默认值为男，有效性规则为“"男" Or "女"”，有效性文本为“性别必须为男或女”。

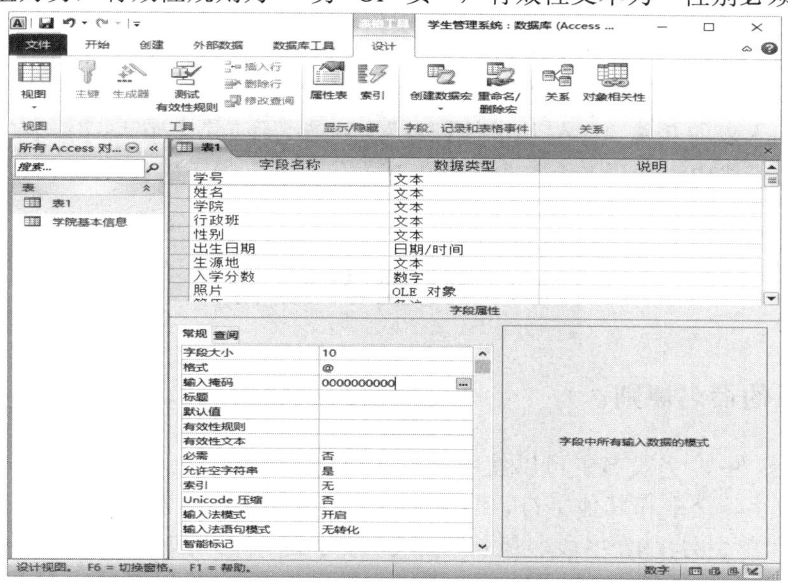

图 4.4　“学号”的字段属性

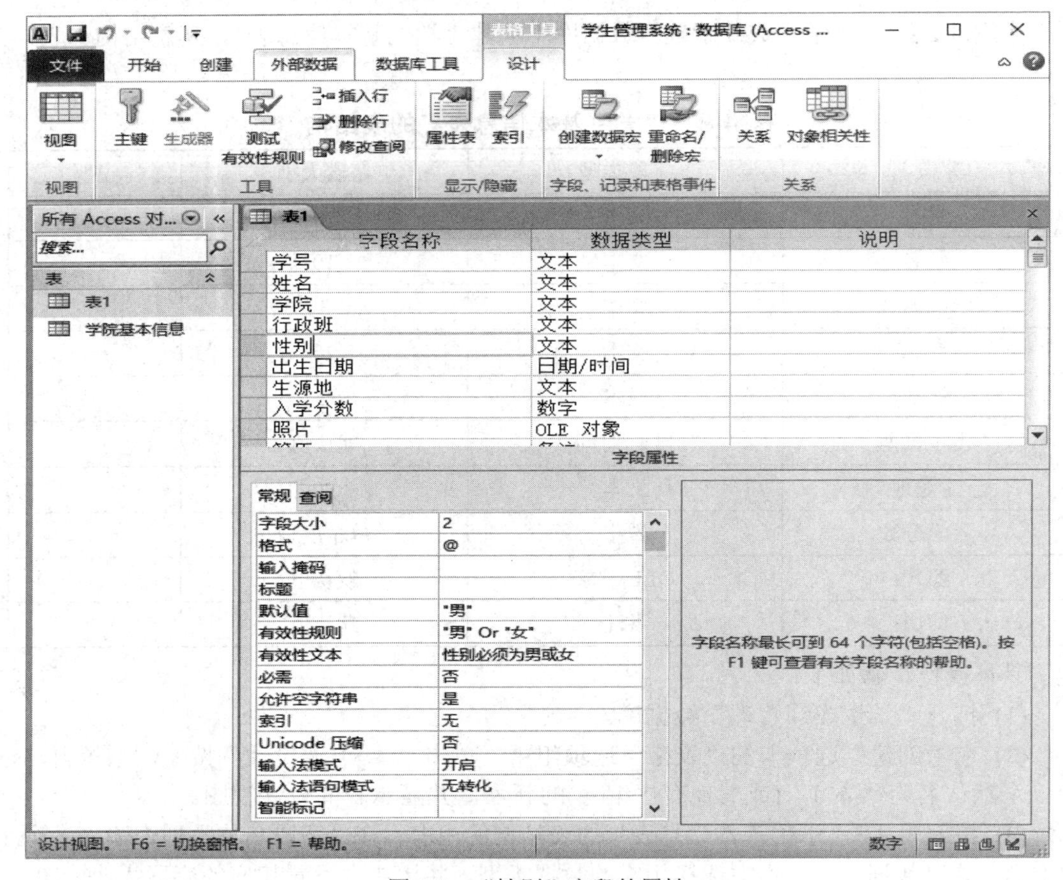

图 4.5　“性别”字段的属性

(4) 设置表的主键。选中“学号”字段，单击鼠标右键，在弹出的快捷菜单中单击“主键”按钮，将“学号”字段设置为主键。设置完成后，“学号”字段的左边出现一个钥匙图形，表示已经将它设置为主键。

(5) 保存表。单击“快速访问工具栏”中的“保存”按钮，弹出“另存为”对话框，在对话框中输入表的名称“学生基本信息表”，单击“确定”按钮后完成表的创建，此时数据库的导航窗格中添加了一个名为“学生基本信息表”的表对象。

4.2　设置表结构

4.2.1　字段的命名规则

在 Access 中，字段名中可以使用大写或小写，或大小写混合的字符，可以包含字母、汉字、数字、空格和其他字符，但不能以空格开头，不能包含句号(.)、惊叹号(!)、方括号([ ])和单引号(')，字段名最长可达 64 个字符。用户应该尽量避免使用过长的字段名。

4.2.2　字段的数据类型

字段的数据类型决定了该字段所要保存数据的类型。不同的数据类型，其存储方式、数据范围、占用计算机内存空间的大小都各不相同。针对不同的记录数据，应采用适当的数据类型，这样既便于数据的输入与处理，也可以节约磁盘存储空间。Access 2010 为字段提供了 12 种数据类型，如表 4-4 所示。

表 4-4　Access 2010 数据库常用的字段类型

数据类型	说　明	大小
文本	保存文本或文本与数字的组合，不能用于算数运算	最多 255 个字符，默认长度 255 个字符
备注	用于保存较长的文本	0～65 535 个字符
数字	存储进行算术运算的数字数据	1、2、4 或 8 字节
日期/时间	存储日期、时间或日期时间的组合	8 字节
货币	是数字型的特殊类型，等价于具有双精度属性的数字型。向货币型字段输入数据时不必键入美元号和千位分隔符，Access 会自动显示	8 字节
自动编号	Access 会自动插入唯一顺序号，即在自动编号字段中指定某一数值。自动编号型一旦被指定，即使删除了表中含有自动编号型字段的一条记录，Access 也不会对表中的自动编号型字段重新编号	4 字节
是/否	又常称为布尔型或逻辑型，是针对只包含两种不同取值的字段而设置的，例如，是/否、真/假、True / False 等数据	1 位
OLE 对象	链接或嵌入对象。例如，Word 文档、Excel 表格、图像、声音或其他的二进制数据	可达 1 GB
超链接	用来保存超链接，超链接可以是文件路径或网页地址(URL)	
附件	可以将多个文件(如图像、电子表格文件、文档、图表及其他受支持类型的文件)添加到记录中，类似将文件附件添加到电子邮件中	
计算	用于显示计算结果，计算时必须引用同一表中的其他字段	
查阅向导	创建一个字段，该字段允许在记录数据输入时通过其它表、列表或组合框选择所需要的数据以便将其输入到字段中	

在 Access 中，数字型数据类型可以进一步细分为字节、整型、长整型、单精度、双精

度、同步复制 ID 和小数等 7 种子类型。这些类型的具体使用信息如表 4-5 所示。

表 4-5　“数字”数据类型的子类型

类型名	最大小数位	值 范 围	字节数
字节	无	0～255	1
整型	无	−32 768～32 767	2
长整型	无	-2^{31}～$2^{31}-1$	4
单精度	7 位	-3.4×10^{38}～3.4×10^{38}	4
双精度	15 位	-1.797×10^{308}～1.797×10^{308}	8
同步复制 ID	无	不适用	16
小数	28 位	-10^{28}～$10^{28}-1$	14

对于某一具体数据而言，可以使用的数据类型可能有多种，例如电话号码可以使用数字型，也可使用文本型，但只有一种是最合适的。选择哪种类型主要考虑如下几个方面：

(1) 字段中可以使用什么类型的值。

(2) 需要用多少存储空间来保存字段的值。

(3) 是否需要对数据进行计算(主要区分是用数字，还是文本、备注等)。

(4) 是否需要建立排序或索引(备注、超链接及 OLE 对象型字段不能使用排序和索引)。

(5) 是否需要在查询或报表中对记录进行分组(备注、超链接及 OLE 对象型字段不能用于分组记录)。

4.2.3　字段的属性

创建字段后，可以通过字段的常规属性来控制其外观和行为，可以通过设计视图来访问和设置字段属性的完整列表。

1. 字段大小

通过“字段大小”属性，可以控制字段使用的空间大小。该属性只适用于数据类型为“文本”或“数字”型的字段。对于一个“文本”型字段，其字段大小的取值范围是 0～255，默认值为 255，可以在该属性框中输入取值范围内的整数。如果尝试输入的字符数超过了指定的字符数，该字段会截去所输入数据的结尾部分。对于一个“数字”型字段，可以单击“字段大小”属性框，然后单击右侧向下箭头按钮，并从下拉列表中选择一种类型。

2. 格式

利用“格式”属性可在不改变数据存储情况的条件下，改变数据显示与打印的格式。可以选择预定义的格式，也可以输入自定义的格式。用于创建自定义格式的占位符说明如表 4-6 所示。

表4-6　用于创建自定义格式的占位符

占位符	说　　明
空串	显示无格式数字。输入一个空串的方法是删除“字段属性”窗格中“格式”行中的值
0	如果该位置上有数字则显示数字，否则显示一个0，例如将“补助标准”字段的该属性设置为“0000.00”，则60显示为0060.00
#	与0类似，但是前导和末尾0不显示，例如将“补助标准”字段的该属性设置为“#.##”，则60显示为60.
$	在该位置上显示一个$符号
%	以百分数形式显示，必须与0或#占位符结合使用，例如用00.00%格式显示0.12345，显示结果为12.35%
,	用千位分隔符显示数字，必须与0或#占位符结合使用，例如用#,###格式显示12345，显示结果为12,345
e- 或 e+	以科学记数法显示值。必须与0或#占位符结合使用，例如用#.00e-00格式显示12345，显示结果为1.23e04
y	格式化显示日期中的年标志
m	格式化显示日期中的月标志，也可指格式化时间中的分
d	格式化显示日期中的天标志，例如用yyyy/mm/dd格式显示日期型数据2013年9月1日，显示结果为2013/09/01
h	格式化显示时间中的小时
s	格式化显示时间中的秒，例如用hh:mm:ss格式显示时间6时19分8秒，显示结果为06:19:08
@	表示“文本”型字段中该位置需要一个字符。例如，用@@@@-@@@@@@@@格式显示041184761008，显示结果为0411-84761008
&	表示“文本”或“备注”型字段中的字符是可选的
>	将该字段中所有文本字符显示为大写
<	将该字段中所有文本字符显示为小写

3. 输入掩码

输入掩码是一组预定义或自定义的文字和占位符字符。输入掩码为数据的输入提供了一个模板，可确保数据输入表中时具有正确的格式。它将格式中不变的符号固定成格式的一部分，这样在输入数据时，只需输入变化的值即可。对于文本、数字、日期/时间、货币等数据类型的字段，都可以定义“输入掩码”。

使用输入掩码时，必须以预定义格式输入数据。在表中选择字段或者在窗体上选择控件时，将显示掩码。例如，假设用户单击了“日期”字段并看到以下一组字符：MMM-DD-YYYY，这就是输入掩码。该掩码强制用户以三个字符的缩写形式输入月份值

(如 OCT)，并以四位数字的形式输入年份值，如 OCT-15-2009。

需要注意的是，输入掩码控制的只是输入数据的方式，而不是 Access 存储或显示数据的方式。如果为某字段定义了输入掩码，同时又设置了它的“格式”属性，“格式”属性将在数据显示时优先于输入掩码的设置，这意味着即使已经保存了输入掩码，在数据设置格式显示时，也将会忽略输入掩码。

输入掩码属性所使用字符的含义如表 4-7 所示。

表 4-7　输入掩码属性所使用字符的含义

占位符	功　能
空串	无输入掩码
0	要求输入数字 0～9，例如输入掩码设置为 0000000，则只能输入 7 位 0～9 的数字，且只能是 7 位数字，不能多于 7 位，也不能少于 7 位
9	可选输入数字 0～9 或空格，例如输入掩码设置为 9999999，则只能输入 7 位 0～9 的数字或空格，不能多于 7 位，可以少于 7 位
#	可选输入数字 0～9 或空格，用法与“9”相似，如果没有输入任何数据，则用空格占位
L	要求输入字母 a～z，不区分大小写，例如输入掩码设置为 LLL，则只能输入 3 位 a～z 的字母，且只能是 3 位，不能多于 3 位，也不能少于 3 位
?	允许输入字母 a～z 或空格，不区分大小写，如果没有输入数据，则用空格占位，例如输入掩码设置为 ???，则能输入 3 位字母，不能多于 3 位，可以少于 3 位
A	要求输入字母或数字 0～9，字母不分大小写，要求输入字符的数量必须与 A 的个数匹配
A	可选输入字母、空格或数字 0～9，字母不分大小写，要求输入字符的数量必须小于或等于 a 的个数
&	要求输入任意字符，即字符数量必须与&的个数匹配
C	可选输入任意字符，即字符数量必须小于等于 C 的个数
密码	用 * 显示输入的字符，即输入的过程中用 * 代替输入的字符，输入结束后不显示真实的字符
>	右边的所有字符都会转换成大写，例如输入掩码设置为 >AAA，则只能输入 3 位字符，且输入的字母会转换成大写
<	右边的所有字符都会转换成小写，例如输入掩码设置为 <aaa，则只能输入小于 3 位字符，且输入的字母会转换成小写
!	从右向左填充掩码，!后接的是相关的掩码占位符
\	位于其他占位符之前，使接下来的字符以原义字符显示(例如，\A 只显示 A)
.，:；-/	小数分隔符、千位分隔符、日期分隔符和时间分隔符(实际选择的字符将根据“Windows 控制面板”中“区域设置属性”中的设置而定)

4. 标题

标题是在数据表视图中浏览表中数据时显示的列名，在报表和窗体中用标题替代字段名称。标题应当简短、明确，以便于管理和使用。

5. 默认值

默认值是添加新记录时，自动加入字段中的值。默认值只是开始值，可在输入时改变，其作用是为了减少输入时的重复操作。

说明：可以使用 Access 表达式定义默认值。如在输入日期/时间型字段值时输入当前系统日期，可以在该字段的“默认值”属性框上输入表达式“Date()”。一旦表达式被用来定义默认值，它就不能被同一表中的其他字段引用。设置默认值属性时，必须与字段中所设定的数据类型相匹配，否则会出现错误。

6. 有效性规则

数据的有效性规则用于对字段所接受的值加以限制。有些有效性规则可能是自动的，如检查日期值是否合法。有效性规则的形式及设置随字段数据类型的不同而不同。如对于“数字”型字段，可以使表只接受一定范围内的数据。对于“日期/时间”型字段，可以将数值限制在一定的月份或年份之内。

7. 有效性文本

有效性文本用于在输入的数据违反该字段有效性规则时在消息框中出现提示。

8. 必需

用于设定该字段中是否需要值。如果将此属性设置为“是”，则 Access 只允许在为此字段输入值的情况下添加新记录。

9. 允许空字符串

如果将此属性设置为“否”且“必需”属性设置为“是”，则字段值必须至少包含一个字符。如果将此属性设置为“是”，则可以输入零长度字符串(即不包含字符的字符串)。要创建零长度字符串，可以在字段中输入一对双引号 ("")。该属性仅适用于“文本”和“超链接”数据类型。

10. 索引

索引可以加快数据在表中查找和存取的速度。可以为一个或多个字段创建索引，此时，一个字段中可以包含重复的值，但两个字段之间不能包含重复的值。Access 提供了 3 个索引选项，如表 4-8 所示。

表 4-8　索 引 选 项

选　项	说　　明
无	该字段没有被索引
有(有重复)	该字段被索引，并且索引字段的值是可重复的
有(无重复)	该字段被索引，并且索引字段的值是不可重复的

4.2.4　表结构修改

数据库中的表在创建完成之后，可以进一步修改表结构，如添加字段、修改字段名称、设置字段数据类型以及调整字段顺序等。

在数据库窗口中，单击“开始”选项卡中“视图”图标，选择下拉列表中的“设计视图”。在该视图中便可以进行添加字段、修改字段、删除字段、重新设置主键等操作。

1. 添加字段

可以通过设计视图或者数据表视图添加字段。方法是：用表设计视图打开需要添加字段的表，然后选中要插入新字段的位置，右击，从弹出菜单中选择“插入行(I)”命令，在“字段名称”栏中输入新字段名称，选择新字段的数据类型；或者用数据表视图打开需要添加字段的表，选择需要进行操作的列之前的列标题，展开右键菜单，选择“插入字段(F)”菜单项。

2. 删除字段

删除表字段，实质是删除表中的一列数据。删除字段操作是不可逆的，不能通过撤销来恢复，所以删除时务必小心谨慎。为了防止误操作造成数据的丢失，可以先将表进行备份。

可以通过设计视图或者数据表视图删除字段。方法是：用表设计视图打开需要删除字段的表，然后选中要删除的字段，右击，从弹出菜单中选择“删除行(D)”命令；或者用数据表视图打开需要删除字段的表，选择需要进行操作的列之前的列标题，展开右键菜单，选择“删除字段(L)”菜单项。

3. 修改字段

修改字段包括修改字段的名称、数据类型、说明、字段属性等。

4. 移动字段

数据表中的字段顺序可以根据实际情况进行相应的调整和移动。在表的设计视图中，单击要移动的字段选择区，按住鼠标左键待出现一个虚方框时，拖动鼠标至合适位置，松开鼠标即可。

4.3　表的基本操作

4.3.1　向表中录入数据

在 Access 2010 数据库中，只有创建好表结构之后，才可以在“数据表视图”中输入表的数据。

【例 4-3】 为“学生基本信息表”录入所需数据。

具体操作步骤如下：

(1) 打开“学生管理系统”数据库，在左侧的对象导航窗格中双击“学生基本信息表”。

(2) 在打开的“学生基本信息表”数据表视图中可以直接输入记录数据，图 4.6 所示为“学生基本信息表”的部分记录。

学生基本信息表

学号	姓名	学院	行政班	性别	出生日期	生源地	入学分数	照片	简历
1409110227	侯娇	食品	食品2014-2	女	1995/6/28	天津	545		
1409140121	崔刘	食品	食品质量2014-1	女	1995/6/30	天津	551		
1409140127	唐瑞	食品	食品质量2014-1	女	1995/7/1	天津	549		
1418100101	戴山峰	海环	海渔2013-1	男	1994/12/31	河北石家庄	510		
1418100103	房依岭	海环	海渔2013-1	男	1995/1/1	河北石家庄	512		
1418100229	叶佳颖	海环	海渔2014-1	女	1995/1/2	河北石家庄	514		
1418100306	刘思	海环	海渔2014-1	女	1995/1/3	河北石家庄	516		
1418100309	郎悦己	海环	海渔2014-1	女	1995/1/4	河北石家庄	518		
1418100321	沈思	海环	海渔2014-2	女	1995/1/5	河北石家庄	520		
1418140116	孙健	海环	海资2013	女	1995/1/8	河北廊坊	520		
1418170215	杨文欢	海环	船舶2013-1	女	1995/1/22	辽宁沈阳	516		
1418170219	刘思聪	海环	船舶2013-2	女	1995/1/23	辽宁沈阳	512		
1418170220	翁美丽	海环	船舶2013-2	女	1995/1/24	黑龙江齐齐哈尔	508		
1418170221	单彤	海环	船舶2014-1	男	1995/1/25	黑龙江齐齐哈尔	504		
1418170222	孙立功	海环	船舶2014-2	男	1995/1/26	黑龙江齐齐哈尔	500		
*									

图 4.6　学生基本信息表的部分记录

说明：

(1) 在录入学生基本信息表的记录时，* 所在行表示可以在该行输入新的记录。

(2) “学号”字段由于设置了输入掩码“0000000000”，所以只能输入 10 位数字，当输入其他字符时不做处理。

(3) 录入“照片”(OLE 对象)时，在对应单元格位置右击后选择快捷菜单中的“插入对象”命令，按提示找到相应的照片文件插入。数据表视图中不能直接显示插入的图片(但在窗体和报表中可以直接显示)，该字段中仅显示所插入对象的类型，如位图图像、包等，双击图标即可查看图像。

4.3.2　表的复制、删除与重命名

1. 复制表

对表进行复制操作，目的是防止表在修改过程中，由于操作失误导致数据丢失。例如要复制“学院基本信息”表的操作方法是：在导航窗格中选中“学院基本信息”表，单击鼠标右键，弹出快捷菜单如图 4.7 所示，单击“复制(C)”；再在导航窗格中的空白处单击鼠标右键，在弹出的快捷菜单中选择“粘贴(P)”，弹出如图 4.8 所示的“粘贴表方式”对话框，默认粘贴“结构和数据”，也可以根据需要选择另外两种粘贴方式。

图 4.7　快捷菜单

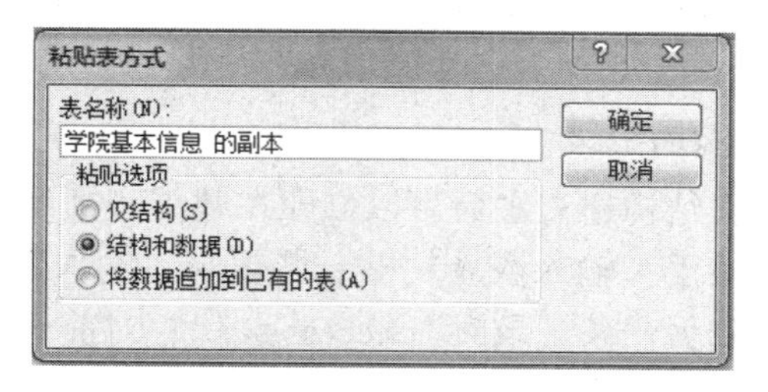

图 4.8　“粘贴表方式”对话框

2. 重命名

对表进行重命名，要求该表必须处于关闭状态。在导航窗格中选中要重命名的表，单击鼠标右键，在如图 4.7 所示的快捷菜单中，单击“重命名(M)”，输入名称即可。

3. 删除表

对表进行删除操作，要求该表必须处于关闭状态。在导航窗格中选中要删除的表，单击鼠标右键，在如图 4.7 所示的快捷菜单中，单击“删除(L)”之后在弹出的对话框中选择“是”即可。

4.3.3　表内容的编辑

编辑表中内容的操作包括定位记录、选择记录、添加记录、删除记录、修改数据及复制字段中的数据等。这是对表的基本操作，需要熟练掌握。

1. 定位记录

要在具有大量数据的表中找到数据，首先要定位到该条记录。常用的记录定位方法有两种：一种是使用数据表视图中的“记录定位器”中的导航按钮，“记录定位器”位于表视图的底部，如图 4.9 所示。在记录编号框中输入记录号码，之后按回车键，即可定位到该记录，另一种方法是在“开始”选项卡的“查找”组中单击“转至”按钮，在弹出的“转至”菜单中选择。

记录: 1 共有记录数: 8

图 4.9　记录定位器

2. 选择记录

要对记录进行删除、复制等操作，首先必须选择记录。选择记录主要包括以下操作：

(1) 选中一行：单击记录选定器(记录左侧的方格)。

(2) 选中一列：单击字段选定器(字段名)。

(3) 选中多个连续行：用鼠标拖曳记录选定器，或先选中要选中的首行，再转到要选定的末行，按住 Shift 键，单击末行记录选定器。

(4) 选中多个连续列：用鼠标拖曳字段选定器，或先选中要选中的首列，再转到要选定的末列，按住 Shift 键，单击末列字段选定器。

(5) 选中整个单元格数据：如果数值中没有空格，可双击选中整个单元格值，或将鼠标指针移到数据表中单元格左边缘，鼠标指针变为空心十字形状时单击鼠标可选中整个单元格。

(6) 选中整个表：单击表最左上角部分的向下方向的小三角(即行与列交叉处)。

3. 添加记录

在表结构建立之后可以立即在数据表视图中输入数据记录。添加记录可以在最下方的空栏开始手工输入或者粘贴一些记录。输入数据后，按“Tab”键转至下一个字段。当指针移动到另一条记录时，Access 会保存对前一条记录的更改。要添加新记录时，使用“数据表视图”打开要编辑的表，将光标移到表的最后一行，直接输入要添加的数据；也可以单击“记录定位器”上的添加新记录按钮，或者执行“开始”选项卡下“记录”组中“新建”命令，待光标移到表的最后一行后输入要添加的数据即可。

4. 删除记录

删除记录可以使用数据表视图打开要编辑的表，选中需要删除的记录所在的行，然后单击“删除记录”按钮进行删除操作。一次也可以选中并删除多条记录。

要删除记录，也可以使用“数据表视图”打开要编辑的表，单击要删除记录的记录选择器，然后单击“开始”选项卡下“记录”组中“删除”按钮，在弹出的“删除记录”提示框中单击“是”按钮。

在数据表中，还可以一次删除多条相邻的记录。如果要一次删除多条相邻的记录，则在选择记录时，先单击第一条记录的选定器，然后拖动鼠标经过要删除的每条记录，最后单击“开始”选项卡下“记录”组中“删除”按钮即可。

注意：删除操作是不可恢复的操作，因此在删除记录前要确认该记录是否是要删除的记录。

5. 修改数据

如果之前输入的数据发生了错误，只需要将光标移动到错误记录的相应位置上，数据单元格变为编辑模式，直接在此修改就可以了。

6. 复制数据

在输入或编辑数据时，有些数据可能相同或相似，这时可以选中一条或多条数据，使用复制和粘贴操作将某些字段中的部分或全部数据复制到另一个中去。

4.3.4　查找与替换

当数据表中有许多记录时，要想快速检索到需要的数据，或者替换某个数据，可以使用查找与替换功能来完成。

1. 查找

查找数据的操作步骤如下：

(1) 用“数据表视图”打开表。

(2) 将光标置于要查找数据的某一列。

(3) 单击“开始”选项卡中“查找”组中的“查找”按钮，打开“查找和替换”对话框，在“查找内容”框中输入要查询的内容，如图 4.10 所示。

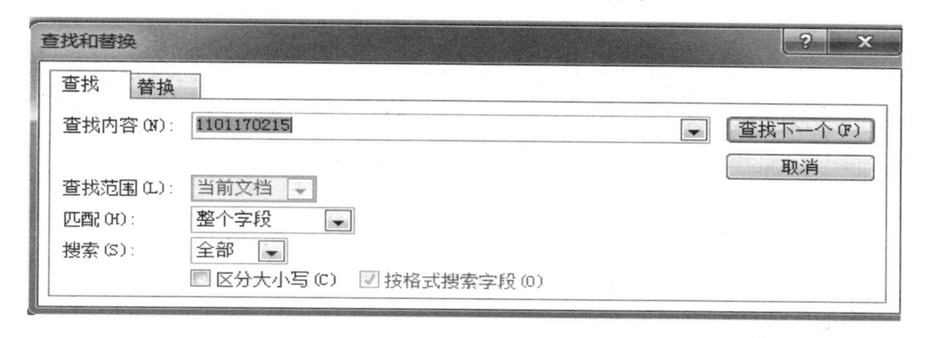

图 4.10　查找

如果需要也可以在“查找范围”下拉列表中选择“整个表”作为查找的范围。在“匹配”下拉列表中，可以选择其他的匹配部分。

(3) 单击“查找下一个”按钮，这时将查找下一个指定的内容，Access 将反相显示找到的数据。连续单击“查找下一个”按钮，可以将全部指定的内容查找出来。

(4) 单击“取消”按钮或窗口“关闭”按钮，可以结束查找。

2. 替换

在操作数据库表时，如果要修改多处相同的数据，可以使用替换功能，自动将查找到的数据替换为新数据。操作步骤如下：

(1) 用“数据表视图”打开表。

(2) 将光标置于要替换数据的某一列。

(3) 单击“开始”选项卡中“查找”组中的“替换”按钮，打开“查找和替换”对话框，在“查找内容”框中输入要查询的内容，然后单击“查找下一个”按钮，如图 4.11 所示。

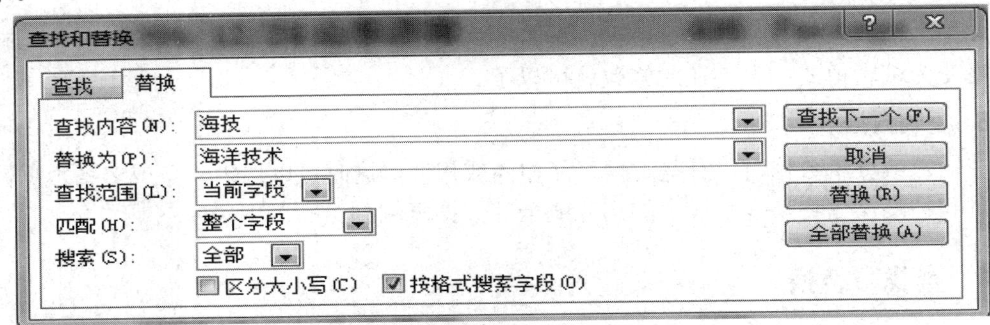

图 4.11　替换

(4) 如果找到满足条件的数据，光标会定位到相关记录的该数据上。

(5) 单击“替换”按钮，会用“替换为”框中输入的内容替换查找到的内容。

(6) 再次单击“查找下一个”按钮，会继续向下查找与替换。

(7) 单击“全部替换”按钮，会将该字段的所有值为“查找内容”框中输入的内容替换成“替换为”框中输入的内容。

4.3.5　筛选与排序

1. 筛选

Access 中筛选的功能是根据设置好的筛选条件，从数据表中选出满足条件的记录，不满足条件的记录被隐藏起来。Access 提供了 4 种筛选方法，即“按选定内容筛选”、“使用筛选器筛选”、“按窗体筛选”和“高级筛选”。设置筛选后，如果不再需要筛选的结果，可以将其清除。

(1) 按选定内容筛选。“按选定内容筛选”是将当前位置的内容作为条件进行筛选。

【例 4-4】 在“学生基本信息表”中筛选“入学分数”大于或等于 540 分的学生记录。

操作步骤如下：

① 以“数据表视图”打开“学生基本信息表”。

② 将鼠标指针定位在“入学分数”字段值为 540 的单元格上。

③ 在功能区的“开始”选项卡下单击“排序和筛选”组中的“选择”按钮 选择▾，在弹出的下拉菜单中选择“大于或等于 540”，则表中显示的结果如图 4.12 所示。

学号	姓名	学院编	行政班	性别	出生日期	生源地	入学分数
1101170215	赵海涛	01	生科2013-2	女	1995/7/14	天津	547
1302170106	杨瑞	02	轮机2014-3	女	1995/2/24	山东日照	544
1302170203	王宝宝	02	工业2013-1	女	1995/2/25	山东日照	540
1309140218	朱海养	09	食品质量201	女	1995/6/29	天津	548
1401170112	邹谋文	01	生科2014-1	女	1995/7/15	天津	545
1401170115	赵雨鑫	01	生科2014-1	女	1995/7/16	天津	543
1401170117	院萍萍	01	生科2014-1	女	1995/7/17	天津	541
1402130317	娄汉	02	轮机2014-3	男	1996/2/20	山东日照	560
1402130326	王辉	02	轮机2014-3	男	1995/2/21	山东日照	556
1402130328	张昊天	02	轮机2014-3	男	1995/2/22	山东日照	552
1402130329	张宏亮	02	轮机2014-3	男	1995/2/23	山东日照	548
1408160312	刘琪	08	英语2014-3	男	1995/9/9	山西太原	540
1409110226	李霖	09	食品2014-2	女	1995/6/27	天津	542
1409110227	侯娇	09	食品2014-2	女	1995/6/28	天津	545
1409140121	崔刘	09	食品质量201	女	1995/6/30	天津	551
1409140127	唐瑞	09	食品质量201	女	1995/7/1	天津	549

图 4.12　“按选定内容筛选”入学分数大于或等于 540 分的记录

(2) 使用筛选器筛选。使用筛选器是一种较灵活的方法，可将选定列中所有不重复的值以列表形式显示出来，供用户选择。

【例 4-5】 在“学生基本信息表”中筛选“入学分数”在 470～480 之间的学生记录。操作步骤如下：

① 以“数据表视图”打开“学生基本信息表”。

② 单击“入学分数”字段列的任意行或选定该列。

③ 在功能区的“开始”选项卡下单击“排序和筛选”组中的“筛选器”按钮，或单击“入学分数”字段名行右侧的下拉箭头。

④ 在弹出的下拉列表中选择“数字筛选器”级联菜单中的“期间(W)…”，在之后弹出的“数字边界之间”对话框中输入最小值和最大值，如图 4.13 所示，则表中显示的结果如图 4.14 所示。

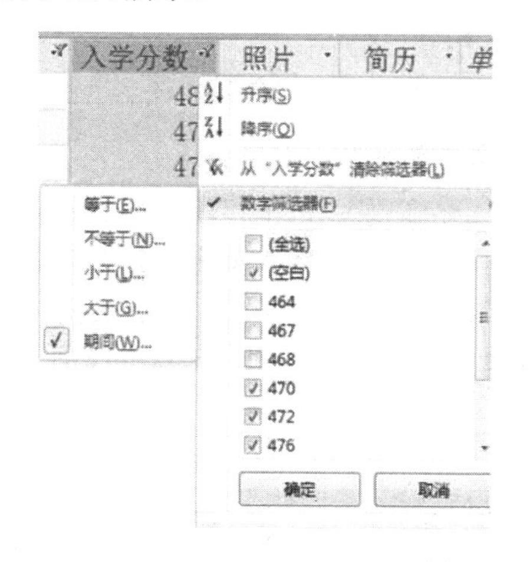

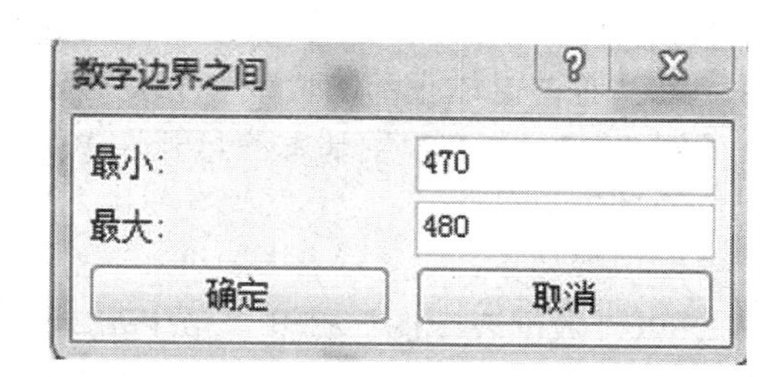

图 4.13　“数字筛选器”的应用

学号	姓名	学院编号	行政班	性别	出生日期	生源地	入学分数
1210120115	钱宁宁	10	法学2013	女	1994/12/15	辽宁大连	478
1302130204	魏岩峰	02	航海2014-3	男	1995/2/11	辽宁盘锦	478
1302130205	马贺云	02	航海2014-3	女	1995/2/12	辽宁盘锦	478
1310120104	刘富城	10	行政2013-1	男	1994/12/16	辽宁大连	480
1402120103	马飞前	02	船舶2014-3	男	1995/1/31	黑龙江佳木斯	480
1402120209	虹桥	02	航海2013-1	男	1995/2/1	黑龙江佳木斯	476
1402120210	英飞	02	航海2013-1	男	1995/2/2	黑龙江佳木斯	472
1402130201	刘琪	02	航海2014-3	女	1995/2/13	辽宁盘锦	478
1402130230	赵卓	02	航海2014-3	女	1995/2/14	辽宁盘锦	478
1402130301	安圣平	02	航海2014-3	男	1995/2/15	辽宁盘锦	478
1402130307	高小鹏	02	航海2014-3	男	1995/2/16	辽宁盘锦	478
1402130310	高翌雷	02	航海2014-3	男	1995/2/17	辽宁盘锦	478
1402130312	黄帅	02	轮工2013-1	男	1995/2/18	辽宁盘锦	478
1402130313	霍云	02	轮工2013-2	男	1995/2/19	辽宁盘锦	478
1403170121	郭西林	03	能动2014-1	男	1995/4/1	北京	480
1403170123	韩畅游	03	能动2014-1	男	1994/4/2	北京	476
1403170124	韩旭日	03	能动2014-1	男	1995/4/3	北京	472

图 4.14　筛选“入学分数”在 470～480 之间的记录

筛选器中显示的筛选项取决于所选字段的数据类型和字段值。如果所选字段为“文本”类型，对应的是“文本筛选器”；如果所选字段为“日期”类型，对应的是“日期筛选器”。如图 4.15 所示为筛选“生源地”是“北京”和 “出生日期”是“四月”的记录。

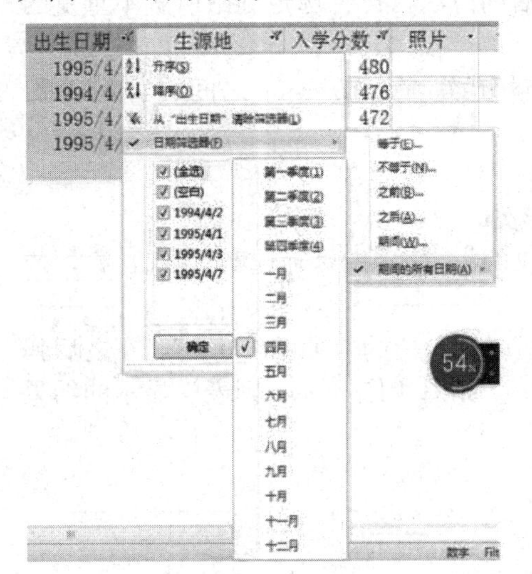

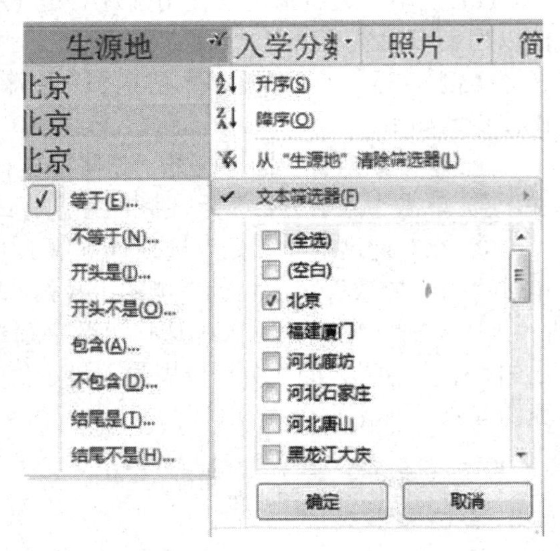

图 4.15　“日期筛选器”和“文本筛选器”的应用

(3) 按窗体筛选。按窗体筛选记录时，数据表变成一个记录，每个字段下都是一个包含了该字段值的下拉列表，可选择下拉列表中的一个值作为筛选内容。如果选择两个以上的值，可以通过窗体底部的“或”标签确定两个字段之间的关系。

【例 4-6】 在“学生基本信息表”中筛选“生源地”是“辽宁大连”并且“性别”是“女”的学生记录。

操作步骤如下：

① 以“数据表视图”打开“学生基本信息表”，然后单击 “开始”选项卡下的 “排序和筛选”组中的“高级”按钮，从弹出的下拉菜单中选择“按窗体筛选”命令，则切换到“按窗体筛选”窗口，如图 4.16 所示。

② 单击“生源地”字段，再单击该字段右侧出现的下拉箭头按钮，从下拉列表中选择“辽宁大连”；同样方法，在“性别”字段下选择“女”，如图 4.16 所示。

学生基本信息表: 按窗体筛选

学号	姓名	学院编号	行政班	性别	出生日期	生源地	入学分数
				"女"		"辽宁大连"	

图 4.16　“按窗体筛选”窗口

③ 在功能区的“开始”选项卡下单击“排序和筛选”组中的“切换筛选”按钮 切换筛选，可以看到筛选结果如图 4.17 所示。

学生基本信息表

姓名	学院编号	行政班	性别	出生日期	生源地	入学分数
钱宁宁	10	法学2013	女	1994/12/15	辽宁大连	478
赵雨	10	人力2013-2	女	1995/1/6	辽宁大连	492
李思萌	10	人力2012-2	女	1995/1/2	辽宁大连	484
高燕飞	10	人力2013-1	女	1995/1/5	辽宁大连	490

图 4.17　筛选结果

(4) 高级筛选/排序。使用高级筛选可以设计出较复杂的条件，并可以设置排序规则。高级筛选操作本质上就是对数据进行查询操作。

【例 4-7】 在“学生基本信息表”中筛选“生源地”是“辽宁大连”并且“入学分数”高于 480 分的学生记录。

操作步骤如下：

① 以“数据表视图”打开“学生基本信息表”，然后单击 “开始”选项卡下的 “排序和筛选”组中的“高级”按钮，从弹出的下拉菜单中选择“高级筛选/排序”命令，打开“筛选”窗口，该窗口就是查询设计器窗口，如图 4.18 所示。

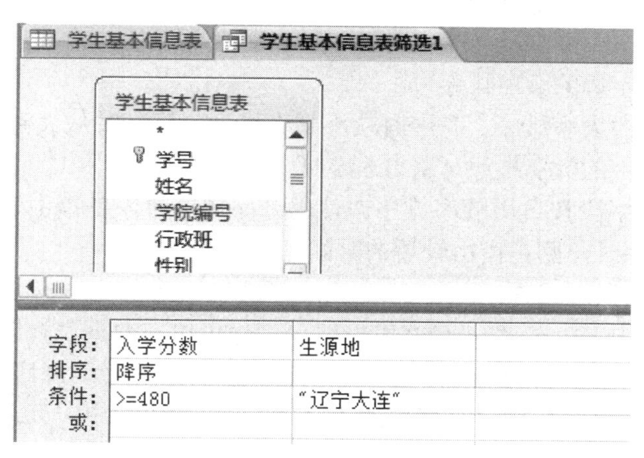

图 4.18　“高级筛选”的条件

② 在“字段”行中选择“入学分数”和“生源地”，在“生源地”对应的“条件”行中输入“辽宁大连”；在“入学分数”对应的“条件”行中输入“>=480”，在“入学分数”对应的“排序”行中选择“降序”，如图 4.18 所示。

③ 在功能区的“开始”选项卡下单击“排序和筛选”组中的“切换筛选”按钮，可

以看到筛选结果如图 4.19 所示。

学生基本信息表　学生基本信息表筛选1

学号	姓名	学院编号	行政班	性别	出生日期	生源地	入学分数
1310110130	赵雨	10	人力2013-2	女	1995/1/6	辽宁大连	492
1310120128	高燕飞	10	人力2013-1	女	1995/1/5	辽宁大连	490
1310120123	李云龙	10	人力2013-1	男	1995/1/4	辽宁大连	488
1310120121	郝鸣飞	10	人力2013-1	男	1995/1/3	辽宁大连	486
1310120119	李思萌	10	人力2012-2	女	1995/1/2	辽宁大连	484
1310120105	杨一兵	10	行政2013-2	男	1994/12/17	辽宁大连	482
1310120104	刘富城	10	行政2013-1	男	1994/12/16	辽宁大连	480

图 4.19　高级筛选结果

也可以将该高级筛选所对应的查询保存为查询文件，方法是在筛选窗口打开的状态下，单击“开始”选项卡下的 “排序和筛选”组中的“高级”按钮，在下拉菜单中选择“另存为查询(A)”，之后输入查询文件名即可。

(5) 清除筛选。清除筛选是将数据表恢复到筛选前的状态。用户可以从单个字段中清除单个筛选，也可以从所有字段中清除所有筛选。清除所有筛选的方法是单击“开始”选项卡下的“排序和筛选”组中的“高级”按钮，在下拉菜单中选择“清除所有筛选器”命令。

2. 排序

默认情况下，Access 按照主键顺序显示记录，如果表中没有主键，则按照记录输入顺序显示。但是在实际应用过程中，常常需要将记录按照不同的要求重新排序。排序是根据当前表中的一个或多个字段的值对整个表中的所有记录进行重新排列。可按升序排序，也可按降序排序。记录排序时，不同的数据类型，其排序规则有所不同，具体排序规则如下：

① 备注、超链接、OLE 和附件类型的字段不能排序。

② 英文按字母顺序排序。大小写视为相同，升序时按 A～Z 排列，降序时按 Z～A 排列。

③ 中文按拼音字母的顺序排序。

④ 数字按数字的大小排序。升序时从小到大排列，降序时从大到小排列。

⑤ 文本型字段中的数字按照 ASCII 码的大小排列。

⑥ 日期和时间字段按日历顺序排序。使用升序排序时，是指由较前的时间到较后的时间；使用降序排序时，则是指由较后的时间到较前的时间。

排序的方法包括以下三种：

(1) 单字段数据排序。按照一个字段排序记录，可以在数据表视图中打开表。单击要排序字段名行右侧的下拉箭头，在下拉菜单中选择“升序”或“降序”；或者右键单击要排序字段，在快捷菜单中选择“升序”或“降序”；也可以选中一列，单击“开始”选项卡下的 “排序和筛选”组中的“升序”或“降序”按钮。

(2) 多字段排序。若参加排序的字段有两个或两个以上，则排序的规则为先按第一个字段指定的顺序进行排列，当第一个字段值有重复时，再按照第二个字段值进行排列，以此类推。

注意，此处的多字段排序只限于两个或多个字段在数据表中彼此相邻，若对不相邻的多个字段进行排序，就需要使用“筛选”窗口进行排序，也可以先通过移动字段列使其相邻，再进行类似单字段的排序操作。

(3) 高级排序。使用高级排序可以对多个不相邻的字段排序，并且各个字段可以采用不同的方式(升序或降序)排列。操作方法是单击 “开始” 选项卡下的 “排序和筛选” 组中的“高级”按钮，从弹出的下拉菜单中选择“高级筛选/排序”命令，打开“筛选”窗口。

要取消排序只需单击“开始”选项卡下的 “排序和筛选”组中的“取消排序”按钮即可。

4.4　调整表的外观

4.4.1　调整行高和列宽

1. 调整行高

调整行高有以下两种方法。

方法一，用鼠标调整：使用“数据表视图”打开要调整的表，然后将鼠标指针放在表中任意两行选定器之间，当鼠标指针变为双箭头时，按住鼠标左键不放，拖动鼠标上下移动，调整到所需高度后松开鼠标即可。

方法二，用命令调整：使用“数据表视图”打开要调整的表，右击表左侧的行选项区域，在弹出的快捷菜单中选择“行高”命令，在打开的“行高”对话框中输入所需的行高值，然后单击“确定”按钮即可。

改变行高后，整个表的行高都会得到调整。

2. 调整列宽

同调整行高一样，调整列宽也有两种方法。

方法一，用鼠标调整：使用“数据表视图”打开要调整的表，然后将鼠标指针放在表中任意两列字段名称之间，当鼠标指针变为双箭头时，按住鼠标左键不放，拖动鼠标左右移动，调整到所需宽度后松开鼠标即可。在拖到字段列的分割线时，如果将分割线拖到超过了下一个字段列边界，则会隐藏该列。

方法二，用命令调整：使用“数据表视图”打开要调整的表，选定要调整的列，右击该列，在弹出的快捷菜单中选择“字段宽度”命令，在打开的“列宽”对话框中输入所需的列宽值，然后单击“确定”按钮即可。如果在“列宽”对话框中输入的数值为 0，则会隐藏该列。

改变列宽后，整个表的列宽都会得到调整。

调整行高和列宽也可以使用“开始”选项卡下的“记录”组中的“其他”按钮 其他▾，从弹出的菜单中选择“行高”或“字段宽度”命令，然后进行相应的设置。

4.4.2　隐藏列与显示隐藏列

1. 隐藏列

为了便于查看表中的主要数据，可以在数据表视图中将某些列暂时隐藏起来，待需要时再将其显示出来。

【例 4-8】 在“学生基本信息表”中隐藏 “学院编号”、“行政班”、“性别”、“出生日期”字段列。

操作步骤如下：

(1) 以“数据表视图”打开“学生基本信息表”。

(2) 单击要隐藏的字段选定器。如果要一次隐藏多列，单击要隐藏的第一列字段选定器，然后按住鼠标左键不放，拖动鼠标到最后一个需要选择的列即可。选定“学院编号”、“行政班”、“性别”、“出生日期”字段列。

(3) 单击“开始”选项卡下“记录”组中“其他”按钮右侧下拉箭头选择“隐藏字段”命令，或者右键单击选定的字段，选择“隐藏字段”，这时 Access 会将选定的列隐藏起来。

2. 显示隐藏的列

要显示隐藏的列，可用“数据表视图”打开表，右键单击任意字段表头处，在弹出的快捷菜单中选择“取消隐藏字段”；或者单击“开始”选项卡下“记录”组中“其他”按钮右侧下拉箭头，选择“取消隐藏字段”命令，在“取消隐藏列”对话框中选中要显示列的复选框，然后单击“关闭”按钮即可，如图 4.20 所示。

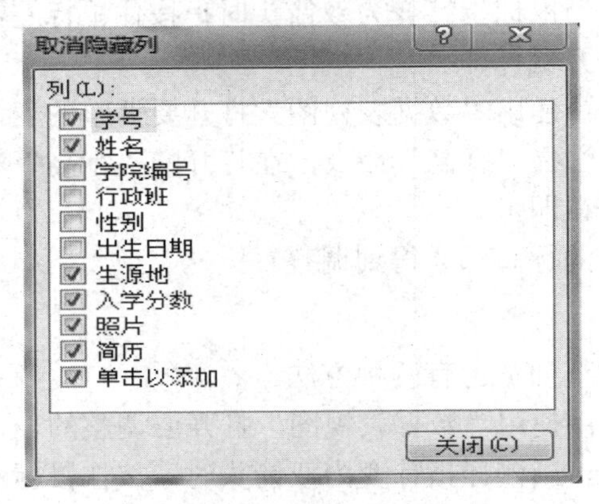

图 4.20　“取消隐藏列”对话框

4.4.3　冻结列与取消冻结列

1. 冻结列

冻结列用来解决表过宽时，有些字段值因为水平滚动后无法看到的问题。冻结列后，无论怎样水平滚动窗口，被冻结的字段总是可见的，并且总是显示在窗口的最左侧。

【例 4-9】 在“学生基本信息表”中冻结 “学号”、“姓名”字段列。

操作步骤如下：

(1) 以“数据表视图”打开“学生基本信息表”。

(2) 选定“学号”、“姓名”字段列。

(3) 单击“开始”选项卡下“记录”组中“其他”按钮右侧下拉箭头，选择“冻结字段”命令；或者右键单击选定的字段列，选择“冻结字段”，这时 Access 会将选定的列冻结起来。

2. 取消冻结列

要取消冻结的列可用“数据表视图”打开表，右键单击任意字段表头处，在弹出的快捷菜单中选择“取消冻结所有字段”，或者单击“开始”选项卡下“记录”组中“其他”按钮右侧下拉箭头选择“取消冻结所有字段”命令。

4.4.4　文本格式设置

在数据表视图中，单击“开始”选项卡，在“文本格式”组中设置表中数据的字体、字号、倾斜、颜色等参数，如图 4.21 所示。在 Access 中，对于字体和字号等参数的设置将影响到整个数据表。

图 4.21　“文本格式”组

4.4.5　设置数据表格式

可以改变数据表视图中单元格的显示效果，也可以选择网格线的显示方式和颜色，以及表格的背景颜色等。设置方法是在数据表视图中单击“开始”选项卡“文本格式”组右下角“设置数据表格式”按钮，打开“设置数据表格式”对话框，如图 4.22 所示。在该对话框中，可以根据需要选择所需的项目，单击“确定”按钮完成设置。

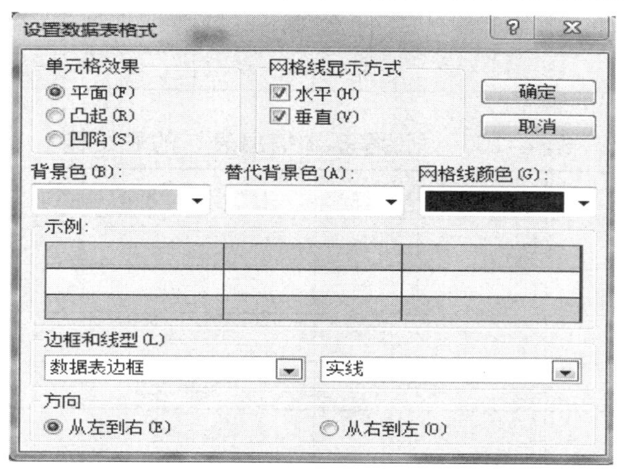

图 4.22　“设置数据表格式”对话框

4.5　表 间 关 系

一个数据库一般有多个表，各表之间并不是孤立的，它们彼此之间存在或多或少的联系，这就是表间关系。表与表之间的关系可分为一对一、一对多和多对多 3 种。一个规范化的表间关系设计只存在一对多关系。通常，一对一关系的两个表可以合并为一个表，这样既不会出现数据冗余，也便于数据查询。多对多关系的表可以拆分成多个一对多关系的表。

建立的表间关系不仅表示表之间的联系，还保证了数据库的参照完整性，可以保证表之间数据的同步。建立表之间关系之前一般要对表的相关字段建立索引。

4.5.1　创建索引

运用前面介绍的数据库理论知识，为“学生管理系统”数据库设计 5 张表，除了“学生基本信息表”、“学院基本信息表”之外，另外的 3 张表结构如表 4-9、表 4-10 和表 4-11 所示。

表 4-9　“教师基本信息表”的表结构

字段名	字段类型	字段大小	说明
教师编号	文本	8	主键
教师姓名	文本	8	
性别	文本	2	
所属学院编号	文本	3	索引
出生日期	日期/时间	默认值	
民族	文本	8	
政治面貌	文本	8	
职称	文本	10	
婚否	是/否	默认值	

表 4-10　“课程基本信息表”的表结构

字段名	字段类型	字段大小	说明
课程编号	文本	6	主键
课程名称	文本	40	
考核方式	文本	4	
学分	数字	单精度型	
学时	数字	单精度型	
主讲教师	文本	8	索引

表 4-11　“学生成绩表”的表结构

<table>
<tr><th>字段名</th><th>字段类型</th><th>字段大小</th><th colspan="2">说明</th></tr>
<tr><td>学号</td><td>文本</td><td>10</td><td>索引</td><td rowspan="2">主键</td></tr>
<tr><td>课程编号</td><td>文本</td><td>6</td><td>索引</td></tr>
<tr><td>成绩</td><td>数字</td><td>单精度型</td><td colspan="2"></td></tr>
</table>

在“学院基本信息表”和“学生基本信息表”之间建立一对多关系，关联字段为“学院编号”；在“学院基本信息表”和“教师基本信息表”之间建立一对多关系，关联字段为“学院编号”；在“课程基本信息表”和“学生成绩表”之间建立一对多的关系，关联字段为“课程编号”；在“学生基本信息表”和“学生成绩表”之间建立一对多关系，关联字段为“学号”。

在一对多关系中，一的一方是主表，相关字段为主键，多的一方是子表，相关字段建立普通索引。

1. 创建主键

主键是用于区分表中各条记录的一个或多个字段。使用主键可以确保表中主键字段中的每个值不为空并且都唯一。此外，如果指定了主键，Access 会自动为主键创建索引，这有助于改进数据库的性能。

在设计视图中保存一个新表而没有设置主键时，Access 会提示是否增加主键，如果选择“是”，那么 Access 会创建一个“自动编号”类型的 ID 字段作为主键；如果选择“否”，则创建的表没有主键。

用户可以随时在设计视图设置主键，可以将单个字段或多个字段设置为主键，也可以取消、更改或删除主键。

【例 4-10】 为“学生成绩表”的“学号”和“课程编号”两个字段设置成组合主键。

具体操作步骤如下：

(1) 打开“学生成绩表”设计视图。

(2) 单击“学号”字段左侧的行选择器(小方块)选定“学号”字段。

(3) 按住 Shift 或 Ctrl 键，单击“课程编号”字段左侧的行选择器，选择两个字段。

(4) 单击“设计”选项卡“工具”组中的“主键”按钮，或者在选定的字段上右击鼠标，从快捷菜单中选择“主键”，主键字段的前面出现钥匙图标，如图 4.23 所示，保存设置。

(5) 单击“设计”选项卡“显示/隐藏”组中的“索引”按钮，可以查看到为组合主键自动建立了索引名称为 PrimaryKey 的主索引，如图 4.24 所示。

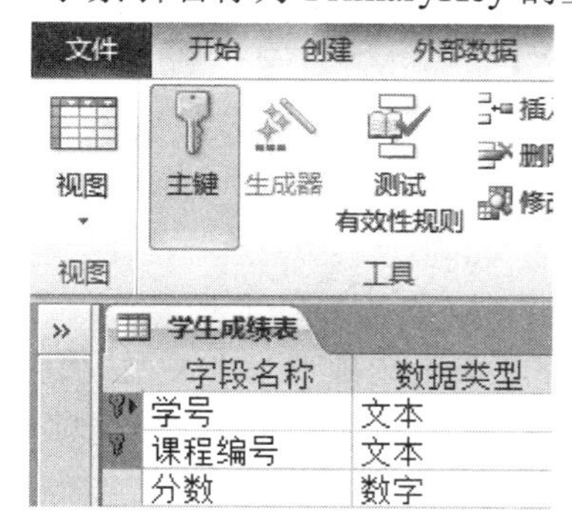

图 4.23　创建组合主键

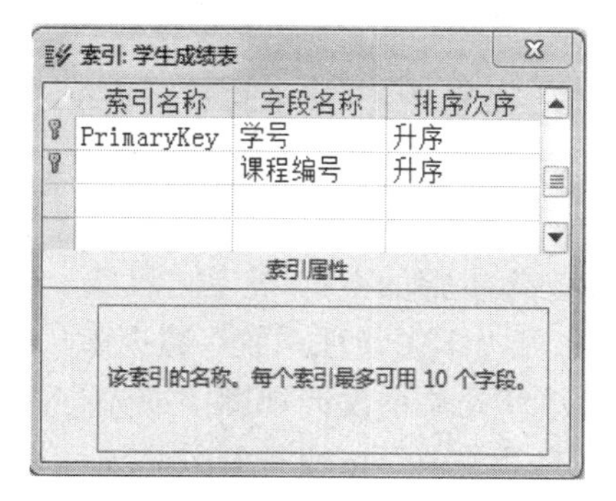

图 4.24　主键对应的索引

2. 创建普通索引

Access 在表中使用索引就如同在书中使用目录一样，为了查找数据，Access 会在索引中查找数据的位置。对于主键，Access 会自动创建索引。对于非主键，需要用户创建索引。

如果表中的一个字段不是一个唯一值，但是这个字段需要与另外一个表中的主键来建立关系，或需要以这个字段来排序查看数据，这种情况下可以创建一个普通索引。

【例 4-11】 为“学生成绩表”的“学号”和“课程编号”分别建立普通索引，索引名称为“xh”和“kcbh”。

具体操作步骤如下：

(1) 打开“学生成绩表”设计视图。

(2) 选择“学号”字段，在“字段属性”窗格的“索引”框中选择“有(有重复)”如图 4.25 所示。同样方法设置“课程编号”字段的“有(有重复)”索引。

(3) 单击“设计”选项卡“显示/隐藏”组中的“索引”按钮，可以查看到所建立的索引名称与字段同名，修改索引名称为“xh”和“kcbh”，如图 4.26 所示，保存设置。

常规 查阅

格式	@
输入掩码	
标题	
默认值	
有效性规则	
有效性文本	
必需	否
允许空字符串	是
索引	有(有重复)
Unicode 压缩	否
输入法模式	开启
输入法语句模式	无转化
智能标记	
文本对齐	常规

图 4.25　创建普通索引

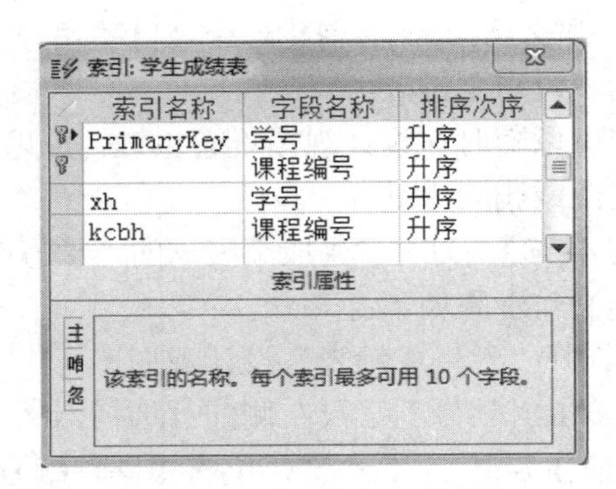

图 4.26　“索引”对话框

4.5.2　创建关系

1. 建立关系

为“学生管理系统”数据库中的 5 张表分别建立了主键和索引之后，就可以建立关系了。

【例 4-12】 为“学生基本信息表”和“学生成绩表”建立一对多关系，关联字段为“学号”；为“课程基本信息表”和“学生成绩表”建立一对多关系，关联字段为“课程编号”。

具体操作步骤如下：

(1) 打开“学生管理系统”数据库，单击“数据库工具”选项卡下“关系”组中的“关系”按钮，打开关系设计视图；或先打开数据表设计视图，再单击“设计”选项卡中“关系”组中的“关系”按钮打开关系设计视图。

(2) 在“设计”选项卡中，单击“关系”组中的“显示表”按钮，打开“显示表”对话框，如图 4.27 所示，依次选定表，添加到关系设计视图中。

(3) 用鼠标按住“学生基本信息表”中的“学号”字段，拖动到“学生成绩表”的“学号”字段上，松开左键，弹出“编辑关系”对话框，如图 4.28 所示。

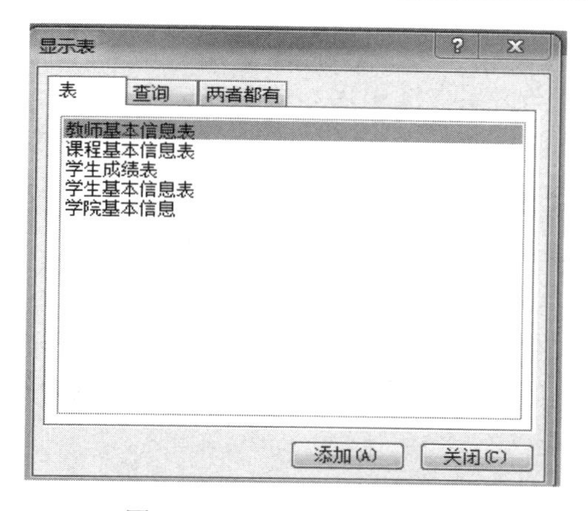

图 4.27　“显示表”对话框

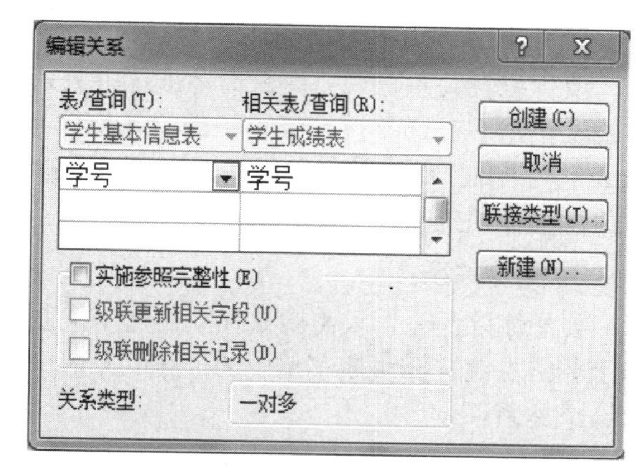

图 4.28　“编辑关系”对话框

(4) 图 4.28“编辑关系”对话框中，单击“联接类型”按钮，弹出如图 4.29 所示的对话框，在该对话框中进行联接属性的设置，选择默认的第一种联接，在绝大多数表间联接操作中，均使用此种联接属性，又叫“内部连接”，其他的两种联接又叫“左外连接”和“右外连接”。

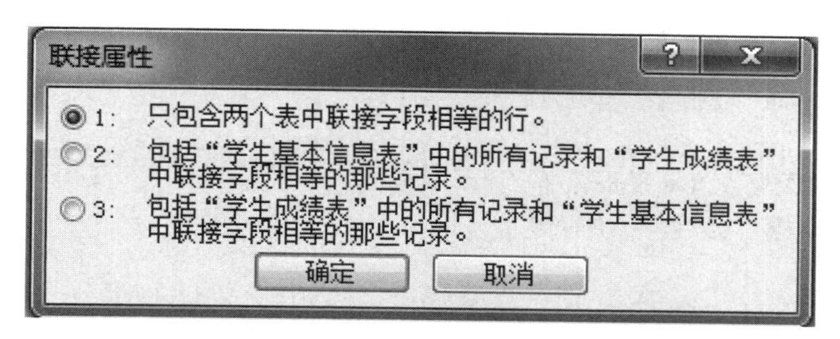

图 4.29　“联接属性”对话框

(5) 单击“确定”按钮返回“编辑关系”对话框，勾选上“实施参照完整性”复选框，单击“创建”按钮则创建了一对多关系。

(6) 用同样的方法，创建“课程基本信息表”和“学生成绩表”的一对多关系，完成后的关系视图如图 4.30 所示。

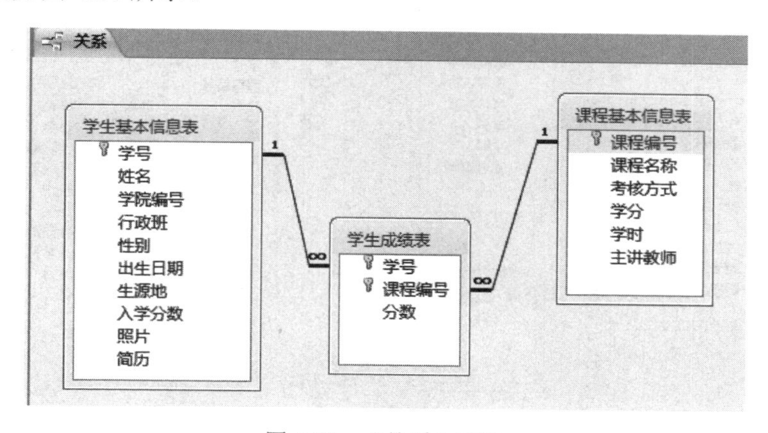

图 4.30　“关系”视图

2. 编辑关系

要想编辑关系，只需用鼠标单击选中关系线，当关系被选中后，关系线会变粗。在关系线上单击右键选择快捷菜单中的“编辑关系”，或者双击关系线，或者单击“设计”选项卡下“工具”组中的“编辑关系”按钮，弹出图 4.28 所示的“编辑关系”对话框，然后对关系进行相应的设置。

3. 删除关系

要想删除关系，只需用鼠标单击选中关系线，然后按键盘上的 Delete 键，或者在关系线上单击右键选择快捷菜单中的“删除”命令，之后在弹出的对话框中选择“是”即可删除这个关系。

4. 子数据表

建立了一对多关系后，在主表的数据表视图中每行记录最左边显示“+”，表示存在一对多关系，且该表为主表。单击“+”可以看到与该条记录相关联的子表相关的记录数据，如图 4.31 所示。

学生基本信息表

	学号	姓名	学院编号	行政班	性别	出生日期	生源地
⊟	1101170215	赵海涛	01	生科2013-2	女	1995/7/14	天津

课程编号	分数	单击以
H27060	67	
*		

	学号	姓名	学院编号	行政班	性别	出生日期	生源地
⊟	1210120115	钱宁宁	10	法学2013	女	1994/12/15	辽宁大连

课程编号	分数	单击以
H17010	78	
H17020	90	
*		

	学号	姓名	学院编号	行政班	性别	出生日期	生源地
⊞	1210130201	孙诗诗	10	海技2013-2	女	1994/12/24	山东济南
⊞	1302120101	李意缘	02	船舶2014-2	男	1995/1/28	黑龙江齐齐哈尔
⊞	1302120205	周振楠	02	船舶2014-2	男	1995/1/29	黑龙江佳木斯

图 4.31　展开子表数据

为“学生管理系统”数据库中的 5 张表建立的关系如图 4.32 所示。

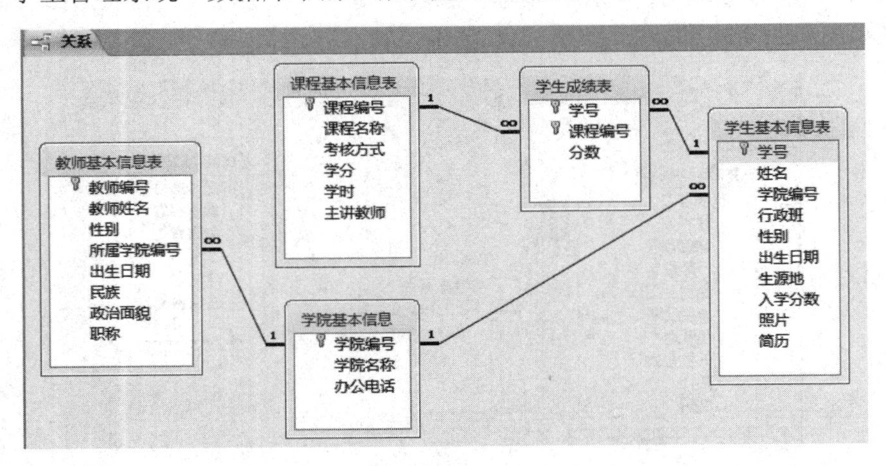

图 4.32　“学生管理系统”数据库各表之间的关系

4.5.3　参照完整性

1. 参照完整性的概念

设置参照完整性就是建立一组数据库表之间的规则，当用户插入、更新或删除记录时，可保证各相关数据库表之间数据的一致性。

在表与表之间建立关系，不仅确立了数据表之间的关联，还确定了数据库的参照完整性。即在设定了关系后，用户不能随意更改建立关联的字段。参照完整性要求关系中一张表中的记录在关系的另一张表中有一条或多条相对应的记录。

设置完参照完整性后，系统可以确保以下内容：

(1) 当主表中没有相应的记录时，关联表中不得添加相关记录。

(2) 若主表中的数据被改变时导致关联表中出现孤立记录，则主表中的这个数据不能被改变或子表中数据自动随主表中相关数据的改变而改变。

(3) 若主表中的记录在关联表中有匹配记录，则主表中的这个记录不能被删除，否则主表中记录被删除的同时与之对应的子表中记录自动被全部删除。

2. 设置参照完整性

在例4-13中，建立“学生基本信息表”和“学生成绩表”之间的关系时曾选定了“实施参照完整性”。可以使用“编辑关系”对话框来设置参照完整性，如图4.33所示。

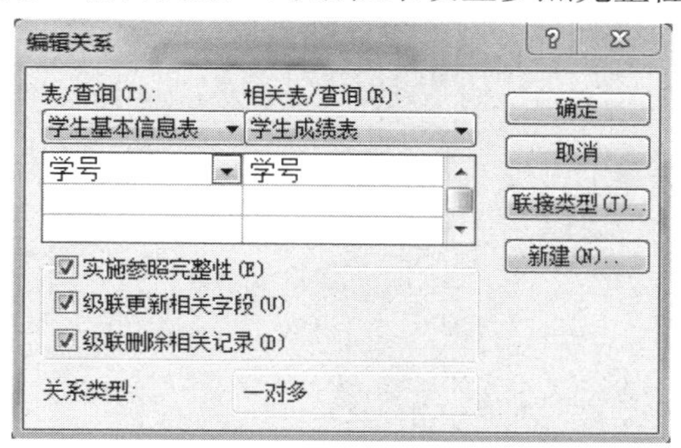

图4.33　设置“参照完整性”等规则

如图4.33所示，在“实施参照完整性”复选框选中之后，下面的“级联更新相关字段”和“级联删除相关记录”两个选项也可以供选择。下面对这几个选项分别进行说明：

(1) 不选中“级联更新相关字段”和“级联删除相关记录”。该规则是指当子表中有相关记录时，主表中的相关记录不能被删除，相关主关键字不能更新。

(2) 级联更新相关字段。该规则是指当更新主表中的相关字段时，子表中的相关字段的全部值自动被更新。

(3) 级联删除相关记录。该规则是指当删除主表中的一条记录时，子表中相关记录自动被删除。

本 章 小 结

本章介绍了在Access 2010中创建表的三种最常用的方法：使用模板创建表、在数据表设计视图中创建表和在数据表视图中创建表；介绍了设置表结构中涉及的字段的命名规则、字段的数据类型和字段的属性；介绍了向表中录入数据、表的复制、删除与重命名、定位记录、选择记录、添加记录、删除记录、修改数据以及复制字段中的数据、查找、替换、筛选、排序等表的基本操作和对表的外观的调整。

习　题

1. 文本类型最多有多少个字符？
2. 一个汉字相当于几个字符？
3. “格式”与“输入掩码”这两个属性有什么区别？
4. 字段有效性规则与记录有效性规则有什么区别？
5. 一个表可以有几个主键？
6. 一个主键中可以含有几个字段？
7. 关系分为哪几种？最常见的关系是什么？
8. 分别说明“实施参照完整性”、“级联更新相关字段”和“级联删除相关记录”的含义。

第5章 查　询

在 Access 2010 中，查询可以通过两种方式来进行：一种是在数据库中建立查询对象，一种是在 VBA 程序代码或模块中使用结构化查询语言(Structured Query Language，SQL)，以下简称 SQL。本章将介绍在 Access 2010 中查询的基本概念、操作方法和应用方式，SQL 的基本知识。

5.1 查询概述

查询就是向数据库提出询问，数据库按照指定要求从数据源提取并返回一个数据集合。查询是 Access 数据库对象之一，其数据源可以是一张表，也可以是多个关联的表。查询的结果可以供用户查看，也可以作为创建查询、窗体、报表的数据源。将分散存放在各个表上的特定数据集中起来并保存在文件中的过程就是查询。或者说，查询就是将一个或多个表中满足条件的数据找出来。

5.1.1 查询的概念

查询是根据一定的条件，从一个或者多个表中提取数据并进行加工处理，返回一个新的数据集合。利用查询可以实现数据的统计分析与计算等操作。查询是一张“虚表”，是动态的数据集合。

Access 创建查询的方法主要有两种：向导及设计视图。查询向导能够有效地指导用户顺利地进行创建查询工作，详细地解释在创建过程中需要做出的选择，并以图形的方式显示结果。相对创建查询来说，设计视图的功能更为丰富，查询设计视图分为上下两部分，上部分显示的是查询的数据源及其字段列表，下半部分显示并设置查询中字段的属性。在查询设计视图中，可以完成新建查询的设计，或修改已有的查询，也可以修改作为窗体、报表或数据访问页数据源的 SQL 语句。在查询设计视图中所做的更改也会反应到相应的 SQL 语句。

在 Access 中，利用查询可以实现以下多种功能。

1. 选择字段

在查询中，可以只选择表中的部分字段。如建立一个查询，只显示“学生表”中每名学生的姓名、性别、入学成绩和系名。利用此功能，可以选择一个表中的不同字段来生成所需数据集。

2. 选择记录

查询可以根据指定的条件查找所需的记录，并显示找到的记录。如建立一个查询，只显示“学生表”中信息系的男同学。

3. 编辑记录

编辑记录包括添加记录、修改记录和删除记录等。在 Access 中，可以利用查询添加、修改和删除表中的记录。如将“计算机基础”课程不及格的学生从“学生表”中删除。

4. 实现计算

查询不仅可以找到满足条件的记录，还可以在建立查询的过程中进行各种统计计算，如计算每门课程的平均成绩；另外，还可以建立一个计算字段，利用计算字段保存计算的结果，如根据“学生表”中的“出生日期”字段计算每名学生的年龄。

5. 建立新表

利用查询得到的结果可以建立一个新表。如将“计算机基础”课程在 90 分以上的学生找出来并放在一个新表中。

6. 为窗体、报表提供数据

为了从一个或多个表中选择合适的数据显示在窗体、报表中，用户可以先建立一个查询，然后将该查询的结果作为数据源，每次打印报表或打开窗体时，该查询就从它的基表中检索出符合条件的最新记录。

5.1.2　查询的类型

Access 的查询可以分为选择查询、参数查询、交叉表查询、操作查询和 SQL 查询 5 种类型。

1. 选择查询

选择查询可以从一个或多个表或者其他的查询中获取数据，并按照所需要的排列次序显示，利用选择查询可以方便地查看一个或多个表中的部分数据。查询的结果是一个数据记录的动态集，用户可以对动态集中的数据记录进行修改、删除，也可以增加新的记录，对动态集所做的修改会自动写入相关联的表中。

选择查询可以对记录进行分组，并且对分组记录进行求和、计数、求平均值以及其他类型的计算。

例如，在教师信息表中查找职称为副教授的男教师。

2. 参数查询

参数查询可以在运行查询的过程中输入参数值来设定查询准则，而不必重新创建一个新查询。参数查询不是一种独立的查询，它扩大了其他查询的灵活性。执行参数查询时，系统会显示一个对话框提示输入参数的值。

例如，以参数查询为基础创建某课程学生成绩统计报表。在打印报表时，Access 将显示对话框询问要显示的课程，在输入课程名称后，Access 便可打印出相应课程的报表。

3. 交叉表查询

交叉表查询可以汇总数据字段的内容。在这种查询中，汇总计算的结果显示在行与列交叉的单元格中。交叉表查询还可以计算平均值、总计、最大值或最小值等。

例如，统计每个学院男女教师的人数。

4. 操作查询

操作查询就是在一个操作中对查询中所生成的动态集进行更改的查询。操作查询可以分为生成表查询、追加查询、更新查询和删除查询。操作查询只能更改和复制用户的数据，而不能返回数据记录。

(1) 生成表查询：可以利用从一个或多个表及查询中的查询结果创建一个新表。例如，将选课表成绩在 90 分以上的记录找出后放在一个新表中。

(2) 追加查询：将查询结果添加到现存的一个或多个表或者查询的末尾。例如，将成绩在 80～90 分之间的学生记录找出后追加到一个已存在的表中。

(3) 更新查询：根据查询中指定的条件，更改一个或多个表中的记录。例如，将信息系 1990 年以前参加工作的教师职称改为副教授。

(4) 删除查询：根据查询中指定的条件，从一个或多个表中删除相关记录。例如，将“计算机实用软件”课程不及格的学生从“学生”表中删除。

5. SQL 查询

SQL 是一种结构化查询语言，是数据库操作的工业化标准语言，使用 SQL 语言可以对任何数据库管理系统进行操作。SQL 查询就是使用 SQL 语言创建的查询，它又可以分为联合查询、传递查询和数据定义查询等。在查询设计视图中创建任何一个查询时，系统都将在后台构建等效的 SQL 语句。大多数查询功能也都可以直接使用 SQL 语句来实现。

5.1.3 查询的条件

在实际应用中，查询往往需要指定一定的条件。例如查询 1992 年参加工作的男教师。这种带条件的查询需要通过设置查询条件来实现。

查询的准则就是在设计查询的过程中所定义的查询条件。查询条件是运算符、常量、函数以及字段名和属性等的组合，能够计算出一个结果。大多数情况下，查询准则就是一个关系表达式。

1. 运算符

表达式中常用的运算符包括算术运算符、比较运算符、连接运算符、逻辑运算符和特殊运算符等。表 5-1 列出了一些常用的运算符。

表 5-1　常 用 运 算 符

类型	运算符	含　义	示　例	结果
算术运算符	+	加	1+3	4
	−	减(或负值)	4−1	3
	*	乘	3*4	12
	/	除	9/2	4.5
	\	整除	9\2	4
	^	乘方	3^2	9
	Mod	取余	9 mod　2	1
比较运算符	=	等于	2 = 3	False
	>	大于	2 > 1	True
	>=	大于等于	"A" >= "B"	False
	<	小于	1 < 2	True
	<=	小于等于	6 <= 5	False
	< >	不等于	3 <> 6	True
连接运算符	&	字符连接串	"计算机"&6	计算机 6
	+	当表达式都是字符串时与&相同；当表达式是数值表达式时，则为加法算术运算	"12" + "10" "12" + 10	1210 22
逻辑运算符	And	与	1 < 2 And 2 > 3	False
	Or	或	1 < 2 Or 2 > 3	True
	Not	非	Not　3 > 1	False
	Xor	异或	1 < 2 Xor 2 > 1	False
特殊运算符	Is(Not) Null	“Is Null”表示为空，“Is Not Null”表示不为空	[成绩] is Null	
	Like	判断字符串是否符合某一样式，若符合，其结果为 True，否则结果为 False	[姓名]like "王*"	
	Between A and B	判断表达式的值是否在指定 A 和 B 之间的范围，A 和 B 可以是数字型、日期型和文本型	[成绩] Between 0 and 100	
	In(String1，String2，…)	确定某个字符串值是否在一组字符串值内	In("A, B, C") 等价于 "A" Or "B" Or "C"	

续表

类型	运算符	含　　义	示　例	结果
通配符	*	匹配任意数量的字符，可以在字符串中任意位置使用星号(*)	wh* 将找到 what、white、why	
	?	匹配任意单个字母字符	b?ll 将找到 ball、bell 和 bill	
	[ ]	匹配方括号内的任意单个字符	B[ae]ll 将找到 ball 和 bell	
	!	匹配方括号内字符以外的任意字符	B[!ae]ll 将找到 bill 和 bull	
	-	匹配一定字符范围中的任意一个字符，必须按升序指定该范围	b[a-c]d 将找到 bad、bbd 和 bcd	
	#	匹配任意单个数字字符	1#3 将找到 103、113 和 123	

2. 函数

Access 2010 系统为用户提供了十分丰富的函数，灵活运用这些函数，不仅可以简化许多运算，还能够加强和完善 Access 2010 的许多功能。Access 2010 提供了许多不同用途的标准函数，以帮助用户完成各种工作。表 5-2 列出了一些常用的函数。

表 5-2　常用函数及其说明

类型	函数	函数格式	说　　明
统计函数	总计	Sum(<表达式>)	返回表达式中值的总和，表达式可以是一个字段名，也可以是一个含字段名的表达式，但所含字段应该是数字数据类型的字段
	平均值	Avg(<表达式>)	返回表达式中值的平均值，表达式可以是一个字段名，也可以是一个含字段名的表达式，但所含字段应该是数字数据类型的字段
	计数	Count(<表达式>)	返回表达式中值的个数，即统计记录个数，通常用 * 作为参数
	最大值	Max(<表达式>)	返回表达式中值的最大值
	最小值	Min(<表达式>)	返回表达式中值的最小值
数值函数	绝对值	Abs(<数值表达式>)	返回数值表达式的绝对值
	取整	Int(<数值表达式>)	返回数值表达式的整数部分值，参数为负值时返回不大于等于参数值的第一个负数
		Fix(<数值表达式>)	返回数值表达式的整数部分值，参数为负值时返回小于等于参数值的第一个负数
		Round(<数值表达式>, [<表达式>])	按照指定的小数位数进行四舍五入运算的结果。 [<表达式>]是进行四舍五入运算小数点右边保留的位数

续表

类型	函数	函数格式	说　明
数值函数	平方根	Sqr(<数值表达式>)	返回数值表达式的平方根值
	符号	Sgn(<数值表达式>)	返回数值表达式值的符号值，当数值表达式值大于0，返回值为 1；当数值表达式值等于 0，返回值为 0；当数值表达式值小于 0，返回值为-1
	判断	IIF(<条件表达式>, 语句 1, 语句 2)	当条件表达式值为真时，执行语句 1，否则执行语句 2
字符串处理函数	字符串的截取	Left(<字符表达式>, <数值表达式>)	返回一个值，该值是从字符表达式左侧第 1 个字符开始截取的若干字符，其中，字符个数是数值表达式的值，当字符表达式是 Null，返回 Null 值；当数值表达式是 0，返回一个空串；当数值表达式是大于或等于字符表达式的字符个数时，返回字符表达式
		Right(<字符表达式>, <数值表达式>)	返回一个值，该值是从字符表达式右侧第 1 个字符开始截取的若干字符，其中，字符个数是数值表达式的值，当字符表达式是 Null，返回 Null 值；当数值表达式是 0，返回一个空串；当数值表达式是大于或等于字符表达式的字符个数时，返回字符表达式
字符串处理函数	字符串的截取	Mid(<字符表达式>, <数值表达式 1>, [<数值表达式 2>])	返回一个值，该值是从字符表达式最左端某个字符开始，截取到某个字符为止的若干字符，其中，数值表达式 1 的值是开始的字符位置，数值表达式 2 是终止的字符位置，数值表达式 2 可以省略，若省略了数值表达式 2，则返回的值是从字符表达式最左端某个字符开始，截取到最后一个字符为止的若干个字符
	删除空格	Ltrim(<字符表达式>)	返回去掉字符表达式开始空格的字符串
		Rtrim(<字符表达式>)	返回去掉字符表达式尾部空格的字符串
		Trim(<字符表达式>)	返回去掉字符表达式开始和尾部空格的字符串
日期函数	年份	Year(<日期表达式>)	返回日期表达式年份的整数
	小时	Hour(<时间表达式>)	返回时间表达式的小时数(0～23)
	日期	Date( )	返回当前系统日期
	时间	Time( )	返回当前系统时间
转换函数	字母	Ucase(<字符表达式>)	将字符表达式中小写字母转换成大写字母
		Lcase(<字符表达式>)	将字符表达式中大写字母转换成小写字母
	数值	STR(<数值表达式>)	将<数值表达式>的值转换为数值型数据
	字符	VAL(字符串表达式>)	将<字符串表达式>转换为数值型数据
	ASCII 码	Asc(字符串表达式>)	将<字符串表达式>中的第一个字符转换为 ASCII 码
		Chr$(<数值表达式>)	将<数值表达式>中的 ASCII 码转换为对应的字符

3. 查询条件示例

查询条件是一个表达式，Access 将它与查询字段值进行比较以确定是否包括含有每个值的记录。查询条件可以是精确查询，也可以利用通配符进行模糊查询。表 5-3 为查询条件示例。

表 5-3　查询条件示例

查询条件类型	字段名	条　件	功　能
文本	金额	<1000	查询金额小于 1000 的记录
		Between 1000 And 5000	查询金额在 1000～5000 之间的记录
		>1000 And <5000	
	姓名	"李平" Or "王新"	查询姓名为“李平”或“王新”的记录
		In("李平", "王新")	
		Left([姓名], 1) = "李"	查询姓“李”的记录
		Like "李*"	
		Len([姓名]) <= 2	查询姓名为两个字的记录
		<> "李平"	查询姓名不是“李平”的记录
文本	职称	"教授"	查询职称为“教授”的记录
		"教授" Or "副教授"	查询职称为“教授”或者“副教授”的记录
		Right([职称], 2) = "教授"	
	班级	Left([学号], 6)	查询学号的前 6 位作为班级号的记录
日期	工作时间	Between #1990-1-1# And #1990-12-31#	查询 1990 年参加工作的记录
		Year([工作时间]) = 1990	
		<Date( )-10	查询 10 天前参加工作的记录
		Between Date( ) And Date( )-30	查询 30 天之内参加工作的记录
		Year([工作时间]) = 1990 And Month([工作时间]) = 4	查询 1990 年 4 月参加工作的记录
	出生日期	Year([出生时间]) = 1992	查询 1992 年出生的记录
字段的部分值	姓名	Left([姓名], 1)< > "李"	查询不姓“李”的记录
	课程名称	Like "*计算机*"	查询课程名称中包含“计算机”的记录
		Like "计算机"	查询课程名称以“计算机”开头的记录
		Left([课程名称], 3) = "计算机"	

5.2　创建选择查询

选择查询是按照一定的准则从一个或多个表中获取数据，并按照所需的次序进行排列显示。选择查询是最简单的一种查询，其他一些查询都是在选择查询的基础上扩展的。

Access 2010 为用户提供了两种创建查询的方式：利用查询向导创建查询和利用设计视图创建查询。

5.2.1　使用查询向导

使用向导创建选择查询，可以从一个或多个表或查询中选择要显示的字段。如果查询中的字段来自多个表，这些表应该建立关系。

【例 5-1】 查找并显示"教师基本信息表"中"教师姓名"、"性别"和"职称"3 个字段。查询名称命名为"教师基本信息表查询"。

操作步骤如下：

(1) 打开"学生管理系统"数据库窗口，选择"创建"选项卡中"查询"，单击"查询向导"按钮，在"新建查询"对话框中单击"简单查询向导"选项，单击"确定"按钮，如图 5.1 所示。

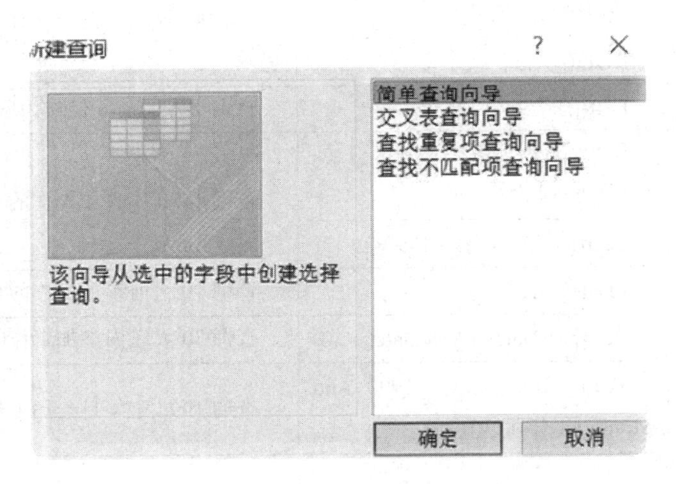

图 5.1　创建简单查询向导

(2) 在"表/查询"下拉列表中选择查询所基于的表或其他的查询，这里选择"表：教师基本信息表"。

(3) 选择查询所需要的字段名。本示例中，需要选定"教师姓名"、"性别"和"职称"3 个字段。选定后单击"下一步"按钮，如图 5.2 所示。

(4) 在对话框中指定查询的标题名称，单击"完成"按钮，系统自动按用户的要求创建一个查询，如图 5.3 所示。

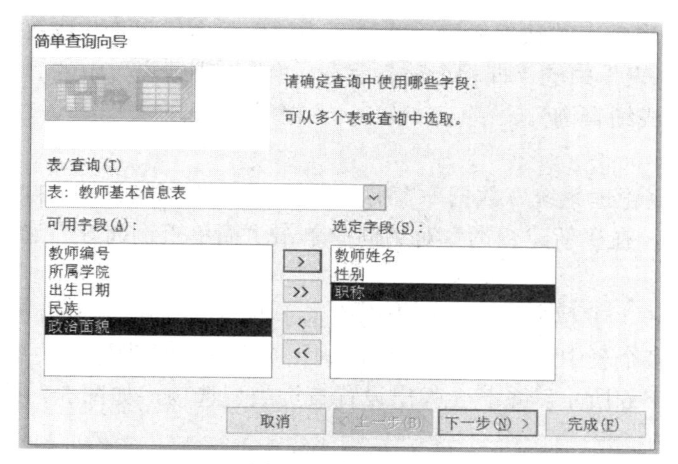

图 5.2　字段选取

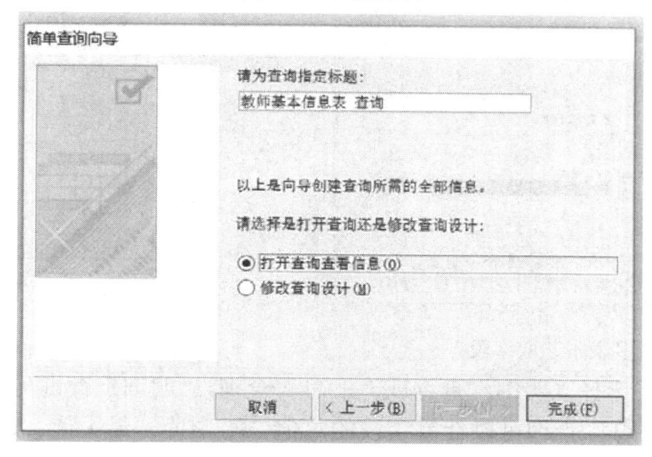

图 5.3　指定标题

(5) 当查询保存后，系统自动运行一次。此时用户可看到查询的结果，如图 5.4 所示。关闭查询结果显示窗口，在数据库窗口的查询对象列表中可以看到刚建立的查询名称。若要再次显示查询结果，双击查询名称运行即可，如图 5.5 所示。

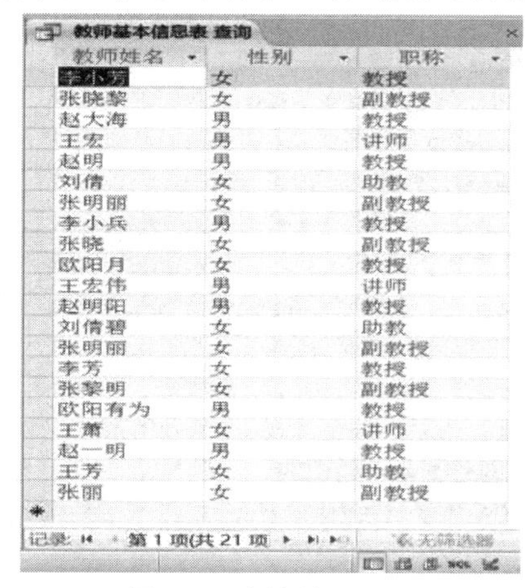

教师基本信息表 查询

教师姓名	性别	职称
李小芳	女	教授
张晓黎	女	副教授
赵大海	男	教授
王宏	男	讲师
赵明	男	教授
刘倩	女	助教
张明丽	女	副教授
李小兵	男	教授
张晓	女	副教授
欧阳月	女	教授
王宏伟	男	讲师
赵明阳	男	教授
刘倩碧	女	助教
张明丽	女	副教授
李芳	女	教授
张黎明	女	副教授
欧阳有为	男	教授
王萧	女	讲师
赵一明	男	教授
王芳	女	助教
张丽	女	副教授

记录: 第 1 项(共 21 项　无筛选器

图 5.4　查询结果

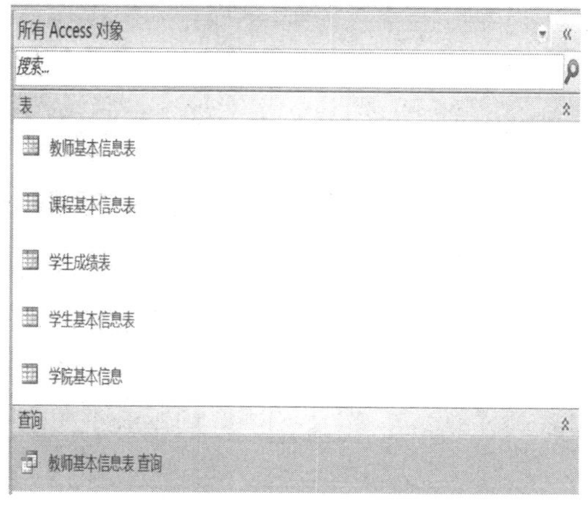

图 5.5　添加查询后的数据库窗口

【例 5-2】 查询学生的课程成绩，并显示“学生基本信息表”中“姓名”、“性别”字段，“课程基本信息表”中的“课程名称”字段，“学生成绩表”中的“分数”字段。查询名称命名为“学生成绩查询”。

操作步骤如下：

(1) 打开“学生管理系统”数据库窗口，选择“创建”选项卡中的“查询”组，单击“查询向导”按钮，在“新建查询”对话框中单击“简单查询向导”选项，单击“确定”按钮。

(2) 在“表/查询”下拉列表中选择查询所基于的表或者其他查询，选择查询所需要的字段名。因为是从多个表中选择的字段，所以这几个表需要事先建立关系。选定后单击“下一步”按钮，如图 5.6 所示。系统会弹出设置查询类型选项，如图 5.7 所示。

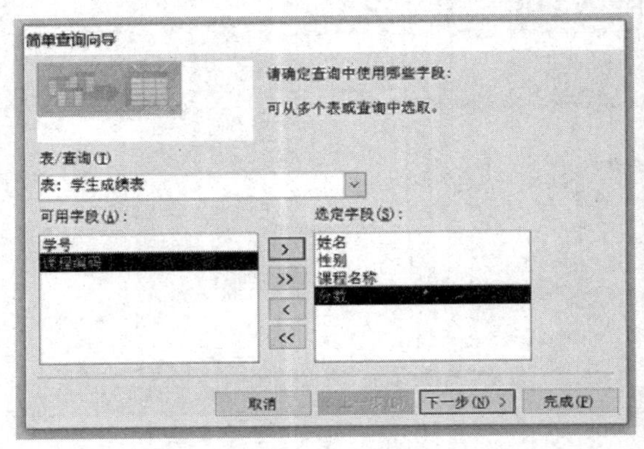

图 5.6　从多表中选取字段

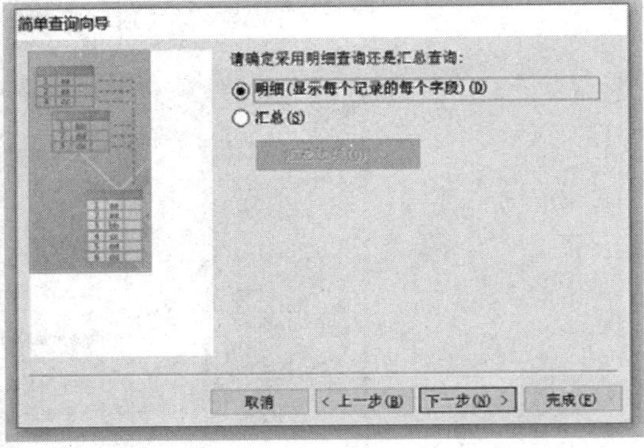

图 5.7　指定查询类型

(3) 在对话框中选择“明细”查询或“汇总”查询，“明细”查询可以显示每个记录的所有指定字段，“汇总”查询可以计算字段的总值、平均值、最大值、最小值或记录数。

(4) 选择“明细”查询，单击“下一步”按钮，系统会弹出第三个对话框，在对话框中指定生成的查询的标题，单击“完成”按钮，系统自动按用户的要求创建一个查询，如图 5.8 所示。

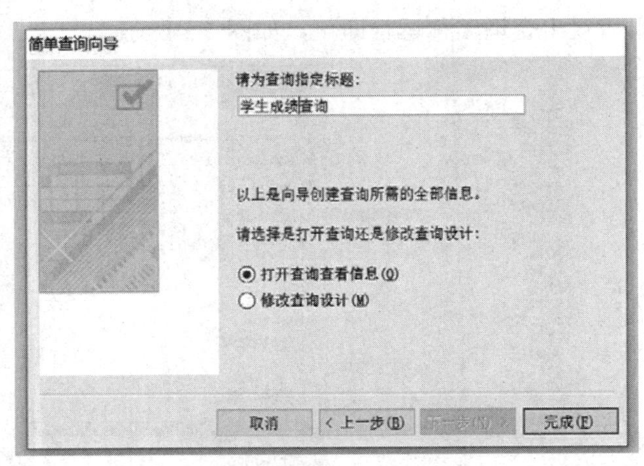

图 5.8　指定标题

(5) 当查询保存后，系统自动运行一次，此时用户可以看到查询的结果，如图 5.9 所示。关闭查询结果显示窗口，在数据库窗口的查询对象列表中可以看到刚建立的查询名称。若要再次显示查询结果，双击查询名称运行即可。

学生成绩查询

姓名	性别	课程名称	分数
赵海涛	女	C语言程序设计实验	67
钱宁宁	女	大学计算机基础	78
钱宁宁	女	大学计算机基础实验	90
孙诗诗	女	大学计算机基础	100
孙诗诗	女	网络技术与应用	69
李意缘	男	ACCESS数据库设计实验	100
周振楠	男	物联网应用	100
武海洋	男	网络技术与应用	45
郑依峰	男	Access数据库程序设计	95
王冠男	男	大学计算机基础	70
冯马越	男	大学计算机基础	70
陈雷涛	男	大学计算机基础	75
储宪盟	男	大学计算机基础	70
魏岩峰	男	大学计算机基础	92
马贸云	女	大学计算机基础	95
章德帅	女	大学计算机基础	100
刘东雷	女	大学计算机基础实验	70
王小飞	男	C语言程序设计	33
赵世宇	男	VB程序设计	87
钱乾晟	男	ACCESS数据库设计	82
孙春玉	男	C语言程序设计实验	85
李芳德	男	C语言程序设计	90
黄小琪	女	VB程序设计	95
周琳芳	女	ACCESS数据库设计	100
吴耿哲	男	ACCESS数据库设计	81

记录: 第 1 项(共 128 项)　无筛选器　搜索

图 5.9　查询结果

5.2.2　使用设计视图

使用设计视图创建查询的选择查询可以是简单的选择查询，也可以是复杂的选择查询。

【例 5-3】 使用设计视图创建“学生表”中所有女生信息的查询。

操作步骤如下：

(1) 启动 Access 2010，打开“学生管理系统”数据库。

(2) 选择“创建”选项卡中的“查询”组，单击“查询设计”按钮，弹出“查询 1：选择查询”窗口和“显示表”对话框，如图 5.10 所示。

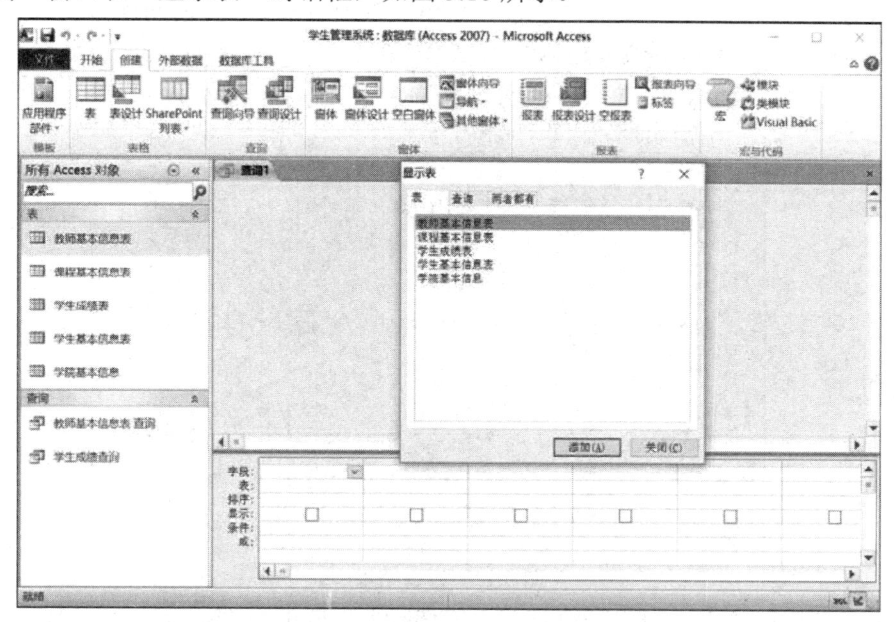

图 5.10　“查询 1：选择查询”窗口和“显示表”对话框

(3) 在“显示表”对话框中选择“学生基本信息表”，单击“添加”按钮，将“学生基本信息表”添加到“查询 1：选择查询”窗口中，然后单击“关闭”按钮。

(4) 选择“学生基本表”中的“学号”、“姓名”、“性别”、“出生日期”和“入学分数”5 个字段，设置查询准则是在第三列的条件行输入“"女"”，如图 5.11 所示。

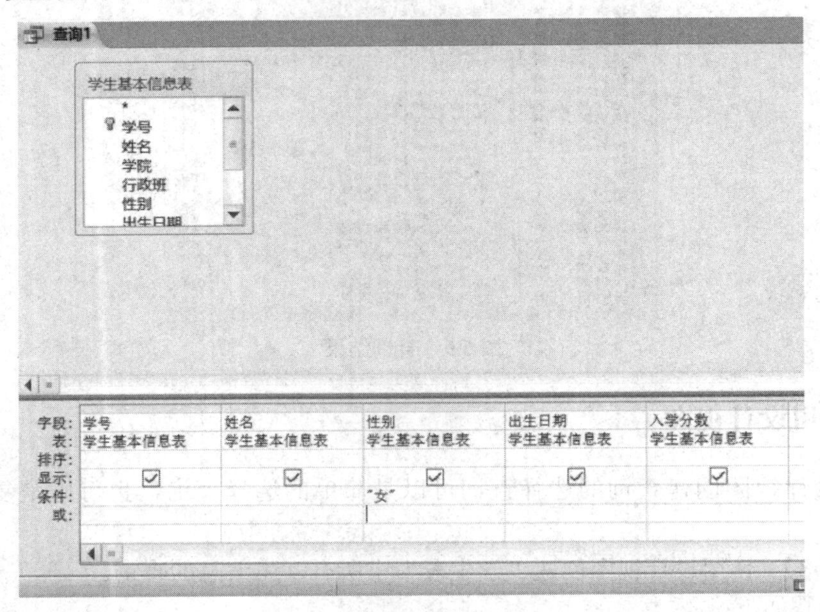

图 5.11 查询准则设计窗口

(5) 选择“文件”选项卡下的“保存”命令，在弹出的“另存为”对话框的“查询名称”文本框中输入“女生信息查询”，单击“确定”按钮，完成查询创建。

(6) 选择“查询”选项卡下的“运行”命令，查询结果如图 5.12 所示。

女生信息查询

学号	姓名	性别	出生日期	入学分数
1210120115	钱宁宁	女	1994/12/15	478
1310120119	李思萌	女	1995/1/2	484
1310120128	高燕飞	女	1995/1/5	490
1310110130	赵雨	女	1995/1/6	492
1310110206	刘小鑫	女	1994/12/23	494
1210130201	孙诗诗	女	1994/12/24	496
1310130111	李茜西	女	1994/12/27	502
1310130208	王小燕	女	1994/12/28	504
1418100229	叶佳颖	女	1995/1/2	514
1418100306	刘思	女	1995/1/3	516
1418100309	郎悦己	女	1995/1/4	518
1418100321	沈思	女	1995/1/5	520
1318140130	武月	女	1995/1/7	524
1418140116	孙健	女	1995/1/8	520
1418170215	杨文欢	女	1995/1/22	516
1418170219	刘思聪	女	1995/1/23	512
1418170220	翁美丽	女	1995/1/24	508
1302130205	马贺云	女	1995/2/12	478
1402130201	刘琪	女	1995/2/13	478
1402130230	赵卓	女	1995/2/14	478
1302170106	杨瑞	女	1995/2/24	544
1302170203	王宝宝	女	1995/2/25	540

图 5.12 查询结果

(7) 如果要删除查询，可以在查询窗口中选择要删除的查询，选择“编辑”选项卡下的“删除”命令即可。

【例 5-4】 利用“学生基本信息表”、“课程基本信息表”和“学生成绩表”创建一个多表查询。要求显示参加“大学计算机基础”和“大学计算机基础实验”两门课程的学生的“学号”、“姓名”、“课程名称”和“分数”。

操作步骤如下：

步骤(1)至步骤(3)的操作与例 5-3 相同，在此省略。

(4) 因为选择的 4 个字段的数据分布在三个不同的表中，所以应在“学生基本信息表”、“课程基本信息表”和“学生成绩表”中选择字段。

(5) 在“课程名称”字段的“条件”项输入“"大学计算机基础" Or "大学计算机基础实验"”，如图 5.13 所示。

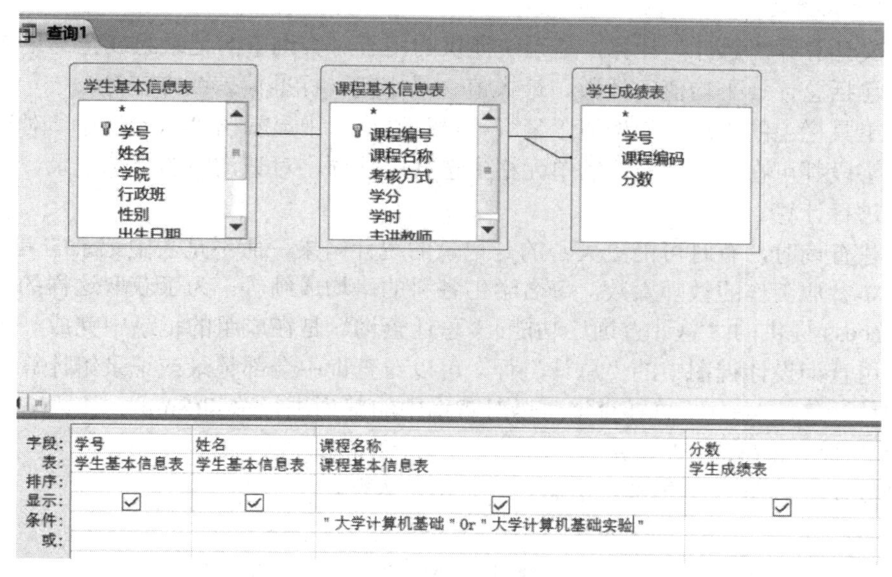

图 5.13　查询准则设计窗口

(6) 单击“文件”选项卡中的“结果”组上的“运行”按钮，可以立即看到查询的结果，如图 5.14 所示。

查询1

学号	姓名	课程名称	分数
1409110110	杨帆	大学计算机基础	93
1409110112	张润泽	大学计算机基础	92
1409110126	单良	大学计算机基础	77
1418100101	戴山峰	大学计算机基础	77
1418100103	房依岭	大学计算机基础	78
1418100229	叶佳颖	大学计算机基础	79
1418100306	刘思	大学计算机基础	80
1418100309	郎悦己	大学计算机基础	81
1418100321	沈思	大学计算机基础	82
1210120115	钱宁宁	大学计算机基础实验	90
1303140203	刘东雷	大学计算机基础实验	70
1310120104	刘富城	大学计算机基础实验	87
1403110218	陆昱	大学计算机基础实验	80
1406170228	马雪	大学计算机基础实验	100
1406170229	周龙	大学计算机基础实验	73
1408160320	腾飞	大学计算机基础实验	78
1408160429	王开	大学计算机基础实验	90
1409110226	李霖	大学计算机基础实验	100
1409110227	侯娇	大学计算机基础实验	96
1418140116	孙健	大学计算机基础实验	85
1418170215	杨文欢	大学计算机基础实验	56

图 5.14　查询结果

(7) 对于生成的查询结果，可以单击工具栏上的“保存”按钮，输入文件名“成绩查询”，将它保存到数据库中。

5.2.3　在查询中进行计算

前面介绍了创建查询的一般方法，同时也使用这些方法创建了一些查询，但所建查询仅仅是为了获取符合条件的记录，并没有对查询得到的结果进行更深入的分析和利用。而在实际应用中，常常需要对查询结果进行统计计算，如求和、计数、求最大值和平均值等。Access 允许在查询中利用设计网格中的“总计”行进行各种统计，通过创建计算字段进行任意类型的计算。

在 Access 查询中，可以执行两种类型的计算，预定义计算和自定义计算。

1. 预定义计算

预定义计算即“总计”计算，是系统提供的用于对查询中的记录组或全部记录进行的计算，它包括总计、平均值、计数、最大值、最小值、标准偏差或方差等。

单击工具栏上的“总计”按钮“Σ”，“设计网格”中显示出“总计”行。对设计网格中的每个字段都可在“总计”行的单元格中选择总计项，对查询中的全部记录、一个或多个记录组进行计算。

在创建查询时，有时可能更关心的是记录的统计结果，而不是表中记录的具体内容。例如，某年参加工作的教师人数，每名学生各科的平均成绩等。为了获取这样的数据，需要使用 Access 提供的“总计查询”功能。“总计查询”是在成组的记录中完成一定计算的查询。使用查询设计视图中的“总计”行，可以对查询中全部记录或记录组计算一个或多个字段的统计值。Access 总计查询可以对查询中的某列进行总和(Sum)、计数(Count)、最小值(Min)和最大值(Max)等计算。

【例 5-5】 统计“学生基本信息表”中学生人数。

操作步骤如下：

(1) 启动“Access 2010”，打开“学生管理系统”数据库。

(2) 选择“创建”选项卡中的“查询”，单击“查询设计”按钮，弹出“查询 1：选择查询”窗口和“显示表”对话框，如图 5.15 所示。

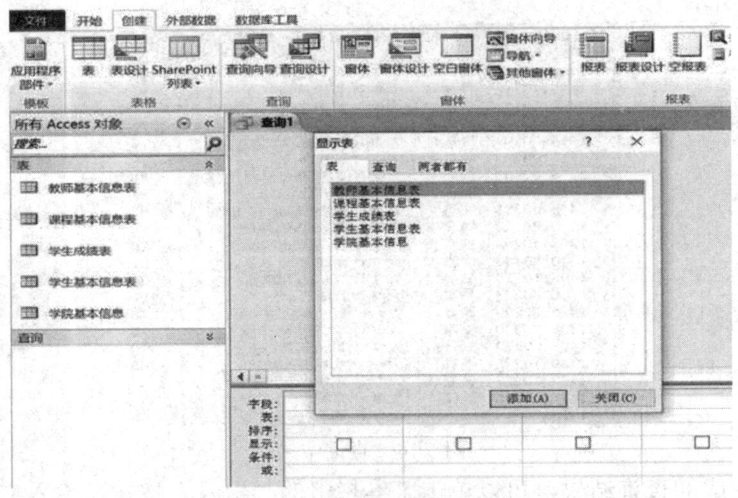

图 5.15　“查询 1：选择查询”窗口和“显示表”对话框

(3) 在“显示表”对话框中选择“学生基本信息表”，单击“添加”按钮，将“学生基本信息表”添加到“查询1：选择查询”窗口中，单击“关闭”按钮。

(4) 选择“学生基本信息表”中“学号”字段，将其添加到“设计视图”区字段行的第1列。

(5) 选择“查询工具设计”选项卡下“显示/隐藏”组中“总计”按钮，或者在字段处单击鼠标右键，在弹出的快捷菜单中选择“汇总”命令，此时在“设计网格”中插入一个“总计”行，系统将“学号”字段的“总计”栏设计成“分组”。

(6) 单击“学号”字段的“总计”栏，并单击其右侧的下拉箭头按钮，从下拉列表中选择“计数”函数，如图5.16所示。

(7) 选择“文件”选项卡下的“保存”命令，在弹出的“另存为”对话框的“查询名称”文本框中输入“统计学生人数”，单击“确定”按钮，完成查询创建。

(8) 单击“运行”按钮，查询结果如图5.17所示。

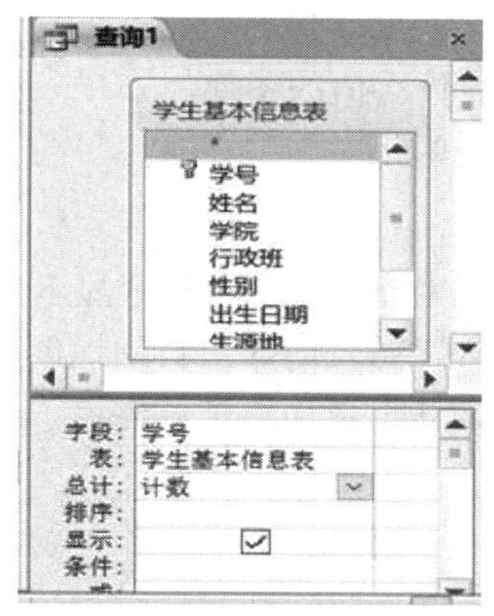

图5.16 设计“计数”总计项

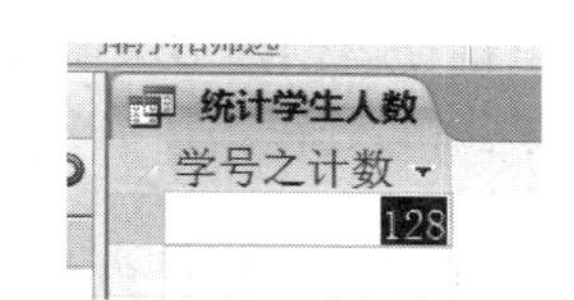

图5.17 “计数”总计查询结果

2. 自定义计算

自定义计算使用一个或多个字段的值进行数值、日期和文本计算。对于自定义计算，必须直接在“设计网格”中创建新的计算字段，创建方法是将表达式输入到“设计网格”中的空字段单元格。

在查询中，如果需要对记录进行分类统计，可以使用分组统计功能。即将记录进行分组，对每个组的值进行统计。分组统计时，应在该字段的“总计”行上选择“分组”。

在统计时，无论是一般统计还是分组统计，统计后显示的字段往往可读性比较差。调整方法之一是增加一个新字段，使其显示“姓名之计数”的值。另外，在有些统计中，需要统计的字段并未出现在表中，或者用于计算的数据值来源于多个字段。此时也需要在设计网格中添加一个新字段。新字段的值是根据一个或多个表中的一个或多个字段并使用表达式计算得到的，也称为计算字段。

5.3 创建交叉表查询

使用Access提供的查询，可以根据需要检索出满足条件的记录，也可以在查询中执行计算。但是，这两方面功能，并不能很好地解决数据管理工作中遇到的所有问题。例如建立的“学生选课成绩”查询了每名学生所选课程的成绩。由于每名学生选修了多门课，因此在“课程名称”字段列中出现了重复的课程名称。为了使查询后生成的数据显示更清晰、准确，结构更紧凑、合理，Access 提供了一种很好的查询方式，即交叉表查询。

5.3.1　交叉表查询概述

交叉表查询以一种独特的概括形式返回一个表内的总计数字，这种概括形式是其他查询无法完成的。交叉表查询为用户提供了非常清楚的汇总数据，便于分析和使用。

交叉表查询指将来源于某个表或查询中的字段进行分组，一组列在交叉表左侧，一组列在交叉表上部，并在交叉表行与列交叉处显示表中某个字段的各种计算值。

1. 交叉表查询的作用

(1) 使用 Group By 指令指定为行创建标签(标题)的字段。

(2) 确定创建列标题的字段和决定标题下出现什么值的条件。

(3) 将计算得出的数据值赋给最终行列网格的单元。

2. 使用交叉表查询的优点

(1) 用户可以以熟悉的电子数据表紧凑格式或分栏清算账目的形式显示大量的汇总数据。

(2) 汇总数据的提供形式十分适合于用 Access“图表向导”自动地创建图形和图表。

(3) 交叉表查询使得创建多级明细的查询在设计上更为快速和容易。高度汇总的查询适合于实施深入挖掘的过程。

5.3.2　使用向导创建交叉表查询

【例 5-6】 利用“交叉表查询向导”创建交叉表查询，要求显示学生的“姓名”位于结果的左侧，“课程名称”位于结果的顶部，在行与列的交叉点放置该学生的该门课程成绩。查询名称为“查询向导—学生成绩信息_交叉表”。

操作步骤如下：

(1) 选择交叉表查询向导。在打开的数据库窗体中，选择功能区“创建”的“查询向导”，选择“交叉表查询向导”，如图 5.18 所示。

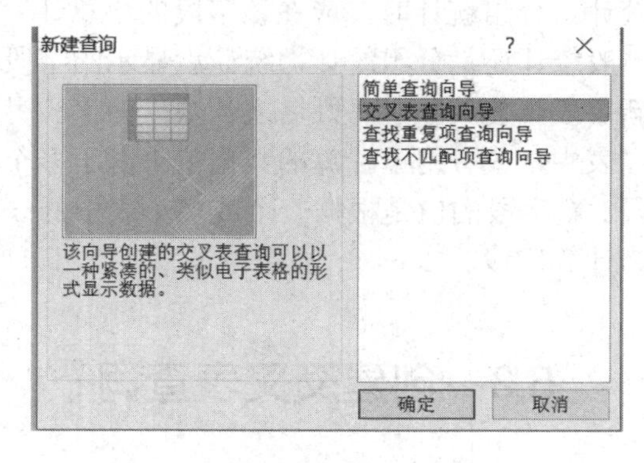

图 5.18　选择“交叉表查询向导”

(2) 进入向导设置。选择表或查询作为交叉表查询数据源，仅允许选择一个表或查询。选择“视图”中的“查询”，选择“查询向导——学生成绩查询”，如图 5.19 所示，然后单击“下一步”按钮。

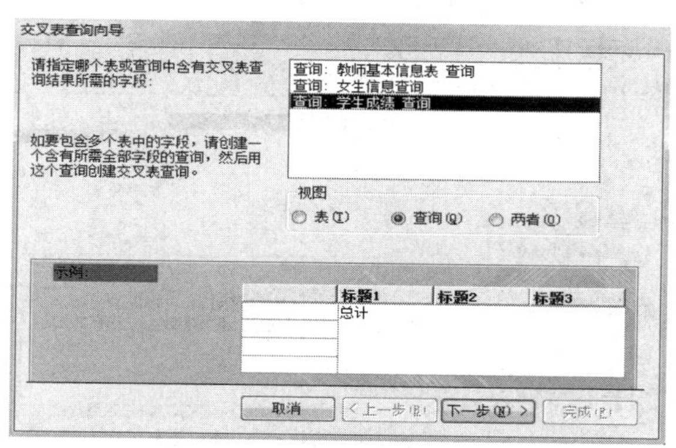

图 5.19　选择“交叉表查询数据源”

(3) 设置：选择行标题。行标题位于查询结果行的左侧，即每一行的标题。选择“姓名”作为行标题，如图 5.20 所示，然后单击“下一步”。

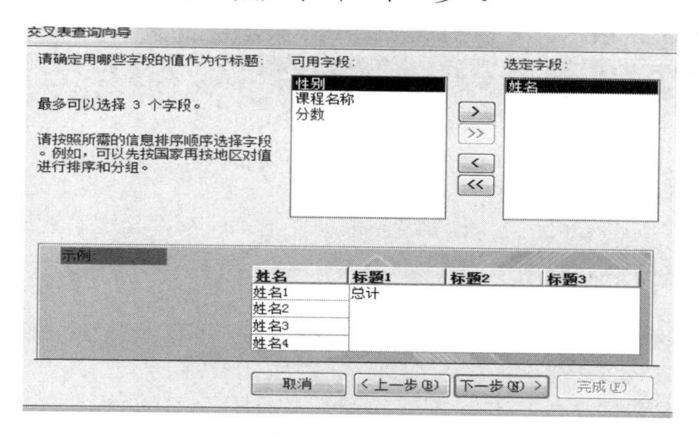

图 5.20　选择行标题

(4) 设置：选择列标题。列标题位于查询结果所有行的最上方，即每一列的标题。选择“课程名称”作为列标题，如图 5.21 所示，然后单击“下一步”。

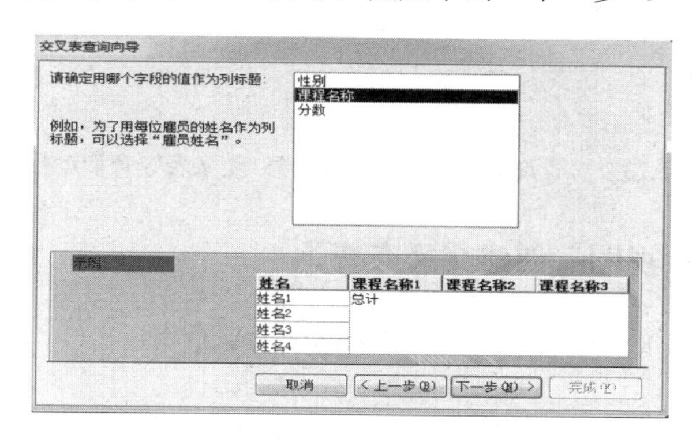

图 5.21　选择列标题

(5) 设置：选择交叉点的数据。交叉点数据是行与列交叉点显示的数据，往往是一个计算结果。所以向导列出了计算字段和函数供选择，使用函数对计算字段做统计。在本例中，选择字段“分数”，函数是“First”，如图 5.22 所示，然后单击“下一步”。

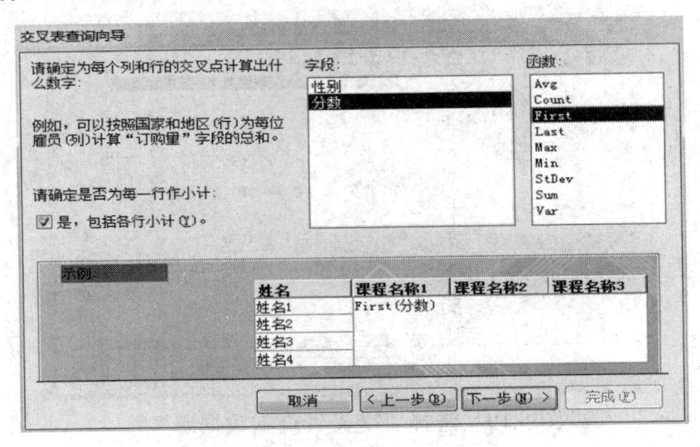

图 5.22　选择交叉点数据

(6) 设置：查询名称和打开方式。保存名称为“查询向导—学生成绩信息_交叉表”。查询运行结果如图 5.23 所示。

查询向导—学生成绩信息_交叉表

姓名	总计 分数	Access数据	ACCESS数据	ACCESS数据	C语言程序i	C语言程序i	Java程序设	LaTex 基础	VB程序设计
白聪	62.5								
蔡其珊	57.7								
陈雷涛	75								
陈阳洋	26.1			26.1					
陈真	43.8								
储宪罡	69.6								
崔刘	43.8								43.8
戴山峰	77								
单良	76.9								
单彤	82.4		82.4						
段宁	100								
房依岭	78								
冯马越	69.6								
高彤	78.9								
高燕飞	80								
关小新	100								
郭西林	93.3								
韩畅游	69.6								
韩旭日	56.5								
韩英哲	43.8						43.8		
郝建	93.8						93.8		
郝鸣飞	86		100						
虹桥	75						75		
侯娇	96.2								
黄小琪	94.7								94.7
郎悦己	81								
李芳德	90				90				
李宏伟	94.7								
李霖	100								
李茜西	80								
李琴笙	78.3								
李思萌	66.7								66.7

图 5.23　“查询向导—学生成绩信息_交叉表”查询运行结果

5.3.3　使用“设计视图”创建交叉表查询

【例 5-7】　建立统计各院系男女生人数的交叉表查询。

操作步骤如下：

(1) 打开查询设计器，添加数据源“学生基本信息表”和“学院基本信息表”。

(2) 双击添加字段：学号、性别和学院名称。

(3) 交叉表设置：行标题是学院名称，列标题是性别，值为学号。

查询建立完成后，设计器中的设置如图5.24所示。

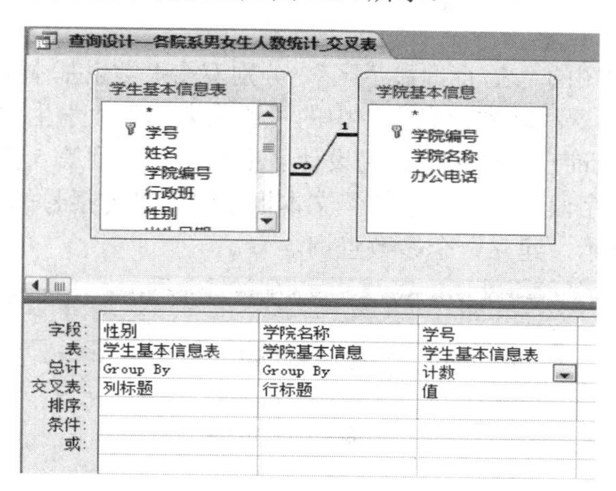

图5.24 查询设计器设置

(4) 选择“文件”下的“保存”命令，命名为“查询设计—各院系男女生人数统计_交叉表”，单击“确定”按钮。

(5) 选择“查询”下的“运行”命令，查询结果如图5.25所示。

查询设计—各院系男女生人数统计_交叉表

学院名称	男	女
法学院	6	8
海环	8	9
航船	25	5
机械	13	7
经管	5	13
理学院		2
食品	1	7
水产生命		6
外语	8	2
信息	1	2

图5.25 各院系男女生人数统计交叉表查询

5.4 创建参数查询

参数查询是指查询运行时由用户在对话框内输入参数，然后根据用户的输入选择数据进行显示，是一种特殊的选择查询。

5.4.1 单参数查询

【例5-8】 建立按输入的行政班名称查询学生成绩的参数查询。

(1) 打开“学生管理系统”数据库。

(2) 在“数据库”窗口中单击功能区“创建”选项卡下“查询”组中的“查询设计”按钮，打开“查询设计”视图和“显示表”对话框。

(3) 在“显示表”对话框中选择“表”选项卡。双击“学生基本信息表”、“学生成绩表”和“课程基本信息表”，将它们添加到“查询”设计视图的“表/查询显示区”，然后关闭“显示表”对话框。

(4) 在查询设计视图的“表/查询显示区”，分别双击“学生基本信息表”中的“学号”、“姓名”、“行政班”，“课程基本信息表”中的“课程名称”，“学生成绩表”中的“分数”字段，将它们添加到查询设计视图的查询设计区中的第 1 列到第 5 列中。

(5) 在“行政班”字段列中的“条件”文本框中输入带方括号的文本：[请输入行政班名称：]，如图 5.26 所示，建立一个参数查询。

字段：	学号	姓名	行政班	分数	课程名称
表：	学生基本信息表	学生基本信息表	学生基本信息表	学生成绩表	课程基本信息表
排序：					
显示：	☑	☑	☑	☑	☑
条件：			[请输入行政班名称：]		
或：					

图 5.26　参数的设置

(6) 选择“文件”下的“保存”命令，在弹出的对话框中设置查询名称为“行政班名称参数查询”。

(7) 单击工具栏中的“运行”按钮，或者单击功能区“开始”选项卡下“视图”组中的“视图”按钮，在弹出的菜单中选择“数据表视图”命令，弹出“输入参数值”对话框，在其中输入要查找的行政班名称，如图 5.27 所示，然后单击“确定”按钮，则可以得到图 5.28 所示的按行政班名称查询的结果。

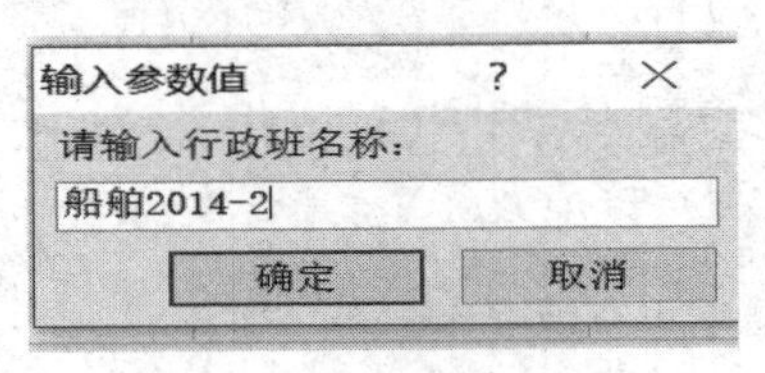

图 5.27　“输入参数值”对话框

行政班名称参数查询

学号	姓名	行政班	分数	课程名称
1302120101	李意缘	船舶2014-2	100	ACCESS数据库设计实验
1302120205	周振楠	船舶2014-2	100	物联网应用
1318180219	刘平	船舶2014-2	67	VB程序设计实验
1418170222	孙立功	船舶2014-2	100	C语言程序设计实验
*				

图 5.28　按行政班名称查询的结果

5.4.2　多参数查询

【例 5-9】 建立按某段入学成绩查找学生信息的参数查询。

(1) 打开“学生管理系统”数据库。

(2) 在“数据库”窗口中单击功能区“创建”选项卡下“查询”组中的“查询设计”

按钮，打开“查询设计”视图和“显示表”对话框。

(3) 在“显示表”对话框中选择“表”选项卡。双击“学生基本信息表”，将它添加到“查询”设计视图的“表/查询显示区”，然后关闭“显示表”对话框。

(4) 在查询设计视图的“表/查询显示区”，分别双击“学生基本信息表”中的“学号”、“姓名”、“性别”、“出生日期”、“生源地”和“入学分数”，将它们添加到查询设计视图的查询设计区中的第1列到第6列中。

(5) 在“入学成绩”字段列中的“条件”文本框中输入“>= [输入最低分数] And <= [输入最高分数]”或者“Between [输入最低分数] And [输入最高分数]”，如图5.29所示，建立一个参数查询。

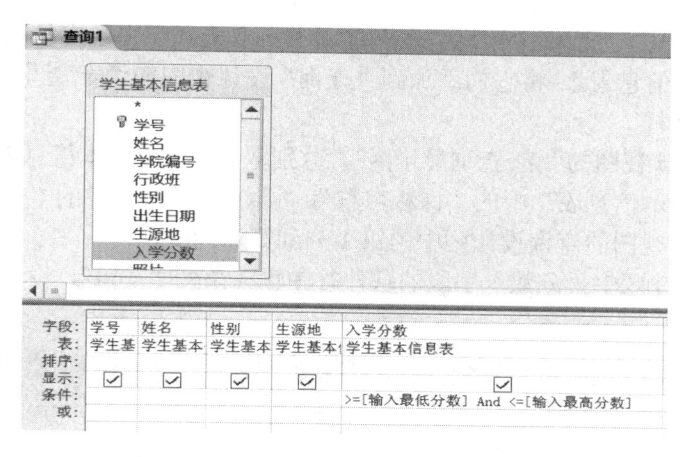

图5.29　设置按入学成绩分数段查询的参数

(6) 选择“文件”下的 “保存”命令，在弹出的对话框中设置查询名称为“按某段入学成绩查找学生的查询”。

(7) 单击工具栏中的“运行”按钮，或者单击功能区“开始”选项卡下“视图”组中的“视图”按钮，在弹出的菜单中选择“数据表视图”命令，弹出“输入参数值”对话框，分别输入最低分数和最高分数，如图5.30和图5.31所示，然后单击“确定”按钮，则可以得到所要的查询结果。

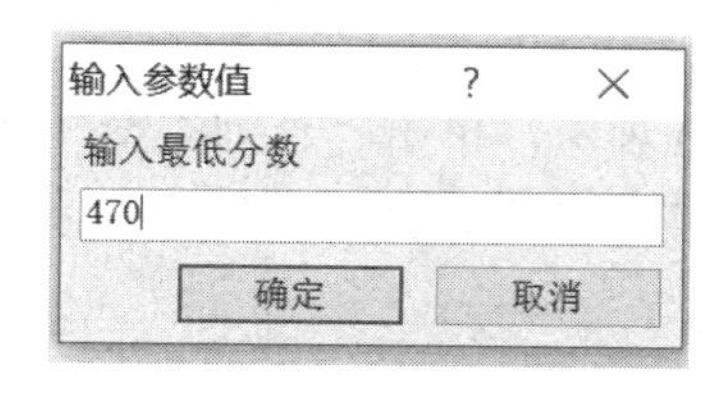

图5.30　输入最低分数

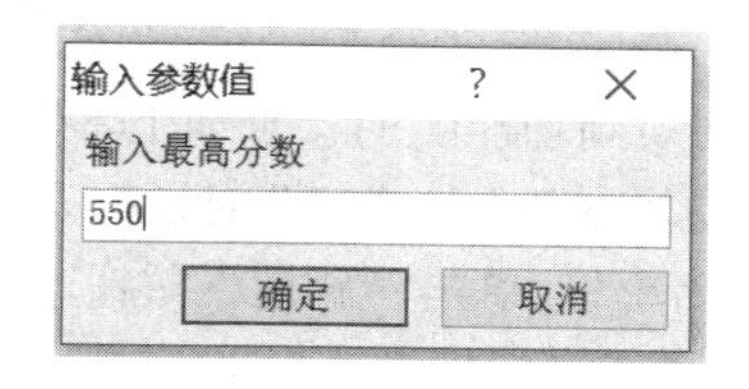

图5.31　输入最高分数

5.5　创建操作查询

操作查询分为生成表查询、删除查询、更新查询和追加查询，下面分别介绍这4种查询的具体操作方法。

5.5.1　生成表查询

生成表查询可以利用一个或多个表的数据来创建一个新表，实际上就是把查询生成的动态集合以表的形式保存下来。

【例 5-10】 利用查询设计视图创建生成表查询，将期末成绩不及格的学生查询出来并生成“不及格学生名单”。

(1) 打开“学生管理系统”数据库。

(2) 在“数据库”窗口中单击功能区“创建”选项卡下“查询”组中的“查询设计”按钮，打开“查询设计”视图和“显示表”对话框。

(3) 在“显示表”对话框中选择“表”选项卡。双击“学生基本信息表”、“学生成绩表”和“课程基本信息表”，将它们添加到“查询”设计视图的“表/查询显示区”，然后关闭“显示表”对话框。

(4) 在查询设计视图的“表/查询显示区”，分别双击“学生基本信息表”中的“学号”、“姓名”，“课程基本信息表”中的“课程名称”，“学生成绩表”中的“分数”字段，将它们添加到查询设计视图的查询设计区中的第 1 列到第 4 列中。

(5) 在查询设计区中“分数”字段的条件行中输入条件“< 60”，设置查询条件，如图 5.32 所示。

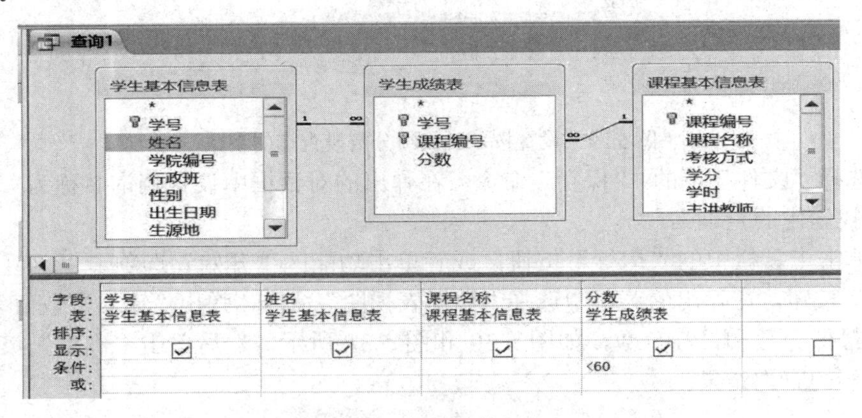

图 5.32　设置查询添加

(6) 切换到功能区的“查询工具”下的“设计”选项卡，单击“查询类型”组中“生成表”按钮，打开“生成表”对话框。在“表名称”文本框中输入要新建的数据表名称“不及格学生名单”，单击“确定”按钮，如图 5.33 所示。

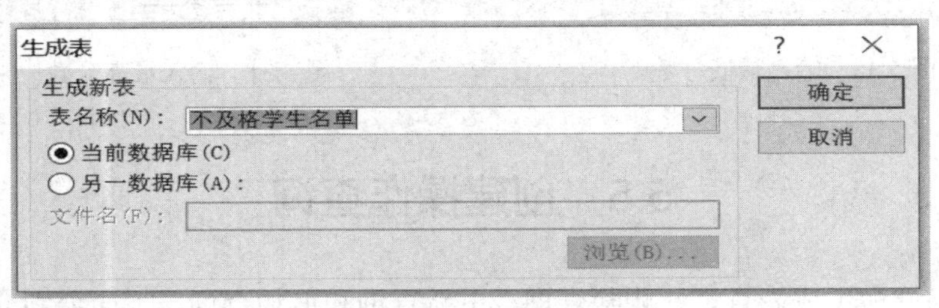

图 5.33　“生成表”对话框

(7) 确定无误后，选择“文件”下的“保存”命令，在弹出的对话框中设置查询名称为“不及格学生名单查询”。

(8) 单击工具栏中的“运行”按钮，或者单击功能区“开始”选项卡下“视图”组中的“视图”按钮，在弹出的菜单中选择“数据表视图”命令，可得到图5.34所示的生成表提示对话框，单击“是”按钮即可创建新表，单击“否”按钮则取消新表的创建。

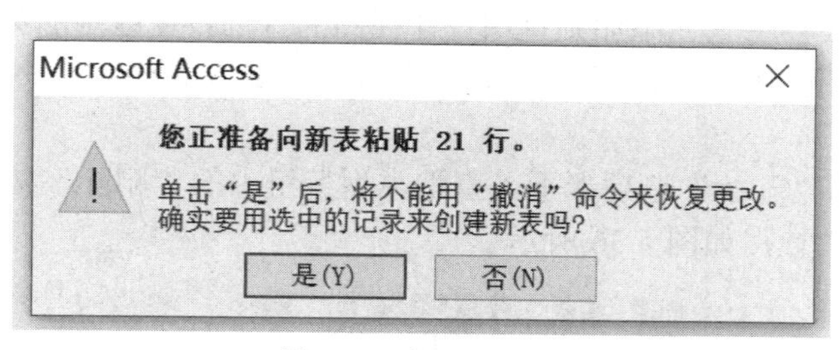

图5.34 提示对话框

(9) 单击“是”按钮，找到新建的表，打开该表，结果如图5.35所示。

不及格学生名单查询　不及格学生名单

学号	姓名	分数	课程名称
1310130106	韩英哲	43.8	Java程序设计
1310130208	王小燕	0	电子商务概论
1318140104	王殿凯	45	大学计算机基础
1418170215	杨文欢	56	大学计算机基础实验
1302120209	武海洋	45	网络技术与应用
1402120210	英飞	0	Visual C++程序设计
1402170325	吴承志	37.5	大学计算机基础
1402170327	陈真	43.8	大学计算机基础
1303170308	王小飞	33.3	C语言程序设计
1403170110	陈阳洋	26.1	ACCESS数据库设计实验
1403170124	韩旭日	56.5	电子商务概论
1406110206	徐琪	5.3	大学计算机基础
1406110217	张元	37.5	大学计算机基础
1406170231	苏兴	37.5	C语言程序设计
1406170232	徐明	56.5	VB程序设计
1406140104	王一凡	37.5	VB程序设计实验
1406160212	文思涌	50	ACCESS数据库设计实验
1406160221	蔡其珊	57.7	物联网应用
1409140121	崔刘	43.8	VB程序设计
1401170115	赵雨鑫	37.5	ACCESS数据库设计实验
1401170130	殷红蓉	43.8	网络技术与应用
*			

图5.35 生成表查询的生成表结果

5.5.2 删除查询

删除查询是指从一个或多个表中删除一组记录的查询。删除查询首先是执行选择查询，然后再将这些记录删除。使用删除查询是删除原表中的整条记录，而不是记录的相应查询中所选择的字段。使用删除查询可以删除原表中符合指定条件的记录，注意所作的删除操作是无法撤销的，就像在表中直接删除记录一样。

【例5-11】 利用查询设计视图创建删除查询，将“不及格学生名单”中选修了“大学计算机基础”课程的名单删除。

(1) 打开“学生管理系统”数据库。

(2) 在“数据库”窗口中单击功能区“创建”选项卡下“查询”组中的“查询设计”按钮，打开“查询设计”视图和“显示表”对话框。

(3) 在“显示表”对话框中选择“表”选项卡。双击“不及格学生名单”表，将它们添加到“查询”设计视图的“表/查询显示区”，然后关闭“显示表”对话框。

(4) 在查询设计视图的“表/查询显示区”，分别双击“不及格学生名单”中的“＊”和“课程名称”字段，将它们添加到查询设计视图的查询设计区中的第 1 列到第 2 列中。

(5) 在查询设计区中“课程名称”字段的条件行中输入条件“大学计算机基础”，设置查询条件。

(6) 单击功能区“开始”选项卡下“查询类型”组中的“删除”按钮，在查询设计区中增加一个“删除”行，如图 5.36 所示。

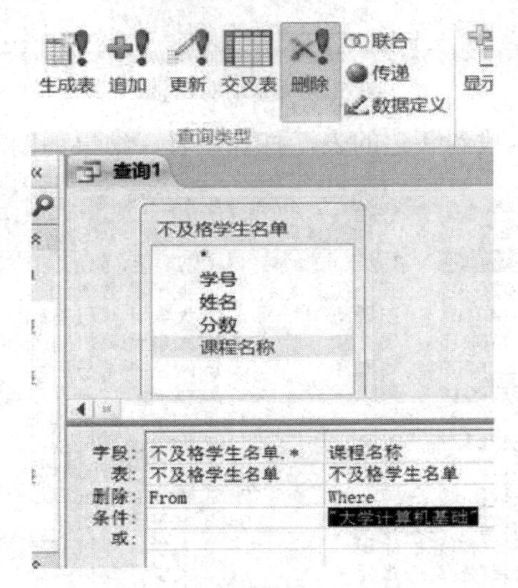

图 5.36　设置删除查询

(7) 单击功能区“开始”选项卡下“视图”组中的“视图”按钮，在弹出的菜单中选择“数据表视图”命令，可以预览要删除的记录。

(8) 单击工具栏中的“运行”按钮，弹出一个提示框，如图 5.37 所示。

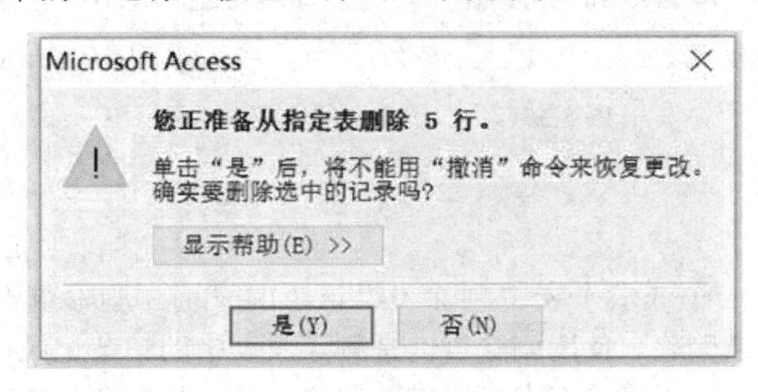

图 5.37　删除查询提示框

(9) 单击“是”按钮，系统将删除这些记录，单击“否”按钮，则不删除。

(10) 选择“文件”下的“保存”命令，在弹出的对话框中设置查询名称为“删除学生名单查询”。

(11) 在导航窗格的“所有表”列表框中双击“不及格学生名单”选项，查看删除记录后的表，结果如 5.38 所示。

查询1 | 不及格学生名单

学号	姓名	分数	课程名称
1310130106	韩英哲	43.8	Java程序设计
1310130208	王小燕	0	电子商务概论
#已删除的	#已删除的	#已删除的	#已删除的
1418170215	杨文欢	56	大学计算机基础实验
1302120209	武海洋	45	网络技术与应用
1402120210	英飞	0	Visual C++程序设计
#已删除的	#已删除的	#已删除的	#已删除的
#已删除的	#已删除的	#已删除的	#已删除的
1303170308	王小飞	33.3	C语言程序设计
1403170110	陈阳洋	26.1	ACCESS数据库设计实验
1403170124	韩旭日	56.5	电子商务概论
#已删除的	#已删除的	#已删除的	#已删除的
#已删除的	#已删除的	#已删除的	#已删除的
1406170231	苏兴	37.5	C语言程序设计
1406170232	徐明	56.5	VB程序设计
1406140104	王一凡	37.5	VB程序设计实验
1406160212	文思涌	50	ACCESS数据库设计实验
1406160221	蔡其珊	57.7	物联网应用
1409140121	崔刘	43.8	VB程序设计
1401170115	赵雨鑫	37.5	ACCESS数据库设计实验
1401170130	殷红蓉	43.8	网络技术与应用
*			

图 5.38　删除记录后的不及格学生名单

5.5.3　更新查询

更新查询就是用从一个或多个表中查询出来的结果去更新一个或多个表中的数据内容的查询。

【例 5-12】 在“学生管理系统”数据库中，从“学生成绩表的副本”中去更新“分数”，使每一门课程的成绩分数增加 5%。

操作步骤如下：

(1) 启动 Access 2010，打开“学生管理系统”数据库。

(2) 在导航窗口中选择“表”对象和“学生成绩表”，单击鼠标右键，在弹出的快捷菜单中选择“复制”命令，在空白处再单击鼠标右键，在弹出的快捷菜单中选择“粘贴”命令，在弹出的“粘贴表方式”对话框中输入表名“学生成绩表的副本”，粘贴方式选择“结构和数据”，再单击“确定”按钮，完成表的复制。

(3) 和前面创建“选择查询”一样，选择“创建”选项卡中的“查询”组，单击“查询设计”按钮，弹出“查询 1：选择查询”窗口和“显示表”对话框，并在“显示表”对话框中把“教师基本表”添加到设计窗口中。

(4) 选择“查询”下的“更新查询”命令，然后在设计视图中从表中双击所需要的字段到设计网格中，也可以从表中把所需更新的字段拖到设计网格中。

(5) 在要更新字段的“更新到”单元格中输入“[分数]*1.05”，表示将表中的分数增加 5%。

(6) 设计完毕后，单击工具栏上的“保存”按钮，以“更新查询”为文件名保存该查询对象。

(7) 单击工具栏上的“运行”按钮，以更新数据表中的记录。用户可以打开该表来查看已经更新的记录。

5.5.4　追加查询

使用追加查询可利用查询对原数据库中的表进行追加记录的操作，使用户不用到表中去直接操作就可以增加记录。追加查询是从一个或多个表中将一组记录追加到另一个表的尾部的查询方式。

【例 5-13】 在“学生管理系统”数据库中，以“学生基本信息表”复制一个“男生表”，只复制结构，建立一个追加查询，将“学生基本信息表”中“性别”是“男”的记录追加到“男生表”中。

操作步骤如下：

(1) 启动 Access 2010，打开“学生管理系统”数据库。

(2) 在导航窗口中选择“表”对象和“学生基本信息表”，单击鼠标右键，在弹出的快捷菜单中选择“复制”命令，在空白处再单击鼠标右键，在弹出的快捷菜单中选择“粘贴”命令，在弹出的“粘贴表方式”对话框中输入表名“男生表”，粘贴方式选择“仅结构”，再单击“确定”按钮，完成表的复制。

(3) 在导航窗口中选择“查询”对象，在“创建”选择卡“查询”组中单击“查询设计”按钮，打开查询设计视图。

(4) 在“显示表”对话框中选择“学生基本信息表”，依次单击“添加”和“关闭”按钮。

(5) 在“查询类型”组中单击“追加”按钮，在弹出的“追加”对话框中选择“男生表”，单击“确定”按钮。

(6) 在查询设计网格中设置查询准则，将“性别”对应的条件设置为“男”。

(7) 选择“文件”下的“保存”命令，在“另存为”对话框中输入查询名称“追加表查询”，单击“确定”按钮。

(8) 选择“查询”下的“运行”命令，弹出“追加查询提示”对话框。

(9) 单击“确定”按钮，完成追加后打开“男生表”，即可得到查询结果。

5.6　SQL 查询

结构化查询语言(Structured Query Language，SQL)是关系数据库的标准语言。它最初由 IBM 的研究人员在 20 世纪 70 年代提出，最初的名称为 SEQUEL(结果)，从 80 年代开始改名为 SQL。1986 年美国国家标准协会 ANSI(American National Standards Institute)和国际标准化组织 ISO(International Standards Organization)颁布了 SQL 正式标准，同时确认 SQL 语言为数据库操作的标准语言，现在已有 100 多种遍布在从微机到大型机上的数据库 SQL

产品。SQL 语言基本上独立于数据库本身及其使用的机器、网络、操作系统，基于 SQL 的 DBMS 开发商所提供的产品一般都具有良好的可移植性。

5.6.1 SQL 概述

1. SQL 语言的发展历程

SQL 简史：

1970：E.F.Codd 发表了关系数据库理论(relational database theory)；

1974—1979：IBM 以 Codd 的理论为基础开发了“Sequel”，并重命名为“SQL”；

1979：Oracle 发布了商业版 SQL；

1981—1984：出现了其他商业版本，分别来自 IBM(DB2)，Data General(DG/SQL)，Relational Technology(INGRES)；

1986：SQL 成为 ANSI 和 ISO 的第一个标准；

1989：SQL 增加了引用完整性(referential integrity)；

1992(aka SQL2)：SQL 被数据库管理系统(DBMS)生产商广泛接受；

1997：SQL 成为动态网站(Dynamic web content)的后台支持；

1999：Core level 跟其他 8 种相应的 level，包括递归查询，程序跟流程控制，基本的对象(object)支持包括 oids；

2003：SQL 包含了 XML 相关内容，自动生成列值(column values)；

2005-09-30：Tim O’eilly 提出了 Web 2.0 理念，称数据将是核心，SQL 将成为“新的 HTML”；

SQL/2006：定义了 SQL 与 XML(包含 XQuery)的关联应用；

2006：Sun 公司将以 SQL 基础的数据库管理系统嵌入 Java V6；

2007：SQL Server 2008(Katmi)在过去的 SQL2005 基础上增强了它的安全性，主要是在数据加密、外键管理、审查、数据库镜像等方面加强了可支持性。

简言之，SQL 语言是 1974 年由 Boyce 和 Chamberlin 提出的，并在 IBM 公司研制的关系数据库原型系统 System R 实现了这种语言。1986 年 10 月，美国国家标准局(ANSI)的数据库委员会批准了 SQL 作为关系数据库语言的美国标准，同年，公布了标准 SQL 文本。1987 年 6 月，国际标准化组织(ISO)将其采纳为国际标准，这个标准也称为“SQL86”。之后 SQL 标准化工作不断地进行着，相继出现了“SQL89”、“SQL2”(1992)和“SQL3”(1993)等。SQL 已成为关系数据库领域中一个主流语言。

在关系数据库系统中，SQL 语言有两种使用方式：自含式语言和嵌入式语言。

作为自含式语言使用时，SQL 能够独立地用于联机交互，即在终端键盘上输入一条 SQL 命令，就能实现对数据库的操作，并且能立即从屏幕上看到命令的执行结果。

作为嵌入式语言使用时，这些单独使用的 SQL 语句几乎可以不加修改地嵌入到如 VB、PB、C++ 这样的前端开发平台上，利用前端工具的计算能力和 SQL 的数据库操纵能力，可以快速地建立数据库应用程序。此时，用户不能直接观察到各条 SQL 语句的输出，其结果必须通过变量或过程参数返回，这也是现代软件开发过程中经常采用的方式。

SQL 语言的这两种使用方式，使它具有极好的灵活性与方便性。

2. SQL 语言的特点

(1) 非过程化的语言：所谓面向过程的语言，是指当用户要完成某项数据请求时，必须指定存取路径，这就需要用户了解数据存储结构、方式等相关情况，加重了用户负担。

而当使用 SQL 这种非过程化语言进行数据操作时，只要提出“做什么”，而不必指明“如何做”，对于存取路径的选择和语句的操作过程均由系统自动完成。在关系数据库管理系统(RDBMS)中，所有 SQL 语句均使用查询优化器，由它来决定对指定数据使用何种存取手段以保证最快的速度，这既减轻了用户的负担，又提高了数据的独立性与安全性。

(2) 功能一体化的语言：SQL 语言集数据定义语言 DDL、数据操纵语言 DML、数据控制语言 DCL 及附加语言元素于一体，语言风格统一，能够完成包括关系模式定义，数据库对象的创建、修改和删除，数据记录的插入、修改和删除，数据查询，数据库完整性、一致性保持与安全性控制等一系列操作要求。SQL 语言的功能一体化特点使得系统管理员、数据库管理员、应用程序员、决策支持系统管理员以及其他各种类型的终端用户只需要学习一种语言形式即可完成多种平台的数据请求。

(3) 一种语法两种使用方式：SQL 语言既可以作为一种自含式语言，被用户以一种联机交互的方式在终端键盘上直接键入 SQL 命令来对数据库进行操作，又可以作为一种嵌入式语言，被程序设计人员在开发应用程序时直接嵌入到高级语言(例如 C/C++、PowerBuilder、VBScript 等)中使用。而不论在何种使用方式下 SQL 语法结构都是基本一致的，因此具有极大的灵活性与方便性。

(4) 面向集合操作的语言：非关系数据模型采用面向记录的操作方式，操作对象是单一的某条记录，而 SQL 允许用户在较高层的数据结构上工作，操作对象可以是若干记录的集合，简称记录集。所有 SQL 语句都接受记录集作为输入，返回记录集作为输出，其面向集合的特性还允许一条 SQL 语句的结果作为另一条 SQL 语句的输入。

(5) 语法简捷、易学易用的标准语言：SQL 语言不仅功能强大，而且语法接近英语口语，符合人类的思维习惯，因此较为容易学习和掌握。同时又由于它是一种通用的标准语言，使用 SQL 编写的程序也具有良好的移植性。

3. SQL 的基本概念

(1) 基本表。基本表是独立存在的，在 SQL 中一个关系对应一个基本表。一个表可以带若干个索引，索引存放在存储文件中。存储文件的逻辑结构组成了关系数据库的内模式，存储文件的物理结构是任意的。

(2) 视图。视图是从基本表或其他视图中导出的表，它本身不独立存储在数据库中。也就是说，数据库中只存放视图的定义而不存放视图对应的数据，这些数据仍存放在导出视图的基本表中。因此，视图实际上是一个虚表。

4. SQL 语句的分类

SQL 可以完成数据库的全部操作，其语言按照功能主要分为 3 类。

(1) 数据定义语言(Data Definition Language，DDL)。使用 SQL 语言的 CREATE、ALTER 和 DROP 命令可以实现数据定义功能，包括表的定义、修改和删除等。

(2) 数据操纵语言(Data Manipulation Language，DML)。使用 SQL 语言的 INSERT、UPDATE 和 DELETE 命令可以实现数据操纵功能，包括插入记录、更新记录和删除记录等。

(3) 数据控制语言(Data Control Language，DCL)。数据控制语言用于控制对数据库的访问，以及服务器的关闭、启动等操作。常使用的 DCL 命令有 GRANT、REVOKE 等。

5. SQL 语言的查询命令

SQL 语言中有 9 个关键核心命令，包括了对数据库的所有操作，如表 5-4 所示。目前，几乎所有的关系数据库系统都支持 SQL 标准。

表 5-4　SQL 语言的核心命令

功能分类		命　令	功　能
数据定义		CREAT	创建对象
		ALTER	修改对象
		DROP	删除对象
数据操纵	数据查询	SELECT	数据查询
	数据更新	UPDATE	更新数据
		INSERT	插入数据
		DELETE	删除数据
数据控制		GRANT	定义访问权限
		REVOKE	回收访问权限

5.6.2　数据定义

SQL 提供了定义和维护表结构的“数据定义”语句。数据定义可以创建、删除或改变表结构，也可以在数据表中创建索引，实现对表结构的设计及维护。

1. 在 Access 中使用 SQL 语句的方法

(1) 打开数据库窗口，选择“查询”对象，双击“在设计视图中创建查询”选项，然后关闭“显示表”对话框。

(2) 选择“查询|SQL 特定查询|数据定义”命令，打开“数据定义查询”窗口(或直接选 SQL 视图)，输入 SQL 语句。注意，在该窗口中一次只能输入一条 SQL 语句。

(3) 单击工具栏的“运行”按钮，执行 SQL 语句。

(4) 根据需要，可以将 SQL 语句保存为一个查询对象，也可以直接关闭“数据定义查询窗口”。

2. 使用 CREATE TABLE 数据定义语句定义表

CREATE TABLE <表名>(<字段名 1> <数据类型 1>[(<大小>)][NOT NULL] [PRIMARY KEY | UNIQUE][, <字段名 2> <数据类型 2>[(<大小>)][NOT NULL] [PRIMARY KEY|UNIQUE][, …]]

说明：

(1) 在上述格式中“<>”中的内容表示必选项，具体内容由用户指定，“[]” 中的内容表示可选项，“|”分隔的表示多选一。

(2) 定义表时，必须指定表名、各个字段名以及相应的数据类型和字段大小(由系统自动确定的字段大小可以省略不写)，并且各个字段之间用西文的逗号分隔。

(3) 字段的数据类型必须用字符表示，如 Text(文本)，Byte(字节)、Integer(整型数字)、Single(单精度型的数字)、Float(双精度型的数字)、Currency(货币)、Memo(备注)、Date(日期/时间)、Logical(是/否)、OLEObject(OLE 对象型)等。

(4) NOT NULL 指定该字段不允许为空值。PRIMARY KEY 定义单字段主键，UNIQUE 定义单字段唯一键。

【例 5-14】 在“学生管理”数据库中，使用 SQL 语句定义一个名为 student 的表，结构为：学号(文本型，6 字符)，姓名(文本型，3 字符)，性别(文本型，1 字符)，出生日期(日期/时间型)、贷款否(是否型)、简历(备注型)、照片(OLE 对象型)，学号为主键，姓名不允许为空值。

操作步骤如下：

(1) 打开“数据定义查询”窗口，输入 CREATE TABLE 语句如下：

CREATE TABLE　student(学号 text(6) PRIMARY KEY, 姓名 text(3), 性别 text(1), 出生日期 datetime, 贷款否 logical, 简历 memo, 照片 OLEObject)

(2) 单击工具栏的“运行”按钮，执行 SQL 语句，则在当前的“学生管理”数据库中新建立了一个空表 student 表。

3. 使用 ALTER TABLE 数据定义语句修改表结构

修改字段：

ALTER TABLE <表名> ALTER <字段名> <数据类型>(<大小>)

添加字段：

ALTER TABLE <表名> ADD <字段名> <数据类型>(<大小>)

删除字段：

ALTER TABLE <表名> DROP <字段名>

【例 5-15】 使用 SQL 语句修改表，在 student 表中增加一个“电话号码”字段(整型)，然后将该字段修改为文本型(8 字符)，最后删除该字段。

操作语句依次为：

ALTER TABLE student　ADD 电话号码 integer

ALTER TABLE student　ALTER 电话号码 text(8)

ALTER TABLE student　DROP 电话号码

4. 使用 DROP TABLE 数据定义语句删除表结构

如果希望删除某个不需要的表，可以使用 DROP TABLE 语句。语句基本格式：

DROP　TABLE<表名>;

其中，<表名>是指要删除的表的名称。

【例 5-16】 删除已建立的“学生”表。

DROP TABLE 学生

说明：表一旦删除，表中数据以及在此表上建立的索引等都将自动被删除，并且无法恢复。因此执行删除表的操作一定要格外小心。

5.6.3　数据操纵

数据操纵语言是完成数据操作的命令，主要有：插入记录命令 INSERT、删除记录命令 DELETE、更新记录命令 UPDATE。

1. 使用 INSERT 数据操纵语句插入记录

INSERT INTO <表名> [(<字段名 1>[, <字段名 2>[, …]]])]
VALUES(<表达式 1>[, <表达式 2>[, …]])

说明：如果缺省字段名，则必须为新记录中的每个字段都赋值，且数据类型和顺序要与表中定义的字段一一对应。

【例 5-17】 使用 SQL 语句向 student 表中插入一条学生记录。

在“数据定义查询”窗口中输入命令：

```
INSERT INTO student   VALUES("100001", "章珊", "女", #1993-7-7#, yes, null, null)
```

单击工具栏的“运行”按钮，执行 SQL 语句后查看 student 表，表中追加了该记录。

2. 使用 UPDATE 数据操纵语句更新记录

UPDATE<表名>　SET <字段名 1> = <表达式 1>[, <字段名 2> = <表达式 2> [, …]]
[WHERE <条件>]

说明：如果不带 WHERE 子句，则更新表中所有的记录。如果带 WHERE 子句，则只更新表中满足条件的记录。

【例 5-18】 使用 SQL 语句将 student 表中所有女生的“贷款否”字段值改为“否”。

```
UPDATE student SET 贷款否 = no WHERE 性别 = "女"
```

3. 使用 DELETE 数据操纵语句删除记录

DELETE FROM <表名> [WHERE <条件>]

说明：如果不带 WHERE 子句，则删除表中所有的记录(该表对象仍保留在数据库中)。如果带 WHERE 子句，则只删除表中满足条件的记录。

【例 5-19】 使用 SQL 语句删除 student 表中学号为"100001"的学生记录。

```
DELETE FROM   student   WHERE 学号 = "100001"
```

5.6.4　数据查询

SQL 的核心是查询。SQL 的查询命令也称作 Select 命令。SQL 的 SELECT 命令可以实现数据查询功能，包括单表查询、多表查询、嵌套查询、合并查询等。查询的数据来源可以是表，也可以是另一个查询。它的基本形式由 Select-From-Where 查询模块组成，多个查询可以嵌套执行。

Access 的 SQL Select 命令的语法格式如下：

SELECT [ALL | DISTINCT] [TOP <数值> [PERCENT]] <目标列> [[AS]<列标题>]
FROM <表或查询 1>[[AS]<别名 1>], <表或查询 2>[[AS]<别名 2>]
[[INNER][LEFT] [RIGHT] [FULL] JOIN <表或查询> ON <条件表达式>]

```
[WHERE <条件表达式>]
[ORDER BY <排序选项> [ASC] [DESC]]
[GROUP BY <分组字段名> ][HAVING <条件表达式>]
[INTO 子句]
[UNION…]
```

从 SELECT 语句的基本格式可以看出，一条 SELECT 语句可以包含多个子句。实际上，在查询设计器中建立的查询都是由 Access 中的 SQL 语法转换引擎自动转换为 SQL 语句。为了便于学习和理解 SELECT 命令，在表 5-5 中，列出了 SELECT 命令中各子句与查询设计器中各项之间的对应关系。

表 5-5　SELECT 子句与查询设计器选项之间的对应关系

SELECT 子句	查询设计器中的选项
SELECT <目标列>	“字段”栏
FROM <表或查询>	“显示表”对话框
WHERE <筛选条件>	“条件”栏
GROUP BY <分组项>	“总计”栏
ORDER BY <排序项>	“排序”栏

1. 简单查询

简单查询是指从指定的表中选择指定的字段显示出来。

【例 5-20】 选取“教师基本信息表”的所有字段。

```
SELECT  *  FROM 教师基本信息表
```

【例 5-21】 选取“教师基本信息表”的教师姓名、政治面貌、职称。

```
SELECT 教师姓名, 政治面貌, 职称 FROM 教师基本信息表
```

2. 条件查询

根据查询条件的真假来决定某一条记录是否满足该查询条件，只有满足该查询条件的记录才能出现在查询结果中。

【例 5-22】 显示学生成绩表中分数在 80～89 之间的学生“学号”和“分数”，并按学号升序排序，学号相同的按分数降序排序。

```
SELECT 学号, 分数 FROM 学生成绩表
Where(分数 BETWEEN 80 AND 90)
ORDER BY 学号, 分数 DESC
```

3. 多重条件查询

当 WHERE 子句需要指定一个以上的查询条件时，则需要使用逻辑运算符 AND、OR 和 NOT 将其连接成复合的逻辑表达式。其优先级由高到低为：NOT、AND、OR，用户可以使用括号改变优先级别。

【例 5-23】 查询“教师基本信息表”中教授党员的教师姓名、政治面貌、职称。

```
SELECT 教师姓名, 政治面貌, 职称
FROM 教师基本信息表
WHERE 政治面貌 ="党员" AND 职称 ="教授"
```

4. 确定范围

如果要返回某一个字段的值介于两个指定值之间的所有记录，那么可以使用范围查询条件 BETWEEN…AND 语句进行检索。

如例 5-22 所示。

5. 确定集合

IN 操作可以查询属性值属于指定集合的元组。

【例 5-24】 在“学生基本信息表”中查询行政班为食品 2014-1 或食品 2014-2 班的学生信息。

```
SELECT *
FROM 学生基本信息表
WHERE 行政班 IN ("食品 2014-1", "食品 2014-2")
```

6. 部分匹配查询

用户还可以使用 LIKE 或 NOT LIKE 进行部分匹配查询(也称模糊查询)。LIKE 语法格式为：

<属性名> LIKE <字符串常量>

【例 5-25】 在“学生基本信息表”中查询所有姓王的学生的学号、姓名。

```
SELECT 学号, 姓名 FROM 学生基本信息表
WHERE 姓名 LIKE "王*"
```

【例 5-26】 在“学生基本信息表”中查询姓名中第二个汉字是“小”的学生的学号、姓名。

```
SELECT 学号, 姓名 FROM 学生基本信息表
WHERE 姓名 LIKE "?小?"
```

7. 空值查询

某个字段没有值称之为具有空值(NULL)。通常没有为一个列输入值时，该列的值就是空值。空值不同于零和空格，它不占任何存储空间。例如，某些学生选修了课程但没有参加考试，就会造成数据表中有选课记录，但没有考试成绩，考试成绩为空值。这与参加考试，成绩为零分是不同。

【例 5-27】 查询没有职称的教师信息。

```
SELECT * FROM 教师基本信息表
WHERE 职称 IS NULL
```

5.6.5 分组查询

(1) GROUP BY 子句可以将查询结果按属性列或属性列组合在行的方向上进行分组，

每组在属性列或属性列组合上具有相同的值。

【例 5-28】 查询各个学院的名称及其学生人数。

```
SELECT 学院基本信息.学院名称, Count(*) AS 人数
FROM 学院基本信息 INNER JOIN 学生基本信息表 ON 学院基本信息.学院编号 = 学生基本信息表.学院编号 GROUP BY 学院基本信息.学院名称
```

(2) 若在分组后还要按照一定的条件进行筛选，则需使用 HAVING 子句。

【例 5-29】 列出人数在 10 人以上各个学院的名称及其学生人数。

```
SELECT 学院基本信息.学院名称, Count(*) AS 人数
FROM 学院基本信息 INNER JOIN 学生基本信息表 ON 学院基本信息.学院编号 = 学生基本信息表.学院编号 GROUP BY 学院基本信息.学院名称
HAVING Count(*) > 10
```

5.6.6 查询的排序

当需要对查询结果排序时，应该使用 ORDER BY 子句，ORDER BY 子句必须出现在其他子句之后。排序方式可以指定，ASC 为升序，DESC 为降序，默认时为升序。如例 5-22 所示。

【例 5-30】 按学生人数降序列出人数在 10 人以上各个学院的名称及其学生人数。

```
SELECT 学院基本信息.学院名称, Count(*) AS 人数
FROM 学院基本信息 INNER JOIN 学生基本信息表 ON 学院基本信息.学院编号 = 学生基本信息表.学院编号 GROUP BY 学院基本信息.学院名称
HAVING Count(*) > 10
ORDER BY Count(*) DESC
```

5.6.7 合并查询

合并查询就是使用 UNION 操作符将不同查询的数据组合起来，形成一个具有综合信息的查询结果。UNION 操作会自动将重复的数据进行剔除。进行合并查询的各个子查询使用的表结构应该相同。

【例 5-31】 从“教师基本信息表”中查询出年龄为 40 多岁的教师，再从该表中查询出所有职称是教授的教师，然后将两个查询结果合并成一个结果集。显示教师姓名、职称和年龄。

```
SELECT 教师姓名, Year(Date()) - Year([出生日期]) AS 年龄, 职称 FROM 教师基本信息表
WHERE Year(Date()) - Year([出生日期]) >= 40
UNION (SELECT 教师姓名, Year(Date()) - Year([出生日期]) AS 年龄, 职称 FROM 教师基本信息表 WHERE 职称 ="教授")
```

等价于如下命令：

```
SELECT 教师姓名, Year(Date())-Year([出生日期]) AS 年龄, 职称 FROM 教师基本信息表
WHERE Year(Date())-Year([出生日期]) >= 40 OR 职称 = "教授"
```

5.6.8　创建子查询

在对表中字段进行查询时，可以利用子查询的结果进行进一步的查询。可以在查询设计网格的“字段”行输入 SQL 语句来定义新字段，或在“条件”行来定义字段的条件。可以用子查询完成一些任务。但是不能将子查询作为单独的一个查询。

在 WHERE 子句中包含一个形如 SELECT-FROM-WHERE 的查询块，此查询块称为子查询或嵌套查询，包含子查询的语句称为父查询或外部查询。嵌套查询可以将一系列简单查询构成复杂查询。子查询的嵌套层次最多 255 层，以层层嵌套的方式构造查询充分体现了 SQL“结构化”的特点。

嵌套查询在执行时是由里向外进行处理，每个子查询是在上一级外部查询处理之前完成的，父查询要用到子查询的结果。

返回一个值的子查询：当子查询的返回值只有一个时，可以使用比较运算符将父查询和子查询连接起来。

嵌套查询一般具有以下两种形式：

<表达式> <比较运算符> [ANY | ALL | SOME](<子查询>)

或

[NOT] EXISTS(<子查询>)

说明：

① 其中的<比较运算符> 除了关系运算符之外，还可以是特殊运算符。

② ANY、ALL、SOME 是量词，其中 ANY 和 SOME 是同义词，在进行比较运算时只有子查询中有一条记录为真，则结果为真；而 ALL 则要求子查询中的所有记录都为真，结果才为真。

③ EXISTS 是谓词，用来检查子查询中是否有结果返回(是否为空)。NOT EXISTS 表示是空的结果集。

【例 5-32】 查询与“赵明”职称相同的教师的姓名、性别、出生日期。

```
SELECT 教师姓名, 性别, 出生日期  FROM 教师基本信息表
WHERE 职称 =(SELECT 职称  FROM  教师基本信息表 WHERE 教师姓名 ='赵明')
```

如果子查询的返回值不止一个，而是一个集合时，则不能直接使用比较运算符，可以使用 ANY 或 ALL。

【例 5-33】 检索“教师基本信息表”表中，哪些学院至少有一位教师的职称是教授。

```
SELECT DISTINCT 所属学院编号 FROM 教师基本信息表 WHERE 职称 IN
(SELECT 职称 FROM 教师基本信息表 WHERE 职称 ="教授")
```

或：

```
SELECT DISTINCT 所属学院编号 FROM 教师基本信息表 WHERE 职称 =ANY
(SELECT 职称 FROM 教师基本信息表 WHERE 职称 ="教授")
```

或：

```
SELECT DISTINCT 所属学院编号 FROM 教师基本信息表 WHERE 职称 =SOME
(SELECT 职称 FROM 教师基本信息表 WHERE 职称 ="教授")
```

【例 5-34】 查询所有分数大于等于 90 的学生的学号和姓名。

```
SELECT 学号, 姓名 FROM 学生基本信息表 WHERE EXISTS
(SELECT * FROM 学生成绩表 WHERE 学号 = 学生基本信息表.学号 AND 分数 >= 90)
```

本章小结

使用 Access 的最终目的是通过对数据库中的数据进行各种处理和分析，从中提取有用信息。查询是 Access 处理和分析数据的工具，它能够将多个表中的数据抽取出来，供用户查看、统计、分析和使用。本章详细介绍查询的基本操作，包括查询的概念和功能、查询的创建和使用。

习　题

1. 什么是查询？查询有哪些类型？
2. 查询设计到哪些视图？其作用各自是什么？
3. 如何创建一个选择查询？
4. 操作查询有哪些？如何创建？
5. 什么是交叉表查询？如何创建？
6. SQL 语言的命令动词主要有哪些？它们的主要功能是什么？
7. Select 语句中使用的通配符有哪些？功能是什么？
8. 在 SQL 查询中，GROUP BY 的含义是什么？HAVIING 子句和 WHERE 子句的区别是什么？

第 6 章　窗　　体

用户在操作表数据时，都希望有个漂亮、友好、功能强大的操作界面，这就需要为数据库管理系统设计窗体。Access 2010 中的窗体其实就是程序运行时的 Windows 窗口，在应用程序设计时称为窗体。窗体是 Access 管理系统的重要对象，利用窗体不但可以使用户操作表数据更加方便，而且可以实现用户和数据库应用系统的交互。通过窗体可以方便地输入、编辑、查询和显示数据，窗体可以使数据操作更加容易和安全。

本章主要介绍 Access 窗体对象的类型、组成、设计方法和应用。

6.1　窗 体 概 述

6.1.1　窗体的作用

Access 窗体是一个置于数据库对象中的二级容器对象，它可以包含 Access 的其他对象，如表、查询、子窗体等。除此之外，窗体中还可以包含一些被称为控件的对象，它们是文本框控件、命令按钮控件、标签控件、组合框控件、列表框控件等。创建一个窗体对象，在其中合理地安置所需要的对象，并为对象编写相关事件处理方法，用以完成操作界面的全部功能。窗体和报表都用于数据库中数据的维护，但两者的作用是不同的。窗体主要用来输入数据，报表则用来输出数据。具体来说，窗体具有以下几种功能。

1. 数据的显示与编辑

窗体的最基本功能是显示与编辑数据。窗体可以显示来自多个数据表中的数据。此外，用户可以利用窗体对数据库中的相关数据进行添加、删除和修改，并可以设置数据的属性。用窗体来显示并浏览数据比用表和查询的数据表格式显示数据更加灵活，窗体每次能浏览一条记录或多条记录。用户可以使用窗体上提供的移动按钮、滚动条等控件，直观地翻查数据库中的记录或者记录中的字段。

2. 数据输入

用户可以根据需要设计窗体，作为数据库中数据输入的接口，这种方式可以节省数据输入的时间并提高数据输入的准确度。窗体的数据输入功能，是它与报表的主要区别。一个设计优良的窗体能使数据输入更加方便和准确，也可以使数据库管理系统的使用界面更加友好，提高用户使用数据库管理系统的用户体验。

3. 应用程序流控制

与 Visual Basic 中的窗体类似，Access 2010 中的窗体也可以与函数、子程序相结合。

在每个窗体中，用户可以使用 VBA 编写代码，并利用代码执行相应的功能。一般由窗体提供程序和用户之间信息交互的界面及一些简单的操作任务，而实际的工作主要由程序代码来完成。

4. 信息显示和数据打印输出

利用窗体可以显示一些警告或提示信息，以帮助用户对系统进行操作。例如，当用户输入了非法数据时，信息窗口会提示用户“输入错误”并提示正确的输入方法。此外，Access 中除了报表可以用来打印数据外，窗体也可以用来执行打印数据库数据的功能，一个窗体可以同时具有显示数据及打印数据的角色。

6.1.2　窗体的类型

根据窗体功能和应用，Access 2010 中的窗体分为数据窗体和非数据窗体。在数据库应用系统中，数据窗体用于查看、编辑数据库中的数据，此类窗体是窗体的主要应用形式；非数据窗体不关联数据库中的数据，起辅助作用，例如可以创建导航窗体和切换面板窗体，把功能模块组织起来，形成一个集中、方便的对象启动界面。

本小节主要介绍数据窗体分类，Access 系统提供了 6 种数据窗体类型，包括纵栏式窗体、表格式窗体、数据表窗体、主/子窗体、数据透视表窗体和图表窗体。

1. 纵栏式窗体

纵栏式窗体是最常见的窗体形式之一。所谓的纵栏式窗体，是指在窗体界面中每次只显示表或查询其中的一条记录，并将记录中的字段纵向排列在窗口中。这样，用户可以在一个界面中完整地查看并维护一条记录的数据，如图 6.1 所示。

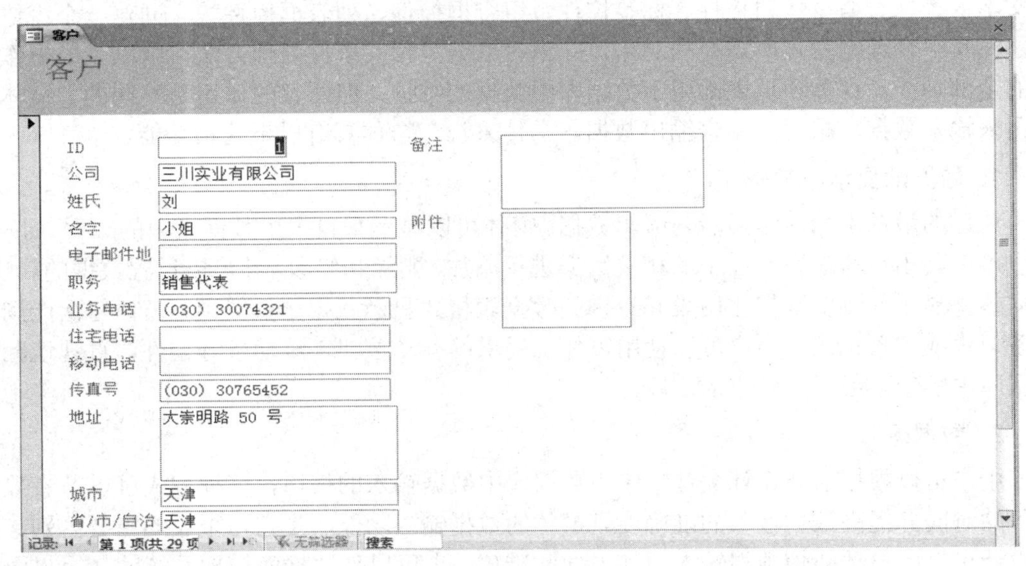

图 6.1　纵栏式窗体

2. 表格式窗体

表格式窗体将每条记录中的字段横向排列，而将记录纵向排列，每一条记录占一行或多行，每个字段的标签都放在顶部的窗体页眉中，从而在窗体中显示表或查询中的多条记录，如图 6.2 所示滚动窗体时，页眉部分不动。

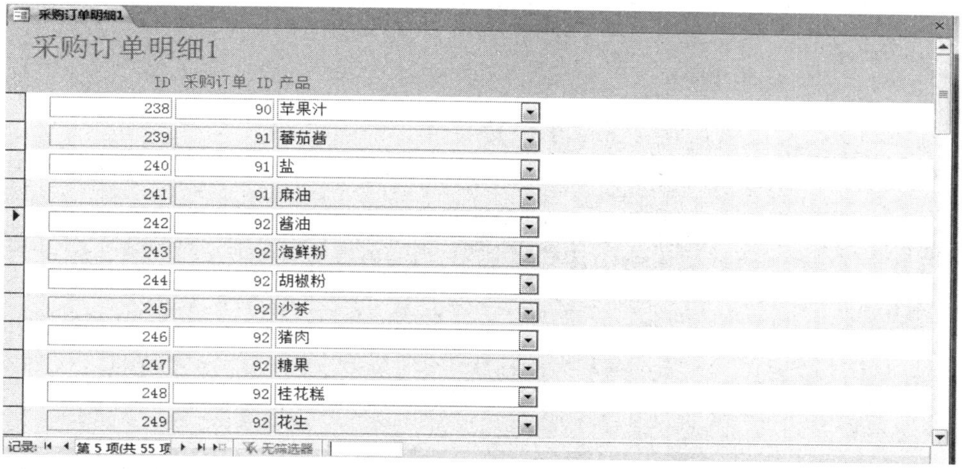

采购订单明细1

ID	采购订单 ID	产品
238	90	苹果汁
239	91	蕃茄酱
240	91	盐
241	91	麻油
242	92	酱油
243	92	海鲜粉
244	92	胡椒粉
245	92	沙茶
246	92	猪肉
247	92	糖果
248	92	桂花糕
249	92	花生

记录：第 5 项(共 55 项　无筛选器

图 6.2　表格式窗体

3. 数据式窗体

数据式窗体就是直接将数据表图摆放到窗体中。如果用户熟悉数据式视图，则可创建数据表式窗体，以便进行数据维护操作。其实，数据表式窗体和表格式窗体是同一窗体的不同显示方式，可以在这两种窗体方式之间进行切换，数据式窗体如图 6.3 所示。

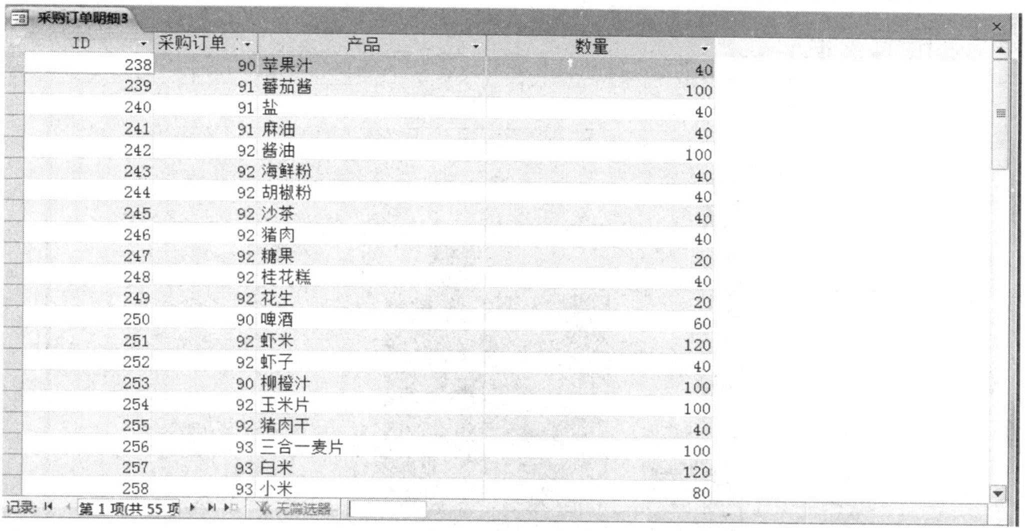

采购订单明细3

ID	采购订单	产品	数量
238	90	苹果汁	40
239	91	蕃茄酱	100
240	91	盐	40
241	91	麻油	40
242	92	酱油	100
243	92	海鲜粉	40
244	92	胡椒粉	40
245	92	沙茶	40
246	92	猪肉	40
247	92	糖果	20
248	92	桂花糕	40
249	92	花生	20
250	90	啤酒	60
251	92	虾米	120
252	92	虾子	40
253	90	柳橙汁	100
254	92	玉米片	100
255	92	猪肉干	40
256	93	三合一麦片	100
257	93	白米	120
258	93	小米	80

记录：第 1 项(共 55 项　无筛选器

图 6.3　数据式窗体

4. 主/子窗体

Access 的窗体中可以包含另外的窗体，通常将含有子窗体的窗体称为主/子窗体。窗体中的窗体称为子窗体，包含子窗体的基本窗体称为主窗体。主窗体一般用来表示数据表中的数据，而子窗体中表示的是被关联的数据表中的数据。这种窗体通常用于显示一对多关系的多个表或查询中的数据，如图 6.4 所示。

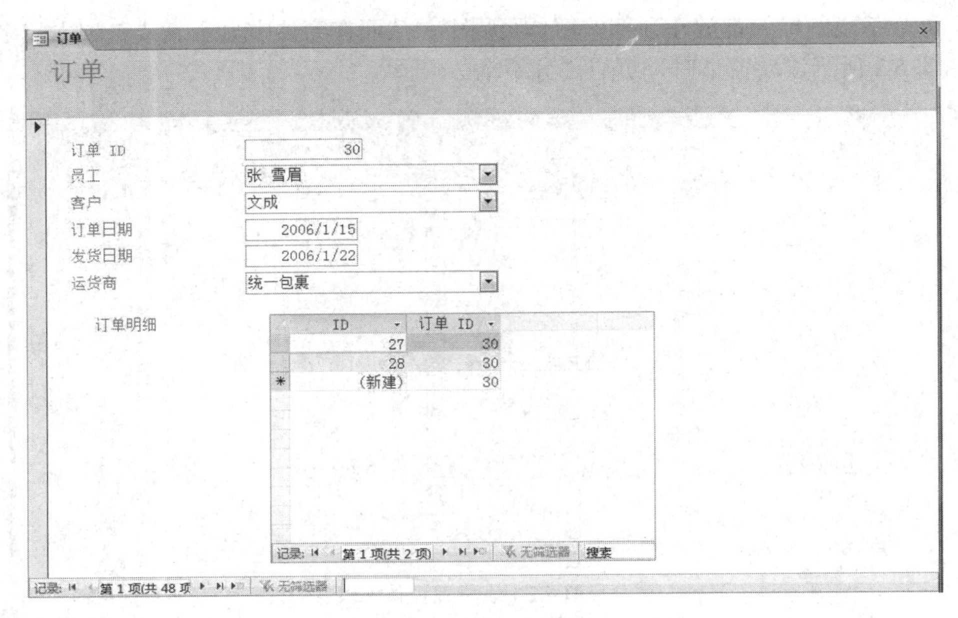

图 6.4　主/子窗体

5. 图表窗体

图表窗体将数据表示成商业图表，可以表示图表本身，也可以将它嵌入到其他窗体作为子窗体。Access 提供了多种图表，包括折线图、柱形图、饼图、圆环图、面积图等，如图 6.5 所示。

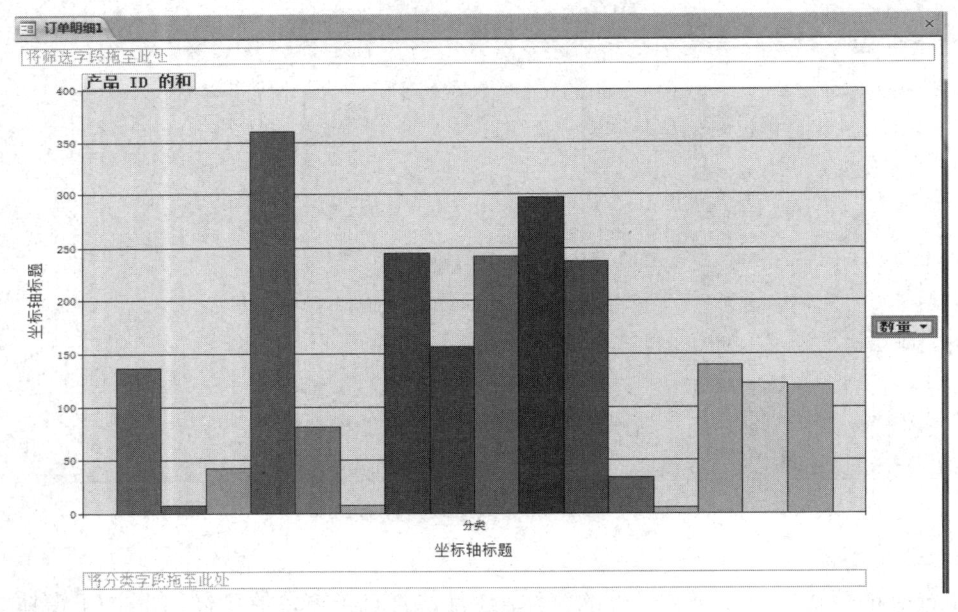

图 6.5　图表窗体

6. 数据透视表窗体

数据透视表是指通过制定布局和计算方法(求和、平均等)汇总数据的交互式表，它的计算方法类似于交叉表查询，用此方法创建的窗体称为数据透视表窗体，如图6.6所示。

订单明细1

将筛选字段拖至此处

单价 \ 产品 ID	1	3	4	5	6	7	8	17	19	20	21	34	40	41	43	48
	数量	数量	数量	数量	数量	数量	数量	数量	数量	数量	数量	数量	数量	数量	数量	数量
2.99																
3.5																
7																
9.2									30 20 10 25							
9.65														200 50 30 10		
10		50														
12.75											20					1
14												100 300 87				
18	15 25															
18.4													50 30 40			
19.5																
21.35																

图6.6 数据透视表窗体

6.1.3 窗体的视图

根据窗体所处的设计的阶段划分，窗体有3种视图：“设计”视图、“窗体”视图以及“数据表”视图。要创建一个窗体，可在“设计”视图中进行。窗体设计成功后，可以在“窗体”视图或“数据表”视图中进行查看。

1. “设计”视图

“设计视图”是用来创建和修改窗体的窗口，但其形式与表、查询等的设计视图差别很大。在设计视图中不仅可以创建窗体，更重要的是可以编辑修改窗体，如图6.7所示。

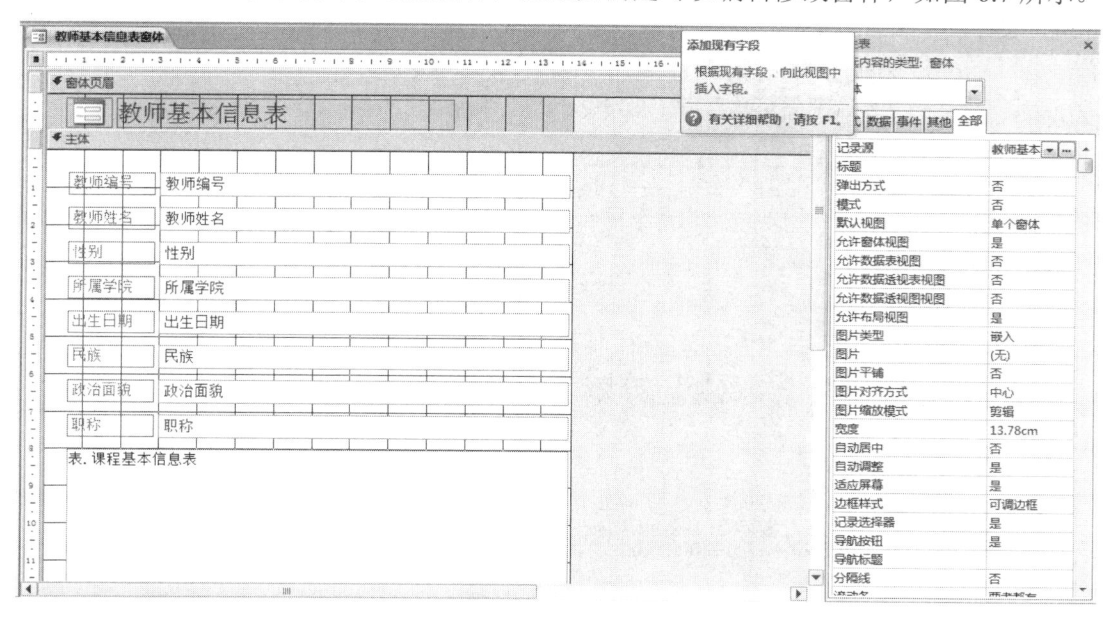

图6.7 设计视图

2. “窗体”视图

“窗体”视图是能够同时输入、修改和显示完整的记录数据的窗口，可显示图片、OLE 对象、命令按钮以及其他控件，是完成窗体设计后的结果，如图 6.8 所示。

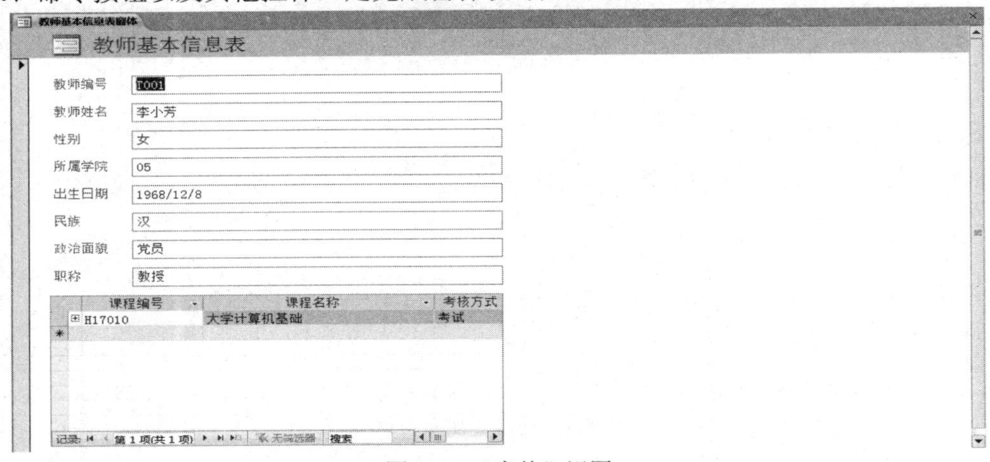

图 6.8　“窗体”视图

3. “数据表”视图

“数据表”视图以行列方式显示表、窗体或查询中的数据，可用于编辑字段、添加和删除数据以及查找数据。

4. 布局视图

布局视图是 Access 新增加的一种视图。在布局视图中可以调整和修改窗体设计。可以根据数据调整列宽，还可以在窗体上放置新的字段，并设置窗体及其控件的属性、调整控件的位置和宽度。切换到布局视图后，可以看到窗体的控件四周被虚线围住，表示这些控件可以调整位置和大小，如图 6.9 所示。

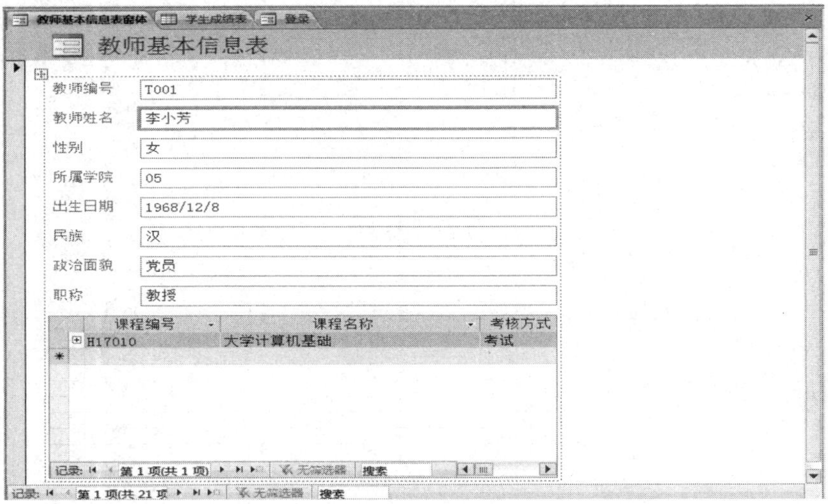

图 6.9　布局视图

6.1.4 窗体的组成

一个窗体由 5 个部分构成，每个部分称为一个“节”，这 5 个节分别是窗体页眉、页面页眉、主体、页面页脚、窗体页脚，如图 6.10 所示。所有的窗体都要有主体节，其他节可以根据需要通过“视图”菜单命令添加。

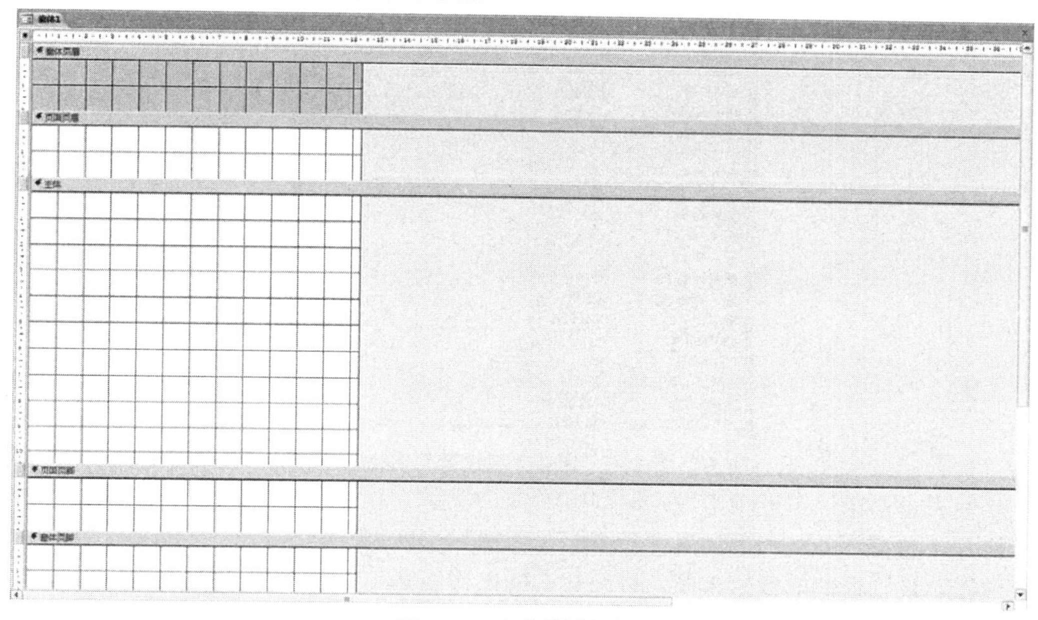

图 6.10 窗体设计视图

(1) 窗体页眉：位于窗体的顶部位置，一般用于显示窗体标题、窗体使用说明或放置窗体任务按钮等。

(2) 页面页眉：只显示在应用于打印的窗体上，用于设置窗体在打印时的页头信息，例如，标题、图像、列标题、用户要在每一打印页上方显示的内容。

(3) 主体：是窗体的主要部分，绝大多数的控件及信息都出现在主体节中，通常用来显示记录数据，是数据库系统数据处理的主要工作界面。

(4) 页面页脚：用于设置窗体在打印时的页脚信息，例如，日期、页码、用户要在每一打印页下方显示的内容。由于窗体设计主要应用于系统与用户的交互接口，通常在窗体设计时很少考虑页面页眉和页面页脚的设计。

(5) 窗体页脚：功能与窗体页眉基本相同，位于窗体底部，一般用于显示对记录的操作说明、设置命令按钮。

窗体在结构上由以上五部分组成，在设计时还可以使用标签、文本框、组合框、列表框、命令按钮、复选框、切换与选项按钮、选项卡、图像等控件对象，以设计出面向不同应用与功能的窗体。

6.1.5 窗体的属性

属性决定窗体的功能特性、结构和外观，使用“属性表”窗格可以设置窗体属性。设置属性遵循“先选择，后设置”的原则，首先选择要设置的窗体，然后选择快捷菜单的“属性”命令或“工具”选项组的“属性表”，打开窗体“属性表”窗格，如图 6.11 所示，属性设置都在此进行。

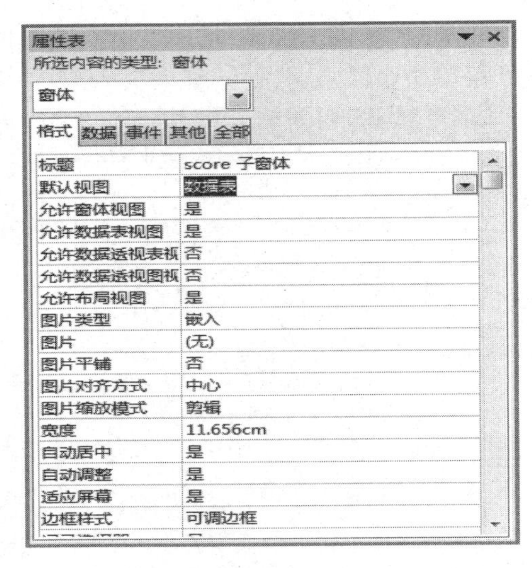

图 6.11　窗体“属性表”窗格

属性表窗格由以下五项组成：

格式，和窗体外观相关的属性设置。

数据，设置窗体的数据来源，以及数据的操作规则。

事件，用来设置窗体的触发事件。

其他，不属其他三项的内容。

全部，前面四项属性的集合。

窗体的常用属性如表 6-1 所示。

表 6-1　窗体常用属性

属性名称	属 性 功 能
标题(Caption)	用于指定窗体的显示标题
默认视图(DefaultView)	设置窗体的显示形式，可以选择单个窗体、连续窗体、数据表、数据透视表和数据透视图等方式
允许的视图(ViewsAllowed)	指定是否允许用户通过选择“视图”菜单中的“窗体视图”或“数据表视图”命令，或者单击“视图”按钮旁的箭头并选择“窗体视图”或“数据表视图”，以在数据表视图和窗体视图之间进行切换
滚动条(Scrollbars)	决定窗体显示时是否具有窗体滚动条，属性值有 4 个选项，分别为“两者均无”、“水平”、“垂直”和“水平和垂直”，可以选择其一
记录选定器(Recordselectors)	选择“是/否”，决定窗体显示时是否有记录选定器，即窗体最左边是否有标志块
浏览按钮(NavigationButtons)	用于指定在窗体上是否显示浏览按钮和记录编号框

续表

属性名称	属 性 功 能
分隔线(DividingLines)	选择“是/否”，决定窗体显示时是否显示各节间的分隔线
自动居中(AutoCenter)	选择“是/否”，决定窗体显示时是否自动居于桌面的中间
最大最小化按钮(MinMaxButtons)	决定窗体是否使用 Windows 标准的最大化和最小化按钮
关闭按钮(CloseButton)	决定窗体是否使用 Windows 标准的关闭按钮
弹出方式(PopUp)	可以指定窗体是否以弹出式窗体形式打开
内含模块(HasModule)	指定或确定窗体或报表是否含有类模块，设置此属性为“否”能提高效率，并且减小数据库的大小
菜单栏(MenuBar)	用于将菜单栏指定给窗体
工具栏(Toolbar)	用于指定窗体使用的工具栏
节(Section)	可区分窗体或报表的节，并可以对该节的属性进行访问，同样可以通过控件所在窗体或报表的节来区分不同的控件
允许移动(Moveable)	在“是”或“否”两个选项中选取，决定在窗体运行时是否允许移动窗体
记录源(RecordSource)	可以为窗体或者报表指定数据源，并显示来自表、查询或者 SQL 语句的数据
排序依据(OrderBy)	为一个字符串表达式，由字段名或字段名表达式组成，指定排序的规则
允许编辑(AllowEdits)	在“是”或“否”两个选项中选取，决定在窗体运行时是否允许对数据进行编辑修改
允许添加(AllowAdditions)	在“是”或“否”两个选项中选取，决定在窗体运行时是否允许添加记录
允许删除(AllowDeletions)	在“是”或“否”两个选项中选取，决定在窗体运行时是否允许删除记录
数据入口(DataEntry)	在“是”或“否”两个选项中选取，如果选择“是”，则在窗体打开时，只显示一条空记录，否则显示已有记录

6.2 创 建 窗 体

在 Access 2010 中，主要使用两种方法创建窗体，一种是系统提供的窗体向导；另一种是手动方式(又称窗体设计器)。利用窗体向导可以简单、快捷地创建窗体，Access 2010 会提示设计者输入有关信息，根据输入信息完成窗体创建。

一般情况下，即使是经验丰富的设计人员，仍需先利用窗体向导建立窗体的基本轮廓，然后切换到设计视图完成进一步的设计。使用人工方式创建窗体，需要创建窗体的每一个控件，建立控件与数据源的联系，设置控件的属性等。这种方法可以为用户提供最大的灵活性，完成功能强大、格式美观的窗体，有经验的设计者均是通过设计视图来完成窗体设计的。

6.2.1 快速创建窗体

1. 创建单项目窗体

单项目窗体每次只显示一条数据，适合单独查看和分析数据。

创建方法：选择某个表或者查询，打开“创建”选项卡，单击“窗体”选项组中的相应命令，直接生成该数据源的窗体。

【例 6-1】 在“学生管理系统”数据库中，使用快速创建窗体的方法为“教师基本信息表”创建单项目窗体。创建步骤如下：

(1) 在数据库窗口中，选择“教师基本信息表”，单击“创建”选项卡下的“窗体”选项组，选择“窗体”按钮，直接创建窗体并进入布局视图，如图 6.12 所示。

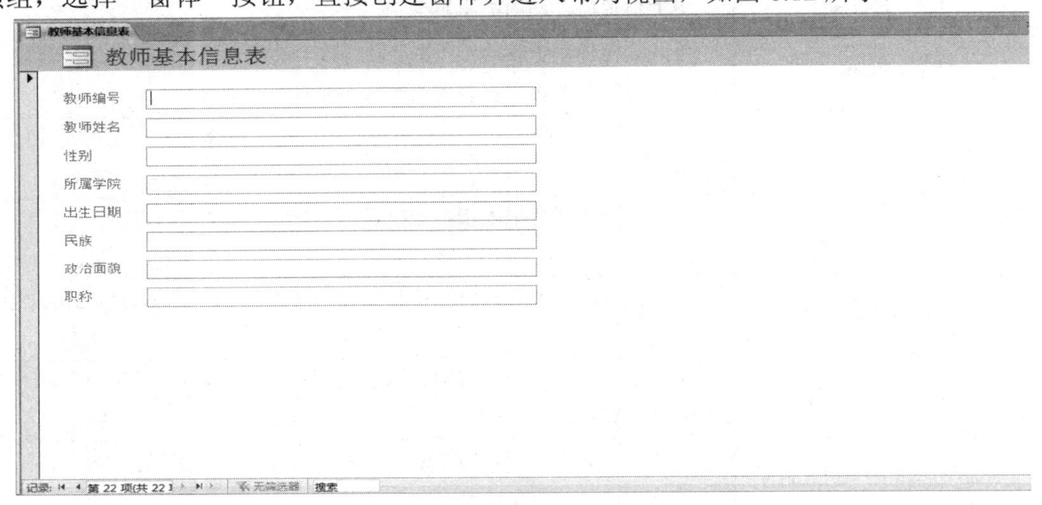

图 6.12 教师基本信息单项目窗体

(2) 单击“保存”按钮，如图 6.13 所示，窗体命名为“教师基本信息窗体”。

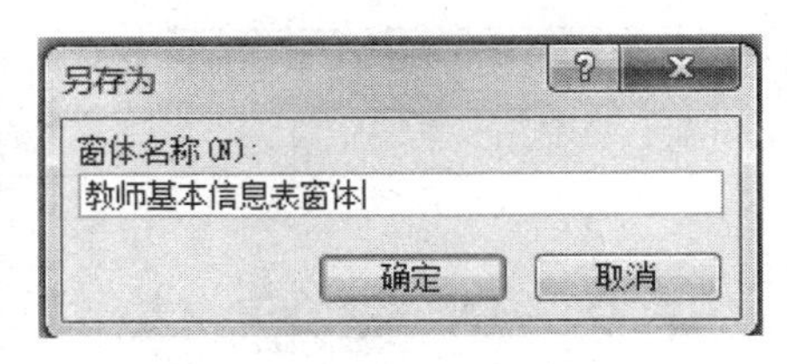

图 6.13 保存窗体

2. 创建多个项目窗体

创建多个项目窗体类似于创建单项目窗体，选中数据源后，在“其他窗体”下拉列表中选择“多个项目”，直接生成多项目窗体。

【例 6-2】 在“学生管理系统”数据库中，使用快速创建窗体的方法为“教师基本信息表”创建多个项目窗体。创建步骤如下：

(1) 在数据库窗口中，选择“教师基本信息表”，单击“创建”选项卡下的“窗体”选项组选择“其他窗体”下拉列表中的“多个项目”选项，生成窗体并进入布局视图，如图 6.14 所示。

(2) 单击“保存”按钮，窗体命名为“教师基本信息窗体”。

教师基本信息表

教师编号	教师姓名	性别	所属学院	出生日期	民族	政治面貌	职称
T001	李小芳	女	05	1968/12/8	汉	党员	教授
T002	张晓黎	女	05	1970/10/25	汉	党员	副教授
T003	赵大海	男	05	1959/6/13	回	党员	教授
T004	王宏	男	05	1975/8/11	汉	群众	讲师
T005	赵明	男	05	1966/9/6	藏	党员	教授
T006	刘倩	女	05	1980/3/2	满	民进	助教
T007	张明丽	女	05	1972/6/1	回	党员	副教授
T008	李小兵	男	05	1967/12/8	汉	党员	教授
T009	张晓	女	05	1970/10/25	汉	党员	副教授
T010	欧阳月	女	08	1959/6/13	回	党员	教授
T011	王宏伟	男	08	1975/8/11	汉	群众	讲师
T012	赵明阳	男	08	1966/9/6	藏	党员	教授
T013	刘倩碧	女	08	1986/3/2	满	九三	助教
T014	张明丽	女	07	1972/6/1	回	党员	副教授
T015	李芳	女	07	1968/12/8	汉	党员	教授
T016	张黎明	女	07	1970/10/25	汉	党员	副教授
T017	欧阳有为	男	07	1959/6/13	回	党员	教授

记录: 第 1 项(共 21 项)　无筛选器　搜索

图 6.14　教师基本信息多项目窗体

3. 创建数据表窗体

数据表窗体外观类似数据表，创建方法同上。

【例 6-3】 在“学生管理系统”数据库中，使用快速创建窗体的方法为“教师基本信息表”创建数据表窗体。创建步骤如下：

(1) 在数据库窗口中，选择“教师基本信息表”，单击“创建”选项卡下的“窗体”选项组选择“其他窗体”下拉列表中的“数据表”选项，生成窗体并进入窗体的数据表视图，如图 6.15 所示。

教师基本信息表

教师编号	教师姓名	性别	所属学院	出生日期	民族	政治面貌
T001	李小芳	女	05	1968/12/8	汉	党员
T002	张晓黎	女	05	1970/10/25	汉	党员
T003	赵大海	男	05	1959/6/13	回	党员
T004	王宏	男	05	1975/8/11	汉	群众
T005	赵明	男	05	1966/9/6	藏	党员
T006	刘倩	女	05	1980/3/2	满	民进
T007	张明丽	女	05	1972/6/1	回	党员
T008	李小兵	男	05	1967/12/8	汉	党员
T009	张晓	女	05	1970/10/25	汉	党员
T010	欧阳月	女	08	1959/6/13	回	党员
T011	王宏伟	男	08	1975/8/11	汉	群众
T012	赵明阳	男	08	1966/9/6	藏	党员
T013	刘倩碧	女	08	1986/3/2	满	九三
T014	张明丽	女	07	1972/6/1	回	党员
T015	李芳	女	07	1968/12/8	汉	党员
T016	张黎明	女	07	1970/10/25	汉	党员
T017	欧阳有为	男	07	1959/6/13	回	党员
T018	王蕭	女	07	1975/8/11	汉	民盟
T019	赵一明	男	07	1966/9/6	藏	党员
T020	王芳	女	01	1987/3/2	满	群众

记录: 第 14 项(共 21 项)　无筛选器　搜索

图 6.15　教师基本信息数据表窗体

(2) 单击“保存”按钮，窗体命名为“教师基本信息窗体”。

4. 创建分割窗体

分割窗体同时具有单项目窗体和数据表窗体的特点，创建方法同上。

【例 6-4】 在“学生管理系统”数据库中，使用快速创建窗体的方法为“教师基本信息表”创分割窗体。创建步骤如下：

(1) 在数据库窗口中，选择“教师基本信息表”，单击“创建”选项卡下手“窗体”选项组选择“其他窗体”下拉列表中的“分割窗体”选项，生成窗体并进入窗体布局视图，如图 6.16 所示。

(2) 单击“保存”按钮，窗体命名为“教师基本信息窗体”。

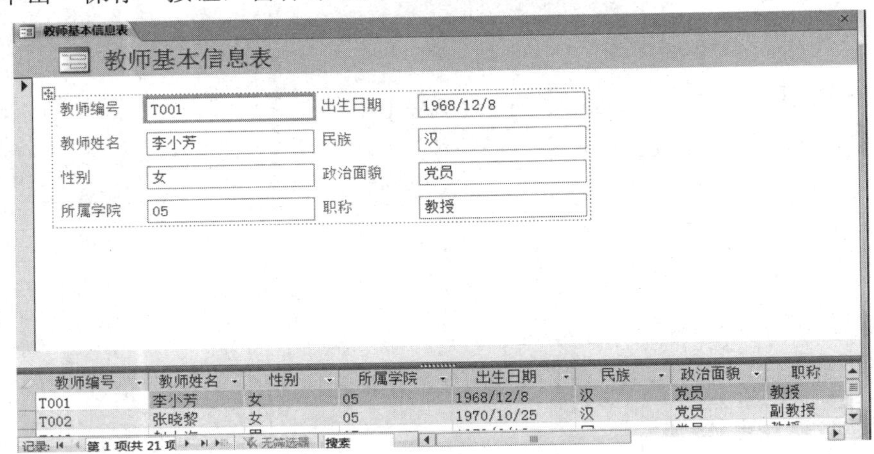

图 6.16　教师基本信息分割窗体

6.2.2　创建图表窗体

在实际应用中，将表或查询中的数据及其之间的关系用图表形象地加以描述，更能直观地反映数据处理结果。利用 Access 2010 提供的“图表向导”可以快速创建图表窗体。

【例 6-5】 创建“学生管理”数据库中的“学生成绩表”窗体，并用折线图显示。

(1) 打开“学生管理”数据库，单击“创建”选项卡，单击“窗体”组中的“窗体设计”按钮，如图 6.17 所示。

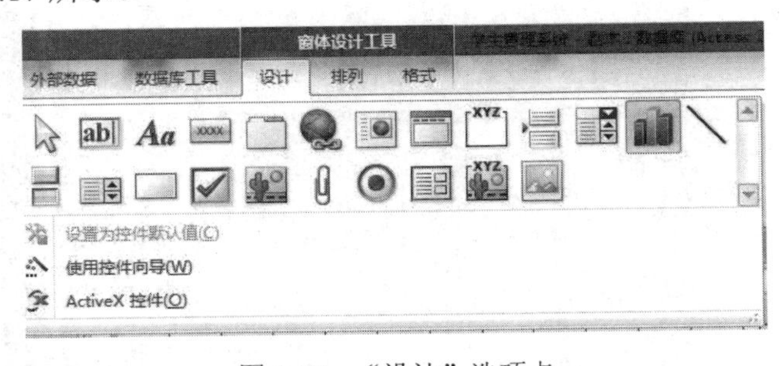

图 6.17　“设计”选项卡

(2) 打开“设计”选项卡，单击“控件”组中的“图表”控件，并将其拖放到窗体上，出现如图 6.18 所示的“图表向导”对话框，在上面选择需要创建图表的表和视图，然后单击“下一步”按钮。

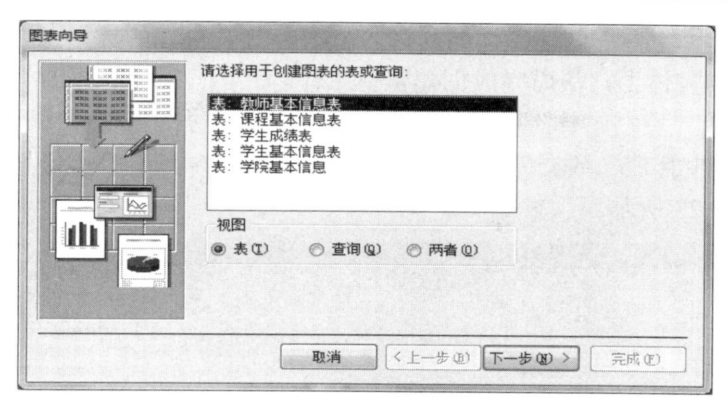

图 6.18　选择用于创建图表的表

(3) 在图 6.19 所示的对话框中，选择需要设置的字段，然后单击“下一步”。

(4) 在出现如图 6.20 所示的对话框中，选择适当的图表形式，然后单击“下一步”。

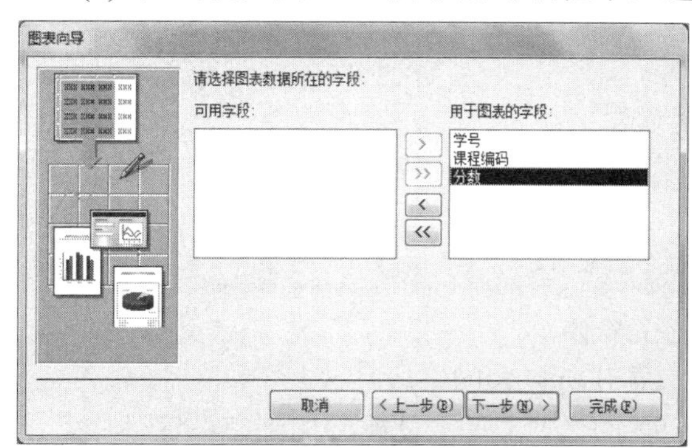

图 6.19　选择字段

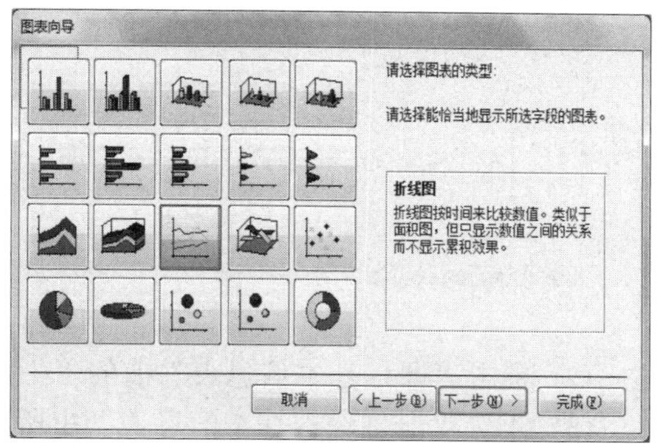

图 6.20　选择图表类型

(5) 在出现如图 6.21 所示的对话框中，设置数据在图表中的布局方式，然后单击“下一步”。

(6) 在出现如图 6.22 所示的对话框中，设定图表的标题和图例的显示方式，最后单击“完成”。

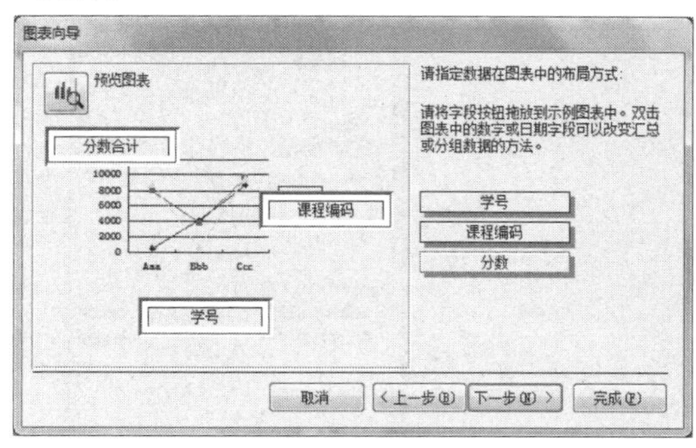

图 6.21　指定数据在图表中的布局方式

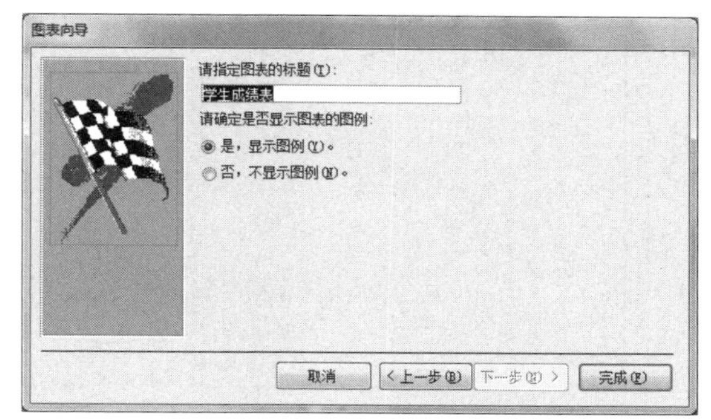

图 6.22　指定图表的标题

6.2.3　使用“空白窗体”按钮创建窗体

使用“空白窗体”按钮创建窗体是在布局视图中创建数据表式窗体，这种“空白”就像一张白纸。使用“空白”创建窗体的同时，Access 打开窗体的数据源表，根据需要可以把表中的字段拖到窗体上，从而完成创建窗体工作。

【例 6-6】 用“空白窗体”按钮创建“学生管理”数据库中的“课程”窗体。

(1) 打开“学生管理”数据库，单击“创建”选项卡，单击“窗体”组中的“空白窗体”按钮，如图 6.23 所示。

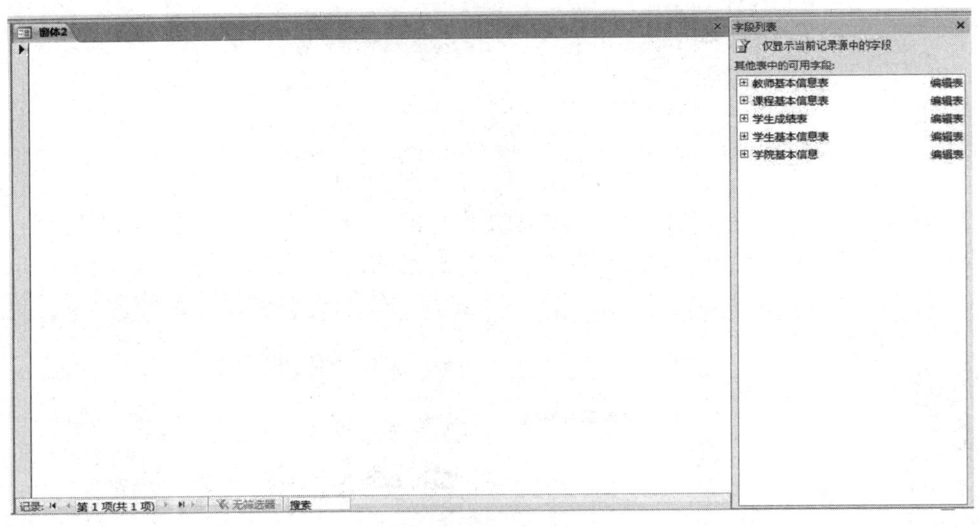

图 6.23 空白窗体

(2) 单击“课程基本信息表”前的“+”，展开所包含的字段。

(3) 依次双击“课程基本信息表”中所有的字段，这些字段被添加到空白窗体中，这时立即显示出“课程基本信息表”中的第一条记录，如图 6.24 所示。

(4) 在“快速工具栏”上单击“保存”按钮，在弹出的“另存为”对话框中，输入“课程信息”，然后单击“确定”按钮，到此窗体建立完成。

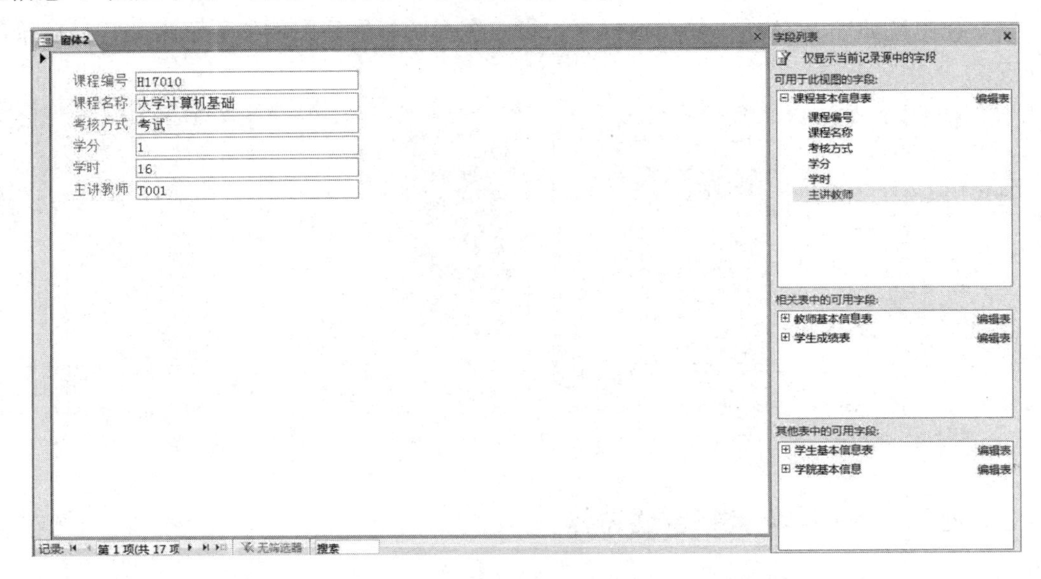

图 6.24 添加字段

6.2.4 使用向导创建窗体

快速创建窗体虽然简单直接，但窗体形式和外观简陋，且只能是一个表或查询。本节主要介绍利用窗体向导创建基于单数据源和多数据源的窗体，并且可以定义数据排序和汇总。

【例 6-7】 使用窗体向导，创建一个窗体，显示“教师基本信息表”的数据。操作步骤如下：

(1) 单击“创建”选项卡中的“窗体”选项组，再单击“窗体向导”按钮，打开“窗体向导”第一个对话框，设置数据源和要显示的字段，如图 6.25 所示。

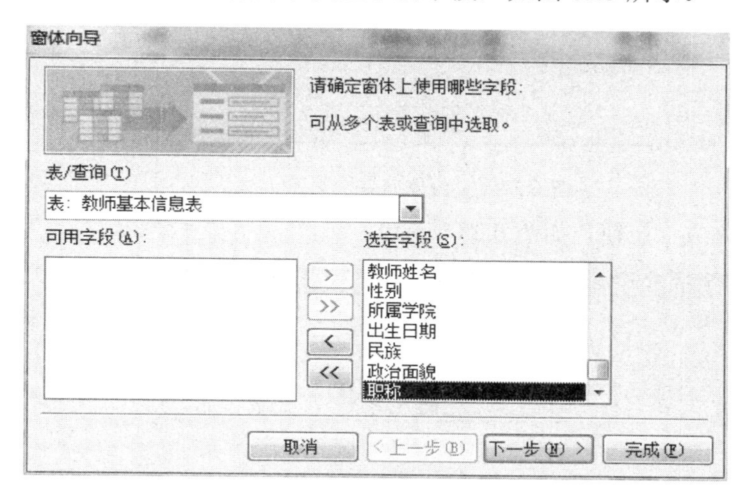

图 6.25 字段选择

(2) 单击“下一步”按钮，打开“窗体向导”第二个对话框，设置窗体布局，其中“纵栏表”代表单项目窗体，“表格”代表多个项目窗体，“数据表”代表数据表窗体，“两端对齐”是一种格式化的单项目窗体。本例中选择“两端对齐”，如图 6.26 所示。

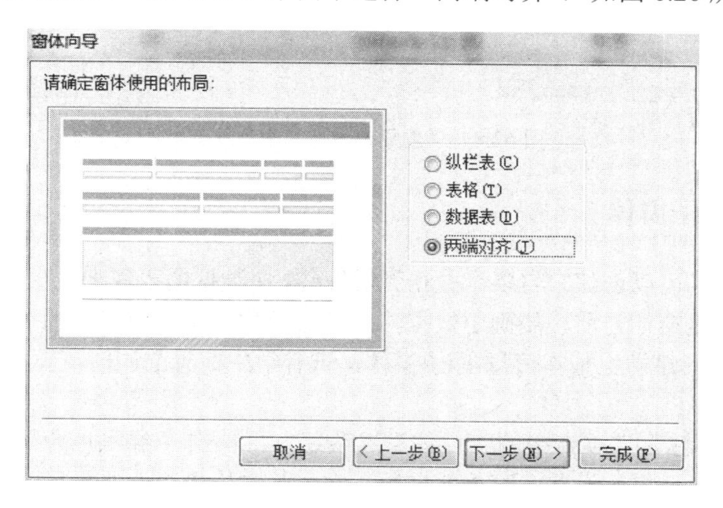

图 6.26 布局选择

(3) 单击“下一步”按钮，打开“窗体向导”第三个对话框，命名窗体及设定窗体打开方式，如图 6.27 所示。

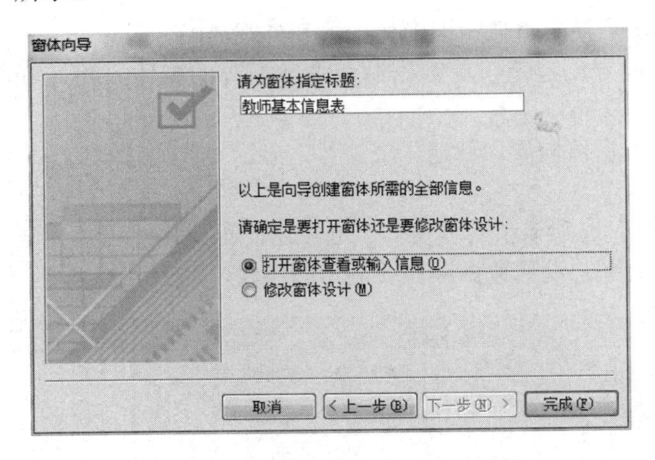

图 6.27　“窗体向导”第三个对话框

(4) 单击“完成”按钮，如图 6.28 所示。

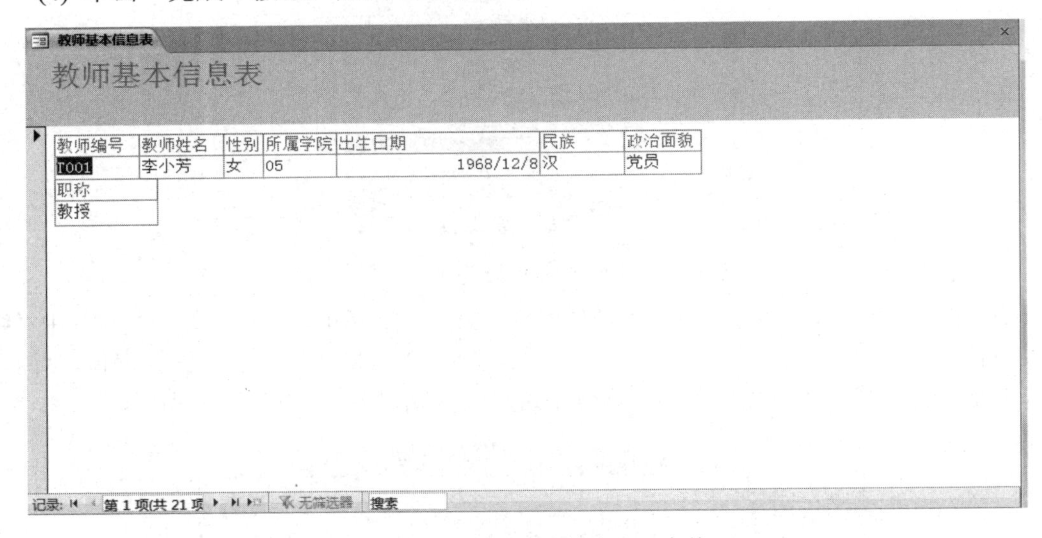

图 6.28　“教师基本信息表”窗体

6.2.5　创建主/子窗体

使用窗体向导可以创建来自多个数据源的窗体，在数据的表现形式上包括主/子窗体和链接窗体。在创建窗体之前，要确定数据源之间已经建立“一对多”的关系。

【例 6-8】 创建学生基本信息主/子窗体，查看学生信息的同时浏览相关的成绩信息。创建步骤如下：

(1) 单击“创建”选项卡中的“窗体”选项组，再单击“窗体向导”按钮，打开“窗体向导”第一个对话框，设置主窗体数据源“学生基本信息表”要显示的字段，如图 6.29 所示。

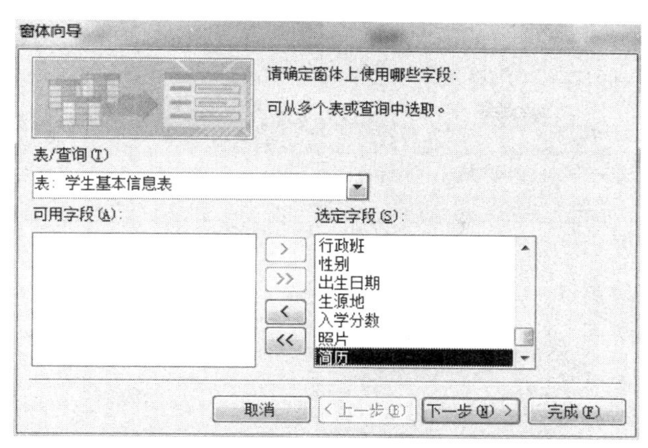

图 6.29　设置“学生基本信息表”所选定字段

(2) 设置子窗体数据源“学生成绩表”中要显示的字段，如图 6.30 所示。

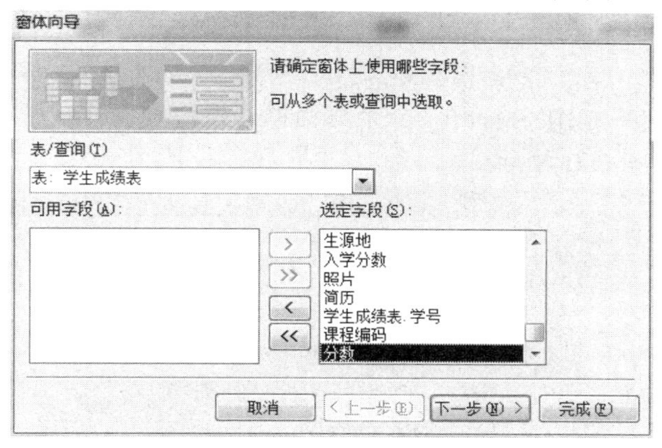

图 6.30　设置“学生成绩表”所选定字段

(3) 单击“下一步”按钮，打开“窗体向导”第二个对话框，设定数据的查看方式。“学生基本信息表”和“学生成绩表”是一对多的关系，因此数据的查看方式设置为“通过学生基本信息表”。多数据源窗体有两种形式：“带有子窗体的窗体”，创建子窗体，并嵌入到主窗体中，和主窗体一起显示；“链接窗体”，在该窗体中创建一个按钮，单击打开相应的窗体。本例中选择“带有子窗体的窗体”，如图 6.31 所示。

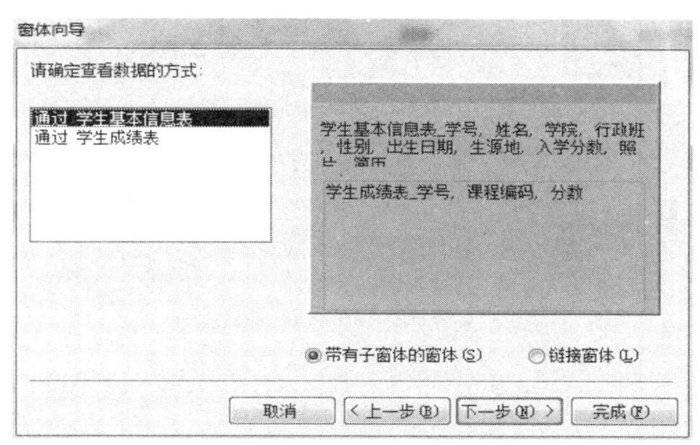

图 6.31　确定数据查看方式对话框

(4) 单击“下一步”按钮，打开“窗体向导”第三个对话框，设置子窗体的布局方式。本例采用“数据表”，如图 6.32 所示。

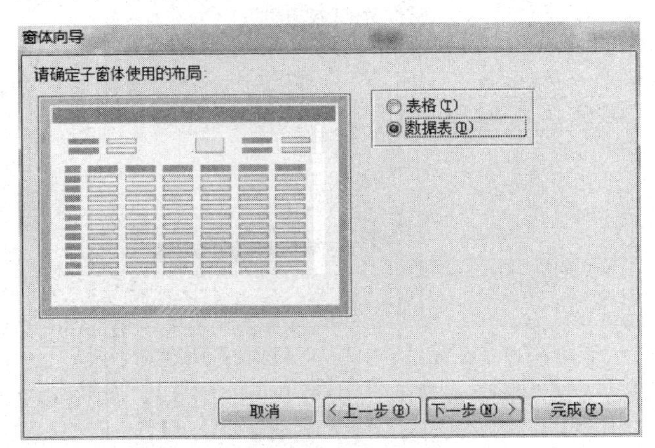

图 6.32　窗体布局对话框

(5) 单击“下一步”按钮，打开下一个对话框，设定主窗体和子窗体的标题与完成后窗体的打开方式，如图 6.33 所示。

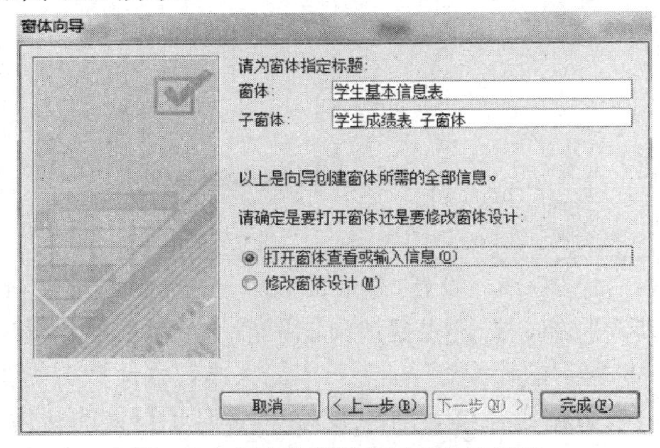

图 6.33　指定主窗体和子窗体的标题

(6) 单击“完成”按钮，查看窗体，如图 6.34 所示。

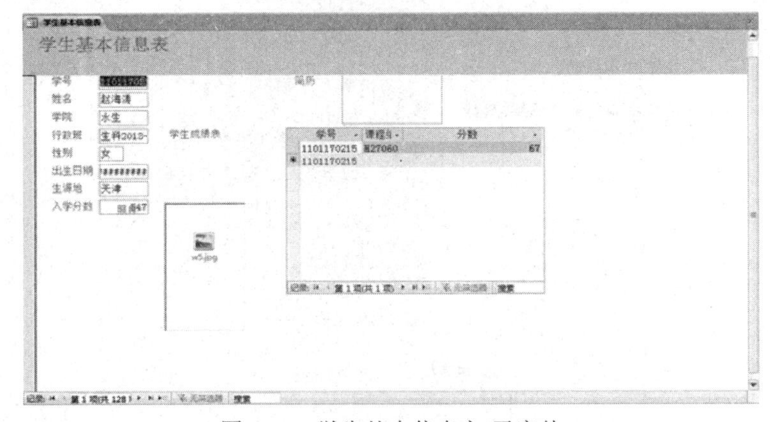

图 6.34　学生基本信息主/子窗体

6.3 设计窗体

利用窗体的向导工具虽然可以方便地创建窗体，但这只能满足一般的显示与功能要求，由于应用程序的复杂性和功能要求的多样性，使用向导所创建的窗体在实际应用中并不能很好地满足要求，而且有一些类型的窗体用向导无法创建。例如，在窗体中增加各种按钮，实现数据的检索，加入说明性信息，打开、关闭 Access 2010 对象等，因此 Access 2010 提供了窗体设计器，即窗体的设计视图。使用窗体设计视图，既可以直接创建窗体，也可以对已有窗体进行修改，从而设计出个性化的、美观的窗体。

6.3.1 窗体的设计视图

在设计视图中创建窗体主要包括以下步骤：进入窗体设计视图，为窗体设定记录源，在窗体上添加控件，调整控件位置，设置窗体和控件的属性，切换视图，保存窗体等。

下面以一个例子说明在设计视图中创建窗体的过程，并借此例使读者了解窗体的基本操作。

【例 6-9】 在“学生管理系统”数据库中，使用设计视图创建一个用于显示学生基本信息的窗体，具体步骤如下。

(1) 进入窗体设计视图。单击“创建”选项卡中的“窗体”选项组，选择“窗体设计”按钮，创建窗体，进入设计视图，如图 6.35 所示。

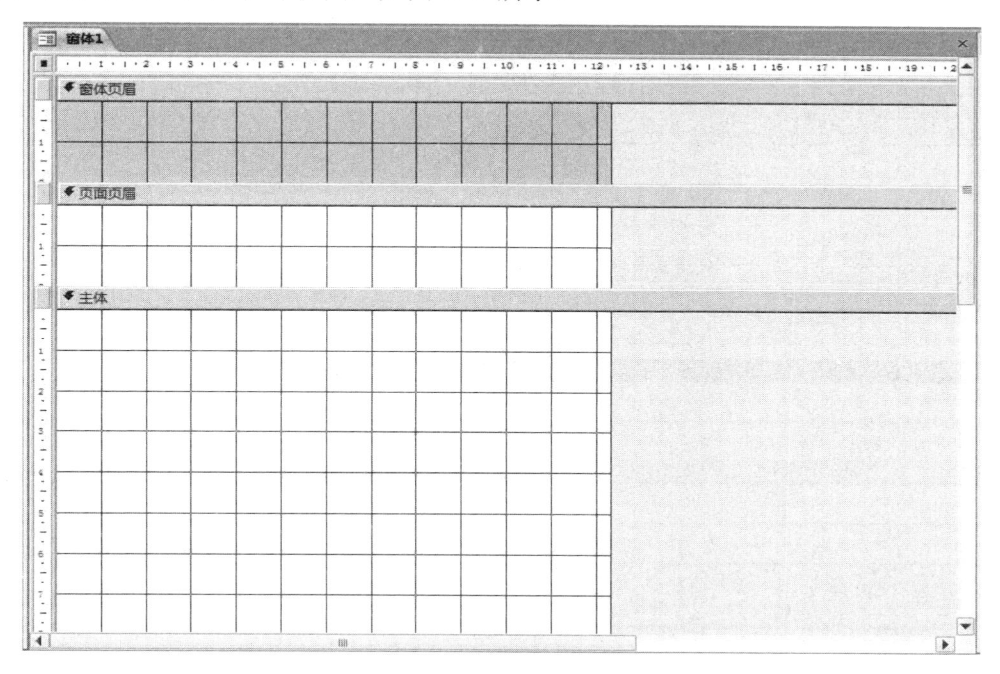

图 6.35 窗体设计视图

(2) 为窗体设定记录源。如果创建的窗体用来显示或输入数据表的数据，必须为窗体设定记录源。右键单击窗体设计视图中的深灰色区域，选择快捷菜单的“属性”命令，打开属性表。选择“数据”选项卡中的记录源，在下拉按钮中选择“学生基本信息表”，如图 6.36 所示。

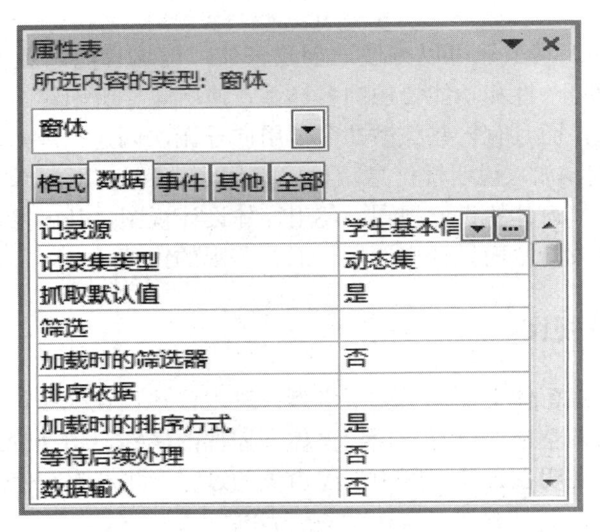

图 6.36　记录源选择

(3) 在窗体上添加字段。当窗体设定了记录源，窗体便可以显示表或查询中的字段值。单击“工具”选项卡中的“添加现有字段”即可显示选中的记录源的字段，双击想要显示的字段，即可将该字段添加到窗体中，如图 6.37 所示。

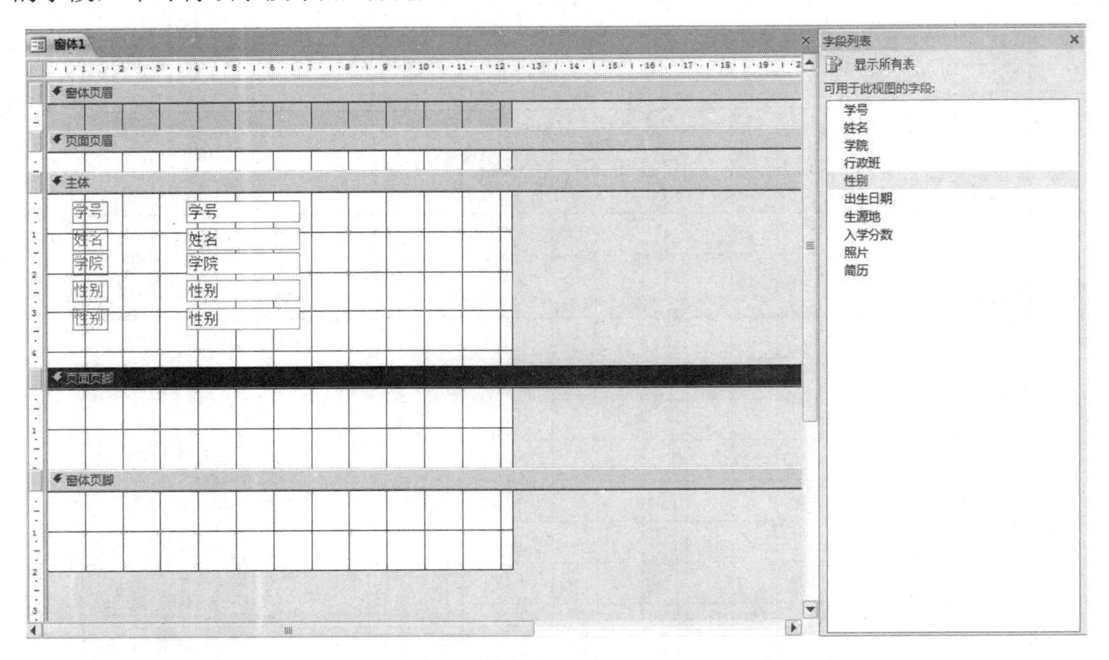

图 6.37　字段选择

(4) 调整控件位置。为了合理地安排控件在窗体中的位置，经常需要对控件进行移动、改变大小、删除等操作。首先需选中控件，而后再对控件做相关操作。

(5) 设置控件属性。Access 中提供的属性窗口，可以对窗体、节和控件进行属性设置，以更改特定项目的外观和行为。属性设置在“属性表”中进行设置，如图 6.38 所示。

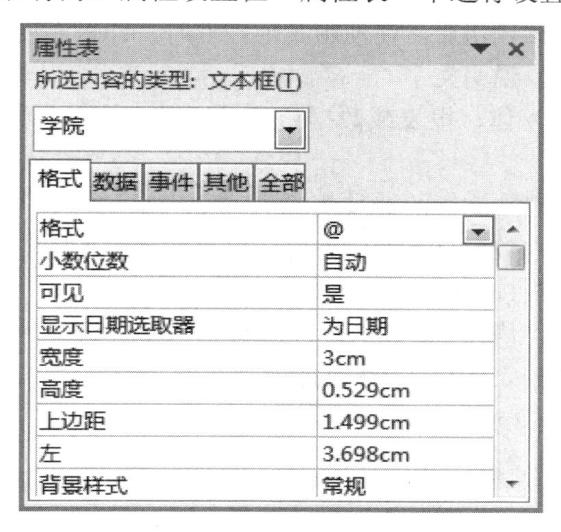

图 6.38　属性设置

(6) 切换视图。设计视图仅仅在窗体设计时使用，使用窗体需将窗体切换到窗体视图。在窗体设计视图下，单击 Access 工具栏上的“视图”按钮，可以切换到窗体视图。

(7) 保存窗体。在窗体视图或窗体设计视图下，单击窗体右上角的“关闭”按钮，可以为窗体命名并保存。

6.3.2　窗体的控件

窗体中的每一个对象，都称为控件，控件分为以下三种。

(1) 绑定控件：绑定控件与表字段绑定在一起。在向绑定控件输入值时，Access 自动更新当前记录中的表字段值。大多数允许输入信息的控件都是绑定控件。绑定控件可以与大多数数据类型捆绑在一起，包括文本、日期、数值、是/否、图片、备注字段。

(2) 非绑定控件：非绑定控件保留所输入的值，不更新表字段值。这些控件用于显示文本、把值传递给宏、直线和矩形、存放没有存储在表中但保存窗体或报表的 OLE 对象。

(3) 计算控件：计算控件是建立在表达式(如函数和计算)基础之上的。计算控件也是非绑定控件，它不能更新字段值。

用户可以在设计视图中对控件进行如下操作：

- 通过鼠标拖动创建新控件、移动控件；
- 通过按 Del 键删除控件；
- 激活控件对象，拖动控件的边界调整控件大小；
- 利用属性对话框改变控件属性；
- 通过格式化改变控件外观，可以运用边框、粗体等效果；
- 对控件增加边框和阴影等效果。

在窗体设计过程中，工具箱中的控件是十分有用的，下面具体介绍工具箱中的各个控件。

- 选择对象，用于选定操作的对象。
- 控件对象，单击该按钮后，在使用其他控件时，即可在向导下完成。
- 标签，显示标题、说明文字。
- 文本框，用来在窗体、报表或数据访问页上显示输入或编辑数据，也可接受计算结果或用户输入。
- 选项组，显示一组限制性的选项值。
- 切换按钮，当表内数据具有逻辑性时，用来帮助数据的输入。
- 选项按钮，与切换按钮类似，属单选。
- 复选框，选中时，值为 1，取消时，值为 0，属多选。
- 组合框，包括了列表框和文本框的特性。
- 列表框，用来显示一个可滚动的数据列表。
- 命令按钮，用来执行某些活动。
- 图像，加入图片。
- 非绑定对象框，用来显示一些非绑定的 OLE 对象。
- 绑定对象框，用来显示一系列的图片。
- 分页符，用于定义多页数据表格的分页位置。
- 选项卡控件，创建带有选项卡的对话框。
- 子窗体/子报表，用于将其他表中的数据放置在当前报表中。
- 直线，画直线。
- 矩形，画矩形。
- 其他控件，显示 Access 2010 所有已加载的其他控件。

6.3.3　窗体的控件属性

每个控件都有自己的属性，属性决定控件的功能、结构和外观，使用“属性表”窗格可以设置控件的属性。和设置窗体属性相似，首先在窗体的设计视图中选择要设置的控件，然后打开“属性表”窗格。属性表窗口也包含“格式”、“数据”、“事件”、“其他”和“全部”五项内容，“格式”选项卡的说明如表 6-2 所示，“数据”选项卡的说明如表 6-3 所示，“其他”选项卡的说明如表 6-4 所示。

表 6-2　“格式”选项卡

属性名称	属性标识	功　　能
标题	Caption	对不同视图中对象的标题进行设置，为用户提供有用的信息，它是一个最多包含 2048 个字符的字符串表达式，窗体和报表上超过标题栏所能显示数的标题部分将被截掉，可以使用该属性为标签或命令按钮指定访问键。在标题中，将&字符放在要用作访问键的字符前面，则字符将以下划线形式显示，通过按 Alt 和加下划线的字符，即可将焦点移到窗体中该控件上

续表

属性名称	属性标识	功 能
小数位数	DecimalPlaces	指定自定义数字、日期/时间和文本显示数字的小数点位数，属性值有："自动"(默认值)、0～15
格式	Format	自定义数字、日期、时间和文本的显示方式，可以使用预定义的格式，或者可以使用格式符号创建自定义格式
可见性	Visible	显示或隐藏窗体、报表、窗体或报表的节、数据访问页或控件，属性值有："是"(默认值)或"否"
边框样式	BorderStyle	指定控件边框的显示方式，属性值有："透明"(默认值)、"实线"、"虚线"、"短虚线"、"点线"、"稀疏点线"、"点画线"、"点点画线"、"双实线"
边框宽度	BorderWidth	指定控件的边框宽度，属性值有："细线"(默认值)、1～6磅(1磅 = cm)
左边距	Left	指定对象在窗体或报表中的位置，控件的位置是指从它的左边框到含该控件的节的左边缘的距离，或者它的上边框到包含该控件的节的上边缘的距离
背景样式	BackStyle	指定控件是否透明，属性值有："常规"(默认值)和"透明"
特殊效果	SpecialEffect	指定是否将特殊格式应用于控件，属性值有："平面"、"凸起"、"凹陷"(默认)、"蚀刻"、"阴影"和"凿痕"6种
字体名称	FontName	是显示文本所用的字体名称，默认值：宋体(与OS设定有关)
字号	FontSize	指定显示文本字体的大小。默认值：9磅(与OS设定有关)，属性值范围1～127
字体粗细	FontWeight	指定 Windows 在控件中显示以及打印字符所用的线宽(字体的粗细)，属性值有：淡、特细、细、正常(默认值)、中等、半粗、加粗、特粗、浓
倾斜字体	FontItalic	指定文本是否变为斜体，默认值："是"(默认值)和"否"
背景色	ForeColor	指定一个控件的文本颜色，属性值是包含一个代表控件中文本颜色的值的数值表达式，默认值：0
前景色	BackColor	属性值包括数值表达式，该表达式对应于填充控件或节内部的颜色。默认值：1677721550

表 6-3　“数据”选项卡

属性名称	属性标识	功　能
控件来源	ControlSource	可以显示和编辑绑定到表、查询或 SQL 语句中的数据。还可以显示表达式的结果
输入掩码	InputMask	可以使数据输入更容易，并且可以控制用户可在文本框类型的控件中输入的值，只影响直接在控件或组合框中键入的字符
默认值	DefaultValue	指定在新建记录时自动输入到控件或字段中的文本或表达式
有效性规则	ValidationRule	指定对输入到记录、字段或控件中的数据的限制条件
有效性文本	ValidationText	当输入的数据违反了“有效性规则”的设置时，可以使用该属性指定将显示给用户的消息
是否锁定	Locked	指定是否可以在“窗体”视图中编辑控件数据，属性值有：“是”和“否”(默认值)
可用	Enabled	可以设置或返回“条件格式”对象(代表组合框或文本框控件的条件格式)的条件格式状态

表 6-4　“其他”选项卡

属性名称	属性标识	功　能
名称	Name	可以指定或确定用于标识对象名称的字符串表达式，对于未绑定控件，默认名称是控件的类型加上一个唯一的整数，对于绑定控件，默认名称是基础数据源字段的名称，对于控件，名称长度不能超过 255 个字符
状态栏文字	StatusBarText	指定当选定一个控件时显示在状态栏上的文本，该属性只应用于窗体上的控件，不应用于报表上的控件，所用的字符串表达式长度最多为 255 个字符。
允许自动更正	AllowAutoCorrect	指定是否自动更正文本框或组合框控件中的用户输入内容，属性值有：“是”(默认值)和“否”
自动 Tab 键	AutoTab	指定当输入文本框控件的输入掩码所允许的最后一个字符时，是否发生自动 Tab 键切换，属性值有：“是”和“否”(默认值)
Tab 键索引	TabIndex	指定窗体上的控件在 Tab 键次序中的位置，该属性仅适用于窗体上的控件，不适用于报表上的控件，属性值起始值为 0
控件提示文本	ControlTipText	指定当鼠标停留在控件上时，显示在 ScreenTip 中的文字，可用最长 255 个字符的字符串表达式
垂直显示	Vertical	设置垂直显示和编辑的窗体控件，或设置垂直显示和打印的报表控件，属性值有：“是”和“否”(默认值)

6.3.4 常用控件介绍

前面简单介绍了控件的基本操作和属性设置，不同类型的控件有不同的特点和功能，所有在选择控件时要考虑数据类型和执行操作，下面介绍一下常用控件。

1. 标签

标签控件用来实现在窗体上显示一些说明性文字的功能。标签不能显示表中字段的数值，它没有数据源，属于非绑定控件。在创建除标签外的绑定控件时，都将同时创建一个标签控件到该控件上，用以说明该控件的作用，而标签上显示与之相关联的字段标题的文字。在向标签控件输入标签内容后按 Enter 键结束输入，要想在标签内换行则要按 Ctrl + Enter 组合键。标签常用的属性是 Caption(标题)。

【例 6-10】 建立包含一个标签和按钮的窗体，单击按钮可以放大标签内的文字。具体操作步骤如下：

(1) 进入窗体设计视图。

(2) 添加标签和按钮控件。

(3) 在属性表窗格设置标签的“名称”属性为“L1”，“标题”属性为“Hello World!”；命令按钮控件的“名称”属性为“c1”，“标题”属性为“放大”。

(4) 选择按钮，选择“属性表”窗格的“事件”页的“单击”事件。选择“[事件过程]”打开代码生成器。

(5) 在代码生成器中命令按钮 c1 的 Click 事件对应代码如下：

```
Private Sub c1_Click()
[L1].FontSize = [L1].FontSize+2
End Sub
```

2. 文本框

文本框既可以用来显示数据，也可以用来输入数据，是重要的人机交互控件。文本框中显示的文本可以是单行也可以是多行，既可以是绑定型控件、非绑定控件，也可以是计算型控件，使用方法比较灵活。通过绑定型文本框控件可以很方便地浏览、增加、删除和修改数据表中的记录。

文本框常用的事件是 Change 事件，常用的方法为 Setfocus 方法。

【例 6-11】 设计一个输入用户名和密码的窗体，在窗体中要求用户输入用户名和密码。具体操作步骤如下：

(1) 选择“创建”选项卡下的“窗体设计”。

(2) 添加两个文本框控件，在标签中分别输入“用户名”和“密码”，调整位置如图 6.39 所示。

(3) 打开属性表窗口，设置用户名对应文本框的“名称”属性为“TxtUser”。

(4) 设置“密码”文本框的“名称”属性为“TxtPwd”，“输入掩码”属性为“密码”。

(5) 保存窗体名称为“窗体 6-11”。

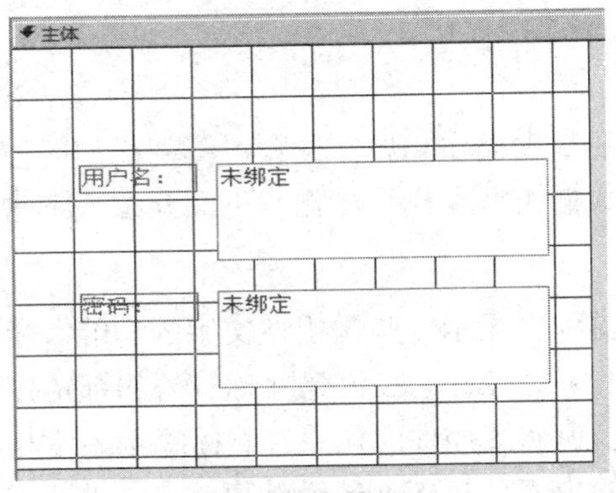

图 6.39　窗体 6-11

3. 命令按钮

命令按钮是一种能够起控制作用的控件。单击命令按钮可以执行某个或某些预先定义的操作。这些操作可以通过编写“宏”或“事件过程”来完成，也可以使用命令按钮向导来创建。

在例 6-11 中添加一个命令按钮。设置其“标题”属性值为“确定(&Q)”，“名称”属性值为“Cmdok”。设计界面如图 6.40 所示。

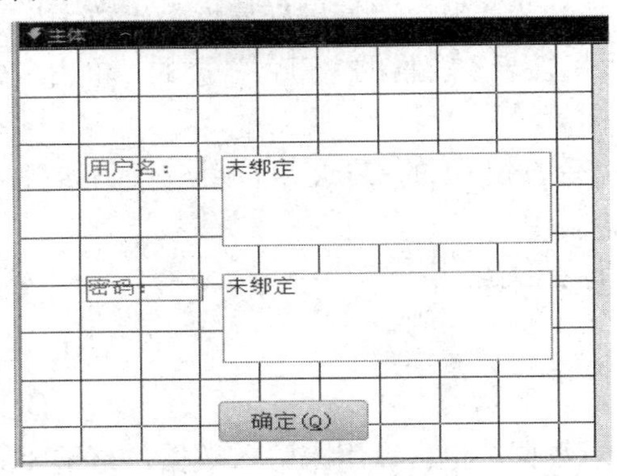

图 6.40　窗体 6-11 修改

在命令按钮的事件过程中输入语句：

```
Private Sub Cmdok_Click()
    If TxtUser.Value = "wjf" And TxtPwd.Value = "1234" Then
      Me.Caption = "合法用户"
    Else
      Me.Caption = "非法用户"
    End If
End Sub
```

切换到窗体视图，输入用户名和密码之后单击“确定”按钮，如果正确，在窗体的标题中显示“合法用户”，否则显示“非法用户”。

由于为命令按钮定义了热键，也可以按 Alt + Q 组合键代替鼠标单击按钮来运行代码。

【例 6-12】 创建“教师基本信息表”窗体，创建“下一记录”、“前一记录”、“添加记录”和“保存记录”4个按钮。具体操作步骤如下：

(1) 选中“创建”选项卡，并选中“教师基本信息表”，单击“窗体”组中的“窗体”按钮，创建窗体，如图6.41所示。

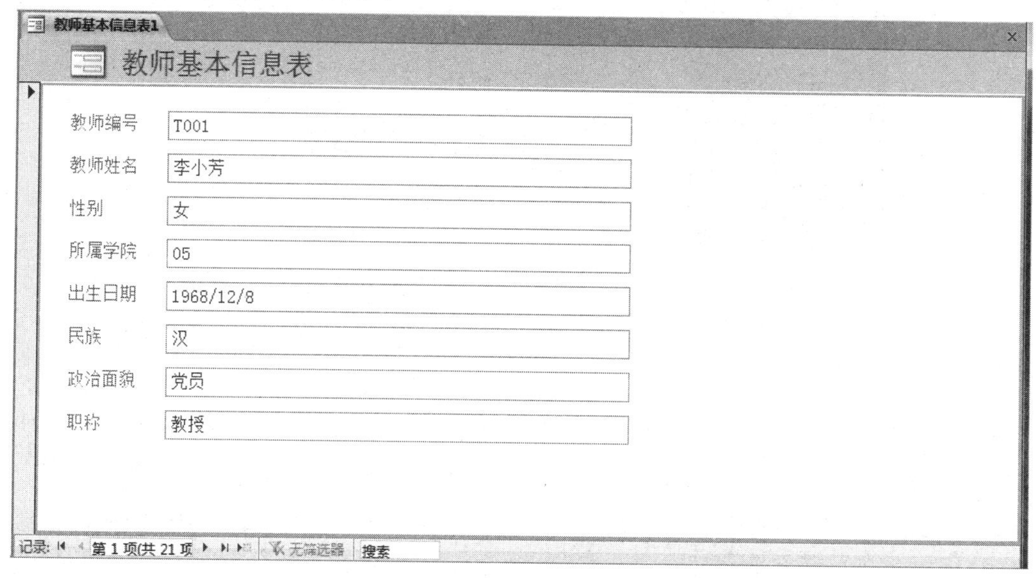

图6.41　创建窗体

(2) 打开窗体设计视图。

(3) 单击“设计”选项卡中“控件”组中的“按钮”按钮，然后单击窗体的空白处，弹出如图6.42所示的“命令按钮向导”对话框。

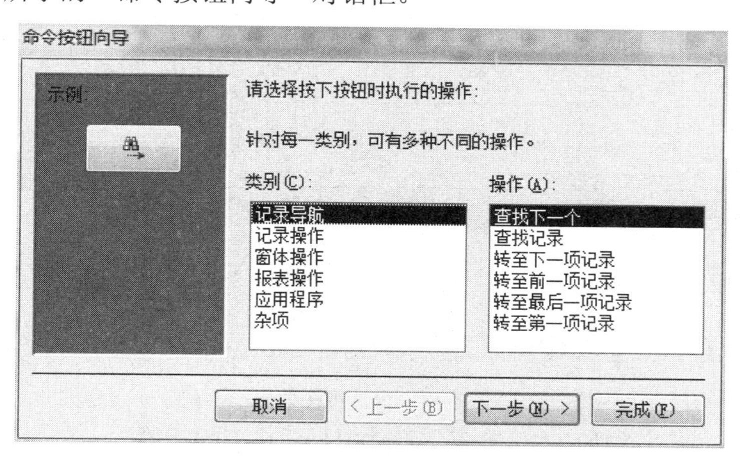

图6.42　“命令按钮向导”对话框1

(4) 选择“类别”列表框中的“记录导航”类，在“操作”列表框中选择“转至下一条记录”选项。

(5) 单击“下一步”按钮，在弹出的对话框中选择“文本”单选按钮，同时在文本框中输入“下一项记录”，如图6.43所示。

(6) 单击下一步，在弹出的对话框中指定命令按钮的名称为“CmdNext”。

(7) 单击“完成”按钮，完成“下一记录”按钮的创建。

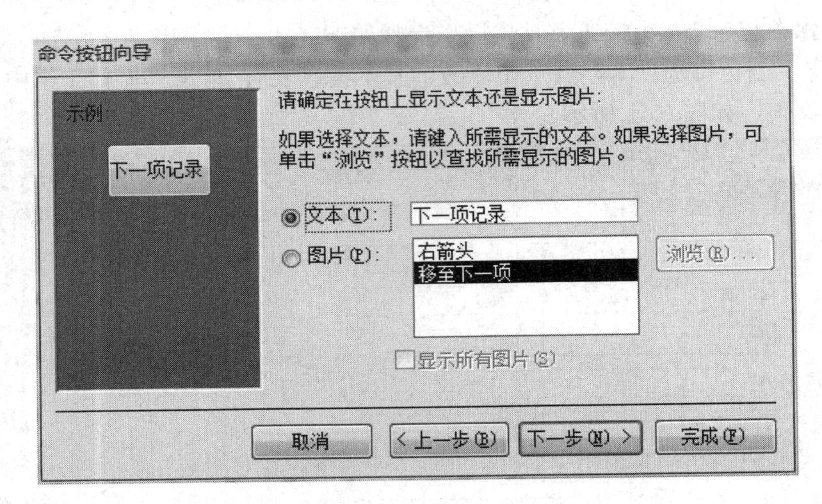

图 6.43　“命令按钮向导”对话框 2

(8) 用同样的方法完成“上一记录”、“添加记录”、“保存记录”三个命令按钮的创建。

(9) 创建完成后窗体能实现记录指针的移动和添加保存记录的功能，如图 6.44 所示。

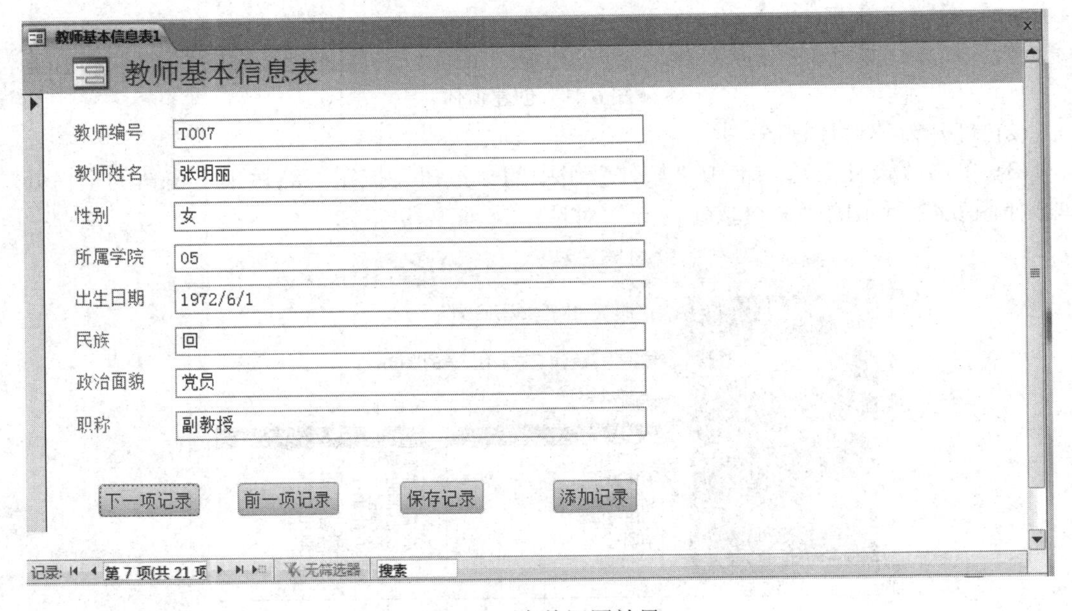

图 6.44　窗体视图效果

【例 6-13】 在“教师基本信息表”窗体中显示员工的年龄。

分析：窗体的数据源中没有员工年龄的信息，不能直接绑定，但是有与此相关的出生日期，通过运算可以计算出年龄。文本框是最常用的计算控件，可以显示不同类型的数据，其“控制来源”属性不是数据库中的字段，而是表达式。

具体步骤如下：

(1) 在教师基本信息表窗体中，单击“设计”选项卡中“控件”选项组中的“文本框”按钮，添加到窗体主体节。

(2) 打开文本框“属性表”窗格，设置“控制来源”属性为“=year(date())-year([出生日期])”，如图 6.45 所示附加标签显示“年龄”，如图 6.46 所示，切换到窗体视图，查看计算所得年龄。

教师基本信息表1
教师基本信息表
主体
教师编号
教师编号
教师姓名
教师姓名
性别
性别
所属学院
所属学院
出生日期
出生日期
民族
民族
政治面貌
政治面貌
职称
职称
年龄
=Year(Date())-Year([出生日期])
下一项记录
前一项记录
保存记录
添加记录
窗体页脚

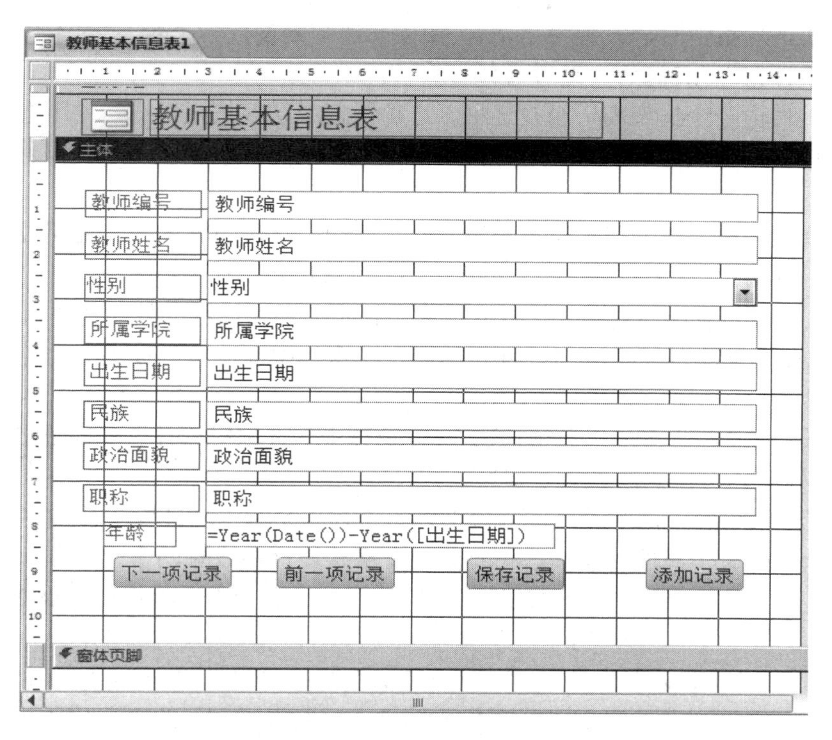

图 6.45　计算控件设计视图

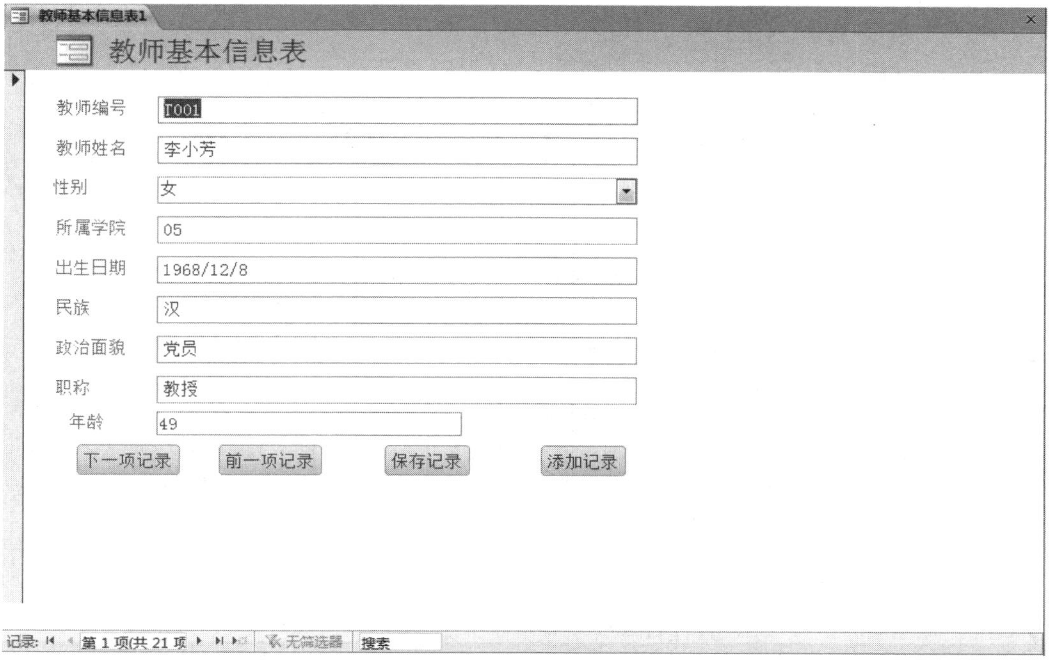

教师基本信息表1
教师基本信息表
教师编号
T001
教师姓名
李小芳
性别
女
所属学院
05
出生日期
1968/12/8
民族
汉
政治面貌
党员
职称
教授
年龄
49
下一项记录
前一项记录
保存记录
添加记录
记录: 第 1 项(共 21 项
无筛选器
搜索

图 6.46　计算控件窗体视图

4. 复选框、切换按钮、选项按钮和选项组控件

复选框、切换按钮和选项按钮作为单独的控件用来显示表或查询中的“是/否”值。当选中复选框或选项按钮时，设置为“是”，如果未选中则设置为“否”。对于切换按钮，如果单击“切换按钮”，其值为“是”，否则为“否”。

选项组控件由一个框架和一组复选框、选项按钮或切换按钮组成，使用选项组可以在一组确定的值中选择值，用户只需进行简单的选取即可完成数据录入，在操作上更直观、方便。

【例 6-14】 设“教师基本信息表”中的“性别”字段为布尔型，使用设计视图创建选项组控件，实现“性别”字段的数据录入。具体操作步骤如下：

(1) 进入窗体“设计”视图，设置窗体的“记录源”属性为“教师基本信息表”。

(2) 单击工具箱中的“选项组控件”按钮，在窗体中要放置“选项组控件”的位置单击，调整其大小。

(3) 单击“工具箱”中的“选项按钮”，在窗体中“选项组控件”框内单击，依次放入两个“选项按钮”。

(4) 设置“选项组”的标签属性为“性别”，“控件来源”属性为“性别”字段。

(5) “选项按钮”属性的设置，首先分别在格式属性中设置两个“选项按钮”的“标题”为“男”和“女”；然后根据“性别”字段的类型设置为“选项按钮”数据属性中“选项值”。

若“性别”字段的类型为布尔型，即“True”对应“男”，“False”对应“女”，则标题为“男”的“选项按钮”的“选项值”设为-1，标题为“女”的“选项按钮”的“选项值”设为 2，设置窗口如图 6.47 所示。

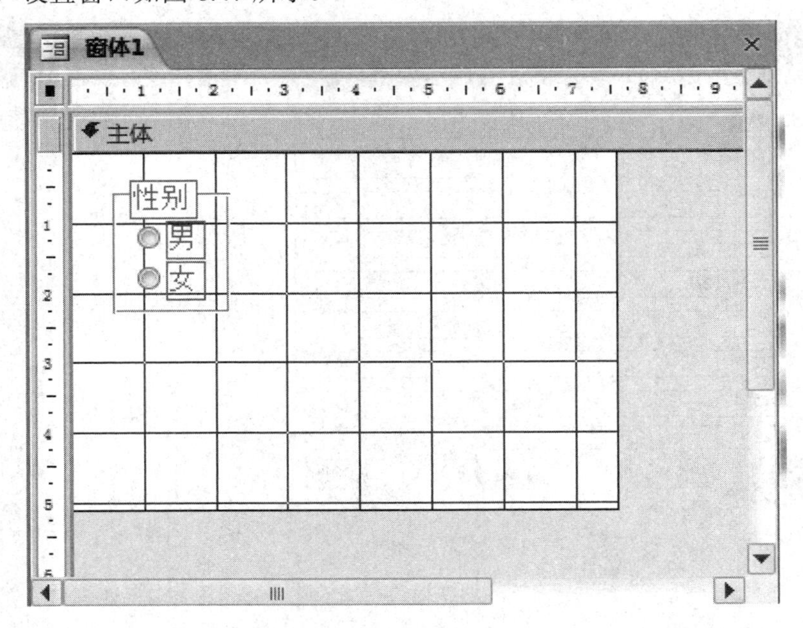

图 6.47　选项组控件设计窗口

(6) 保存设置，完成“选项组”控件的创建。

5. 列表框与组合框

列表框会将所有的选项都列出来，程序运行时用户只要从现有的选项中选择即可。列表框可以进行多项选择，只需要将其“多重选择”属性改为“简单”就可以。列表框不能接受输入和改写操作。

组合框控件可以看成是列表框与文本框的组合。用下拉的选择方式很方便地选定数据，也可以直接输入数据，但组合框只能进行单项选择。

列表框和组合框控件的常用事件是 Click 事件，常用的属性如表 6-5 所示，常用的方法如表 6-6 所示。

表 6-5 列表框和组合框控件的常用属性

属性名	代码名	属性值类型	功 能
行来源	RowSource	字符型	控件中行显示的数据的数据源，通常是查询语句
行来源类型	RowSourceType	字符型	可以是:“Table/Query”、“Value List”或“Field List”，“Table/Query”指“表/查询”对应的 RowSource，可以是表名称、查询名称或者 SQL 语句;“Value List”指“值列表”对应的 RowSource，可以是以分号作为分隔符的项列表；“Field List”是指“字段列表”对应的 RowSource 可以是表名称、查询名称或者 SQL 语句
值	Value	Variant 类型	列表框或组合框中选定的值或选项文本
用户选定索引	ListIndex	整型	ListIndex 属性值从 0 到列表框或组合框中项目总数减 1，当选择了列表中的某一项时，Access 将设置 ListIndex 属性值，列表中第一项的 ListIndex 属性值为 0，第二项为 1，依此类推

表 6-6 列表框和组合框控件的常用方法

方法名	代码名	参 数	调用方法	功能
设置焦点	Setfocus	无	[控件名]. Setfocus	使控件获得焦点
增加行	AddItem	Item：新添项的显示文本，Index：添加项在列表中的位置	[控件名]. AddItem(Item, Index)	向列表中添加条目
删除行	RemoveItem	Index：删除项在列表中的位置	[控件名]. RemoveItem (Index)	删除列表中的条目

【例 6-15】 创建绑定“性别”的组合框和单个复选框绑定“婚否”字段。具体操作步骤如下：

(1) 继续使用例 6-12 的窗体，单击“设计”选项卡中“控件”选项组的“组合框”按钮，添到窗体主体节，此时组合框是未绑定控件。

(2) 打开组合框“属性表”窗格，设置“控制来源”属性为“性别”，此时组合框只具备显示数据库数据的功能；设置“行来源类型”属性为“值列表”，并设置“行来源”属性为“男”和“女”，那么输入数据时可用在列表框中选择“男”或者“女”。

(3) 修改附加标签标题属性为“性别”，该组合框是绑定型控件。

(4) 单击“设计”选项卡中“控件”选项组的“复选框”按钮，添到窗体主体节。此时组合框是未绑定控件。

(5) 打开复选框“属性表”窗格，设置“控制来源”属性为“婚否”；附加标签显示“婚否”，如图 6.48 所示。

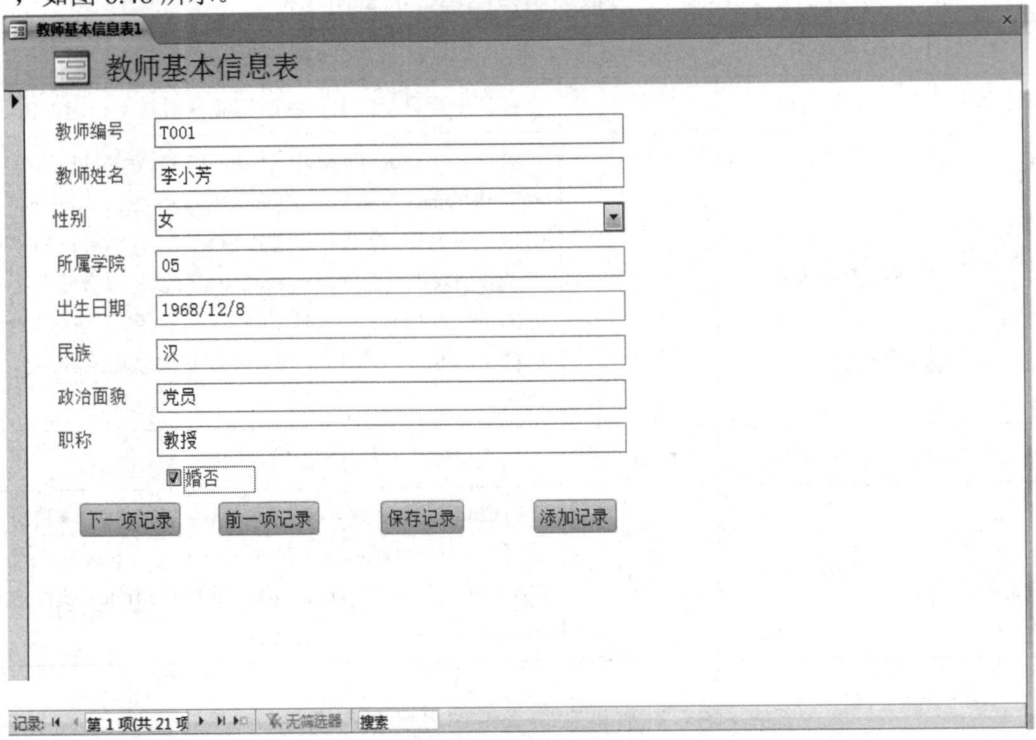

图 6.48　组合框应用

6. 选项卡控件

当窗体中的内容较多无法在一页中全部显示时，可以使用选项卡控件来进行分页显示，用户只需要单击选项卡上的标签，就可以进行页面的切换。

【例 6-16】 创建“学生信息浏览”窗体，在窗体中使用选项卡控件，一个页面显示“学生基本信息”，另一个页面显示“学生成绩信息”。

在窗体中使用“选项卡”控件，在选项卡中使用“列表框”控件显示学生信息。

具体操作步骤如下：

(1) 进入窗体“设计”视图。

(2) 单击工具箱中的“选项卡控件”按钮，在窗体中选择要放置“选项卡”的位置单击，调整其大小。系统默认“选项卡”为 2 个页，用户可根据需要使用鼠标右键插入新页。

(3) 打开“属性”对话框，分别设置页 1 和页 2 的“标题”格式属性为“学生基本信息”和“学生成绩信息”，如图 6.49 所示。

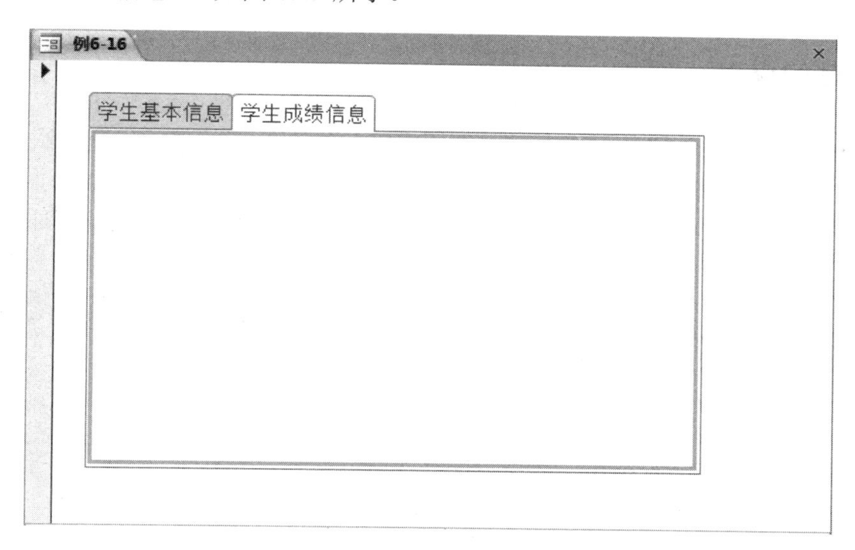

图 6.49　使用“选项卡”控件的窗体视图

(4) 确保工具箱中的“控件向导”工具按钮已按下，在“学生基本信息”页面上添加一个“列表框”控件，用来显示学生基本信息的记录内容，并使用列表框向导进行设置，如图 6.50 所示。“学生成绩信息”页面也可以依此方法添加。

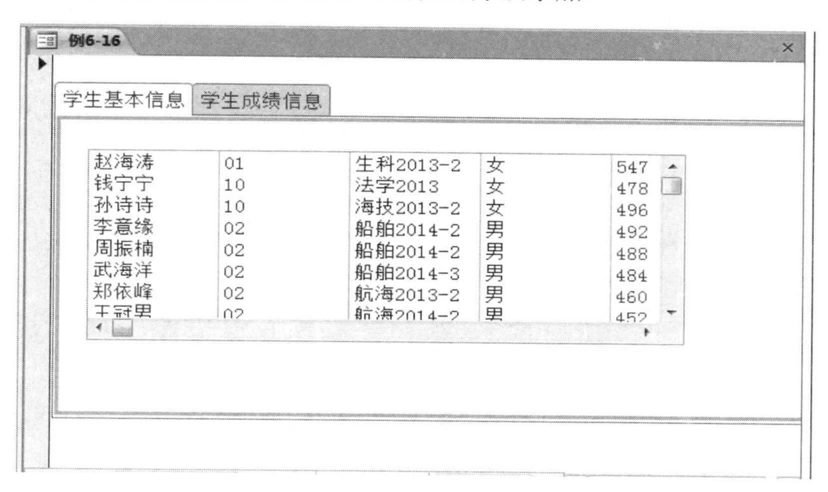

图 6.50　在选项卡中插入“列表框”控件

6.4　修饰窗体

前面介绍窗体的设计过程，比较关注的是窗体的实用性。在实际应用中，窗体的美观性对于应用系统也十分重要。一个美观的窗体可以使操作者赏心悦目从而有助于提高工作效率。在 Access 2010 中不仅可以对单个窗体进行单项设置，还可以使用“主题”对整个系统的所有窗体进行设置。

6.4.1 主题的应用

“主题”是整体上设置数据库系统，使所有窗体具有统一色调的快速方法。主题是一套统一的设计元素和配色方案，为数据库系统的所有窗体页眉上的元素提供了一套完整的格式集合。利用主题，可以非常容易地创建具有专业水准、设计精美、美观时尚的数据库系统。

在“窗体设计工具/设计”选项卡中的主题组包含三个按钮，主题、颜色和字体。Access 一共提供了 44 套主题供用户选择。

【例 6-17】 对学生管理数据库应用主题，操作步骤如下：

(1) 打开“学生管理”数据库，以设计视图打开一个窗体，例如“教师基本信息”。

(2) 在“窗体设计工具/设计”选项卡的“主题”组中，单击“主题”按钮，打开“主题”列表，在列表中双击所要的主题，如图 6.51 所示。

图 6.51 主题列表

(3) 在窗体页眉节的背景颜色发生变化，如图 6.52 所示。

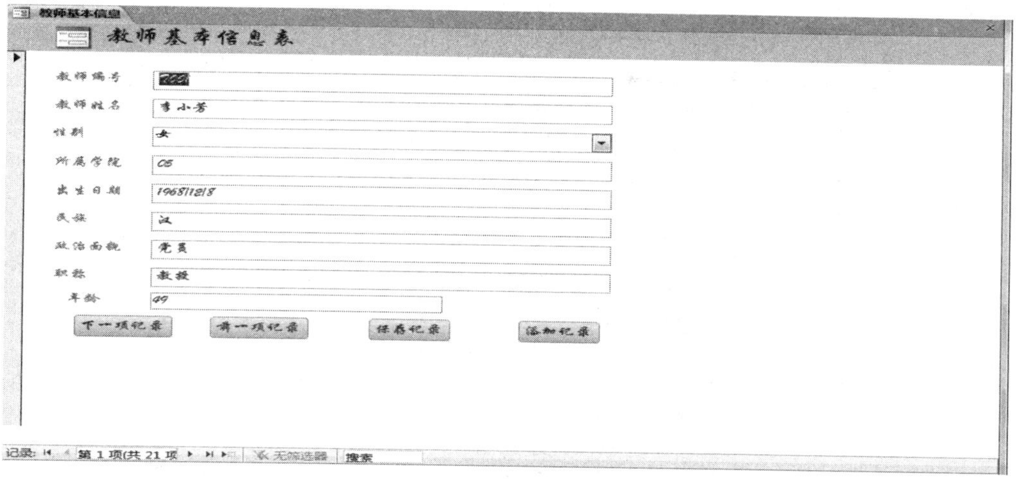

图 6.52　应用主题后窗体页眉的变化

6.4.2　窗体的布局

在窗体设计过程中，经常需要对其中的控件进行调整。调整操作包括大小、位置、排列、外观、颜色、字体、特殊效果等，经过调整后可以达到美化控件和美化窗体的效果。

1. 选择对象

要调整对象首先要选定对象，然后再进行操作。在选中对象后，对象的四周出现 6 个黑色方块称为控制柄，其中左上角的控制柄由于作用特殊，因此比较大。使用控制柄可以调整对象的大小，移动对象的位置。选定对象操作如下：

(1) 选择一个对象，单击该对象。

(2) 选择对个(不相邻)对象：按住 Shift 键，用鼠标分别单击每个对象。

(3) 选择对个(相邻)对象：从空白处拖动鼠标左键拉出一个虚线框，所包围的控件全部被选中。

(4) 选择所有对象：按 Ctrl + A 键。

(5) 选择一组对象：在垂直标尺或水平标尺上，按下鼠标左键，这时出现一条竖直线(或水平线)，如图 6.53 所示。松开鼠标后，直线所经过的控件全部选中，如图 6.54 所示。

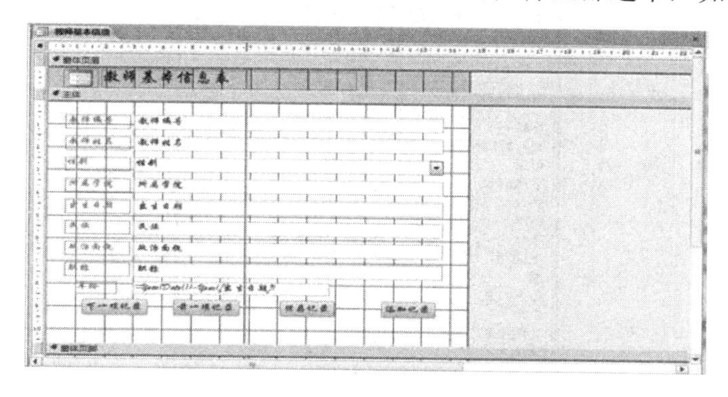

图 6.53　在窗体上出现的竖直线

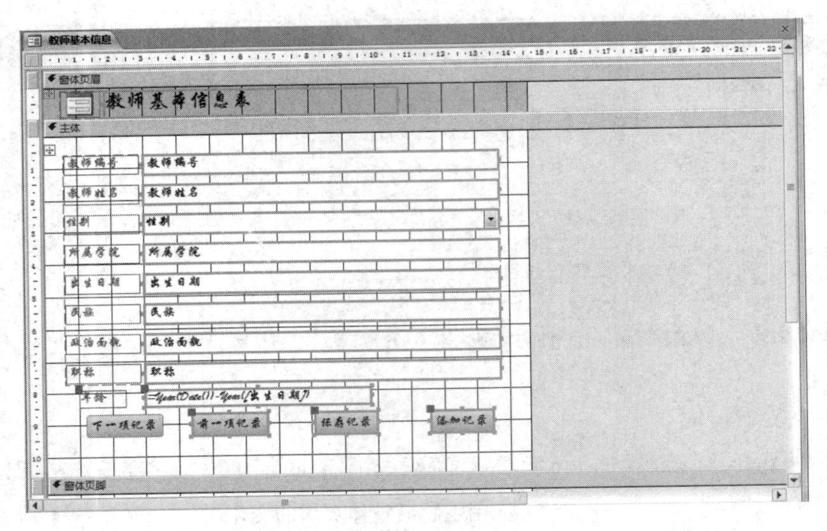

图 6.54　控件被选中

2. 移动对象

移动对象有两种方法：使用鼠标和使用键盘。

(1) 使用鼠标。选中一个控件移动一个控件，选中一组(几个)控件，则同时移动着一组控件。当鼠标放在控件左上角之外的其他地方时，会出现垂直的十字箭头，这时拖动鼠标，可以拖动控件移动。

(2) 使用键盘。使用键盘移动选中一个控件，移动该控件时，与它相关的附件标签一起移动。选中需要移动的一个或一组对象，按住“Ctrl + ←/→”键左右移动，按住“Ctrl + ↑/↓”键上下移动。使用键盘移动可以实现精细的位置调整。

3. 调整大小

控件大小调整可以采用以下多种方法。

(1) 用鼠标拖动设置控件大小。将鼠标置于对象的控制柄上，当鼠标变成双箭头时拖动，可以改变对象的大小。当选中多个对象，拖动则可以同时改变多个对象的大小。

(2) 使用“属性”设置对象大小和位置。打开控件的属性表窗口，在格式选项卡的“宽度”、“高度”、“左”和“上边距”中，输入具体的属性数值，也可以改变大小，如图 6.55 所示。

图 6.55　在属性窗口中设置大小

(3) 使用键盘。按住“Shift + ←/→”键，横向缩小或放大；按住“Shift + ↑/↓”键，纵向缩小或放大。

4. 对齐设置

当窗体有多个控件时，控件的排列布局不仅直接影响窗体的美观效果，而且还影响工作效率。使用鼠标拖动或键盘移动来调整控件的对齐是常用方法，但是这种方法不仅效率低，而且还难以达到理想的效果。对齐控件的最快捷方法是使用系统提供的“控件对齐方法”命令，具体方法是：首先选中需要对齐的多个控件，然后在“排列”选项卡的“调整大小和排列”组中，单击“对齐”按钮，在打开的列表中，选择一种对齐方式，如图 6.56 所示。

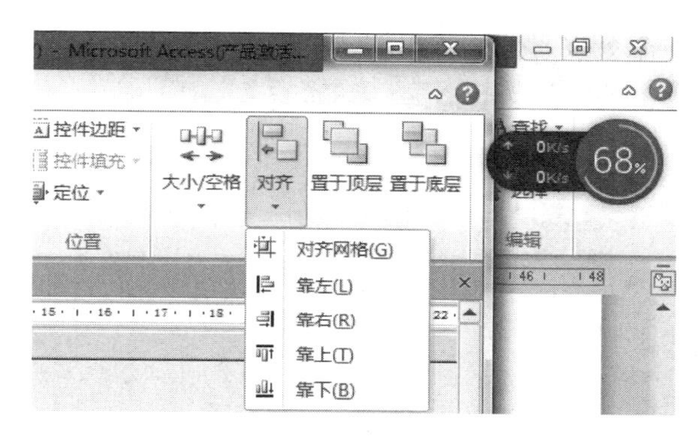

图 6.56　控件对齐方式

5. 间距调整

调整多个控件之间水平和垂直间距的最简便方法同样是在“排列”选项卡的“调整大小和排列”组中，单击“大小/空格”命令，在打开的列表中，根据需要选择“水平相等”、“水平增加”、“水平减少”、“垂直相等”、“垂直增加”以及“垂直减少”等命令。

6. 外观设置

控件的外观包括对象的前景、背景的颜色、字体、大小、字型、边框、特殊效果等多个格式属性。在属性表中，设置格式属性就可以修改控件的外观。

7. 在布局视图中微调窗体

Access 的窗体视图中增加了布局视图。布局视图是修改窗体的最直观的视图，用于对窗体进行所需要的更改。在布局视图中，窗体处在运行状态，可在修改窗体的同时看到数据，因此，它是一种非常有用的视图。布局视图可用于设置控件大小或执行其他几乎所有影响窗体外观的工作。

本 章 小 结

窗体是 Access 数据库对象之一，数据库应用系统的数据浏览、添加、删除、查询等功能都是通过窗体实现的。窗体的创建方法主要有两种：使用窗体向导或使用设计视图。创建窗体后，还要设置窗体的属性，在窗体上添加各种控件，以及调整控件的外观和布局等。

通过本章的学习，读者应掌握创建窗体的方法，学会在设计视图中修改窗体、添加控件以及设置窗体和控件属性的方法。

习　题

1. 在 Access 中窗体主要有什么作用？
2. 常见的窗体类型有哪些？如何建立？
3. 和窗体相关的视图有哪些？都有什么特点？
4. “属性表”窗口有什么作用？如何显示“属性表”窗口？
5. 标签、文本框、命令按钮控件常用的属性有哪些？
6. 选项按钮、复选框和切换按钮各有什么特点？

第7章 报　表

在管理数据的日常工作中，一个数据库系统操作的最终结果是要打印输出的，而Access的报表对象可以方便地按指定格式从打印机输出数据。Access中所说的报表并非是实际工作所指的在纸上的报表，而是指Access中将数据库中的数据按用户需要，进行分组或计算，并添加一些格式信息(如页眉页脚、页号等)的一种文件格式。精美且设计合理的报表能使数据清晰地呈现在纸质介质上，使用户所要传达的汇总数据、统计与摘要信息一目了然。

7.1 报表概述

7.1.1 报表的组成

在默认情况下，Access将报表设计视图分为三个节，分别为“页面页眉”、“主体”、“页面页脚”。通过右击报表设计视图任意位置，在弹出的快捷菜单中选择“报表页眉/页脚”选项，可加上“报表页眉”和“报表页脚”，如图7.1所示。在报表分组显示时，还可以增加相应的组页眉和组页脚。

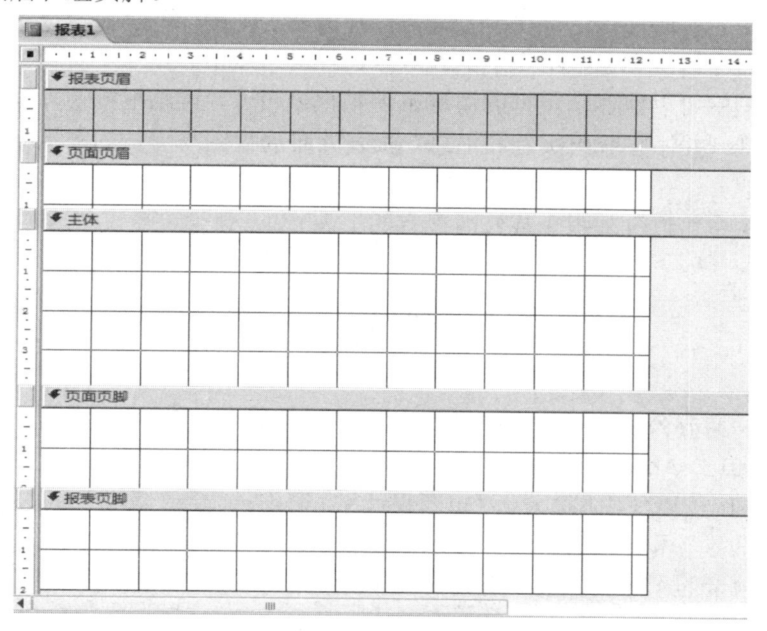

图7.1 报表的组成

7.1.2 报表的类型

Access 常见的报表类型有：纵栏式报表、表格式报表、图表式报表、标签式报表和主/从式报表。各种报表类型简述如下：

纵栏式报表，在纵栏式报表中数据以一列文本框排列的形式显示出来，其形态就像一个连续的窗体。

表格式报表，在表格式报表中数据以行列的形式显示出来，其形态就像一个二维表，不过一般没有行列的分割线。

图表式报表，在图表式报表中数据以图表的形式显示出来，多为饼形图或柱形比例图、曲线趋势图等。

标签式报表，在标签式报表中数据以信封或商品标签形式显示出来。一般标签式报表呈现的数据比较紧凑，直接表现每个记录的数据，而不附加其他信息。

主/从式报表，在主/从式报表中显示一个记录的数据后，该记录相关的一组数据以子报表的形式显示出来。这类报表比较复杂，一般子报表中的记录数量不大，但它能很好地表现出数据间的关联性。

7.1.3 报表的视图

报表有四种视图方式：报表视图、打印预览视图、布局视图和设计视图。

报表视图是报表设计完成后，最终被打印的视图。在报表视图中可以对报表应用高级筛选。

在打印预览视图中，可以查看显示在报表上的每一页数据，也可以查看报表的版面设置。用户在打印之前通常在这个视图方式下打开报表，先在屏幕上显示报表在打印时的效果，然后根据需要修改和调整不合适的地方，这样就可以节省纸张并提高工作效率。

在布局视图中可以在显示数据的情况下调整报表设计，可以根据实际报表数据调整列宽，将列重新排列并添加分组级别和汇总。报表的布局视图与窗体的布局视图的功能和操作方法十分相似。

在设计视图中可以创建报表或修改现有的报表。

7.2 创 建 报 表

作为一种面向办公室人员的数据库软件，Access 最大的优点之一就是其简便性，在创建报表时也是如此。Access 创建报表的许多方法和创建窗体基本相同，可以使用“报表”、“报表设计”、“空报表”、“报表向导”和“标签”等方法来创建报表。在“创建”选项卡的“报表”组中提供了这些创建报表的按钮，如图 7.2 所示。

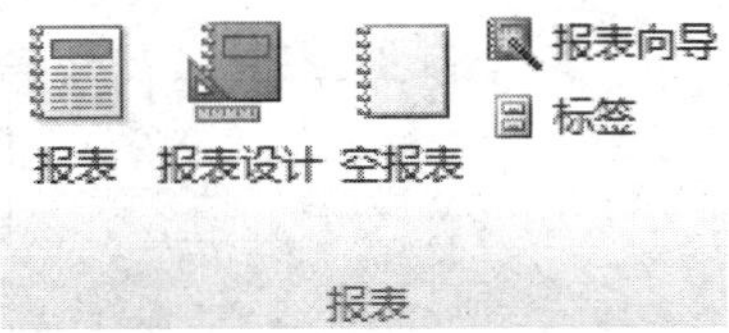

报表 报表设计 空报表 报表向导 标签
报表

图 7.2 报表组

7.2.1 使用“报表”工具创建报表

对于简单的报表，可以直接将数据表、查询自动生成报表，“报表”工具就提供了最快的创建简单报表的方式，它既不向用户提示信息，也不需要用户做任何其他操作就立即生成报表。尽管“报表”工具可能无法创建满足最终需要的完美报表，但对于迅速查看基础数据极其有用。在生成报表后，还可以使用报表设计器对其进行修改。

【例 7-1】 以教师基本信息表为数据源，使用“报表”工具创建报表，命名为“教师基本信息报表”，操作步骤如下：

(1) 打开“学生管理系统”数据库，在“导航”窗格中，选中“教师基本信息表”表。

(2) 在“创建”选项卡的“报表”组中，单击“报表”按钮，基于“教师基本信息表”的报表创建完成，并且切换到布局视图，以“教师基本信息报表”为名保存报表，如图 7.3 所示。

教师基本信息报表

教师基本信息表　　2016年10月7日 19:51:34

教师编号	教师姓名	性别	所属学院	出生日期	民族	政治面貌	职称
T001	李小芳	女	05	1968/12/8	汉	党员	教授
T002	张晓黎	女	05	1970/10/25	汉	党员	副教授
T003	赵大海	男	05	1959/6/13	回	党员	教授
T004	王宏	男	05	1975/8/11	汉	群众	讲师
T005	赵明	男	05	1966/9/6	藏	党员	教授
T006	刘倩	女	05	1980/3/2	满	民进	助教
T007	张明丽	女	05	1972/6/1	回	党员	副教授
T008	李小兵	男	05	1967/12/8	汉	党员	教授
T009	张晓	女	05	1970/10/25	汉	党员	副教授
T010	欧阳月	女	08	1959/6/13	回	党员	教授
T011	王宏伟	男	08	1975/8/11	汉	群众	讲师
T012	赵明阳	男	08	1966/9/6	藏	党员	教授
T013	刘倩碧	女	08	1986/3/2	满	九三	助教
T014	张明丽	女	07	1972/6/1	回	党员	副教授

图 7.3　教师基本信息报表

7.2.2 使用“报表向导”创建报表

利用“报表”工具所创建的报表虽然快捷，但是格式比较单一，没有图形等修饰，且不能选择出现在报表中的数据源字段。使用“报表向导”可以从多个表中选择所需字段，还可以定义报表布局样式及数据分组和排序的方式。

【例 7-2】 基于“教师基本信息表”，使用“报表向导”创建“按学院统计教师信息”报表，操作步骤如下：

(1) 打开“学生管理系统”数据库，在“导航”窗格中，选择“教师基本信息表”表。

(2) 在“创建”选项卡的“报表”组中，单击“报表向导”按钮，打开“请确定报表上使用哪些字段”对话框，这时数据源已经选定为“表：教师基本信息表”(在“表/查询”下拉列表中也可以选择其他数据源)。在“可用字段”窗格中，依次双击“教师姓名”、“性别”、“出生日期”、“职称”和“所属学院”字段，将它们发送到“选定字段”窗格中，如图 7.4 所示，然后单击“下一步”按钮。

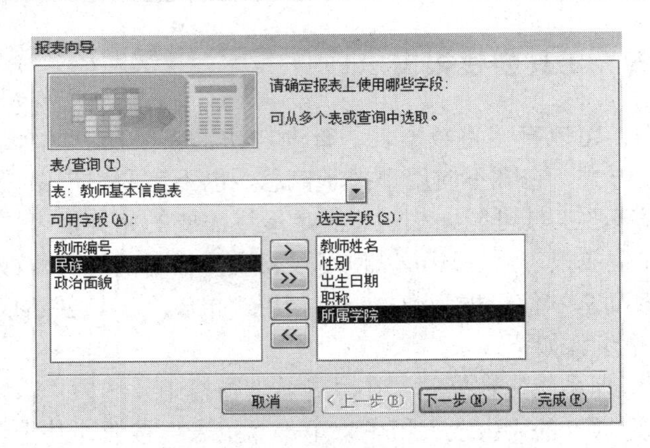

图 7.4　“请确定报表上使用哪些字段”对话框

(3) 在打开的“是否添加分组级别”对话框中，自动给出分组级别，并给出分组后报表布局预览。这里按“所属学院”字段分组(这是由教师基本信息表与学院基本信息表之间建立的一对多关系所决定的，否则就不会出现自动分组，而需要手工分组)，如图 7.5 所示，单击“下一步”按钮。

图 7.5　“是否添加分组级别”对话框

(4) 在打开的“请确定明细记录使用的排序次序”对话框中，确定报表记录的排序次序。这里选择按“职称”排序，如图 7.6 所示，单击“下一步”按钮。

(5) 在打开的“请确定报表的布局方式”对话框中，确定报表所采用的布局方式。这里选择“块”式布局，方向选择“纵向”，如图 7.7 所示，单击“下一步”按钮。

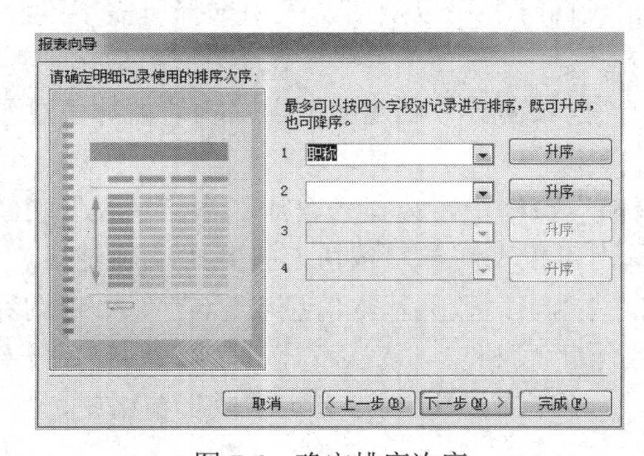

图 7.6　确定排序次序

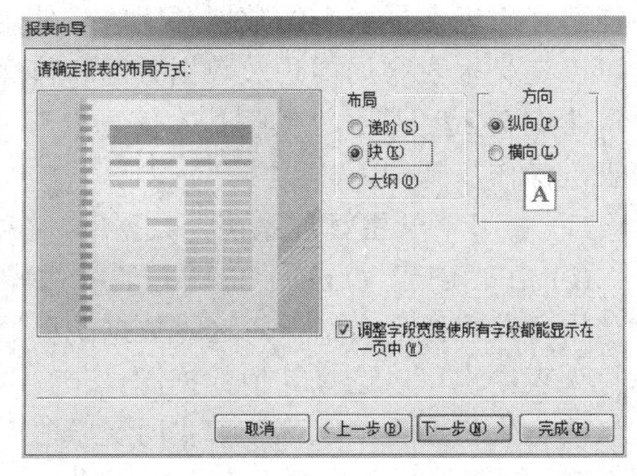

图 7.7　“请确定报表的布局方式”对话框

(6) 在打开的“请为报表指定标题”对话框中，指定报表的标题为“各学院教师信息”。选择“预览报表”单选项，如图 7.8 所示，然后单击“完成”按钮，所创建的报表如图 7.9 所示。

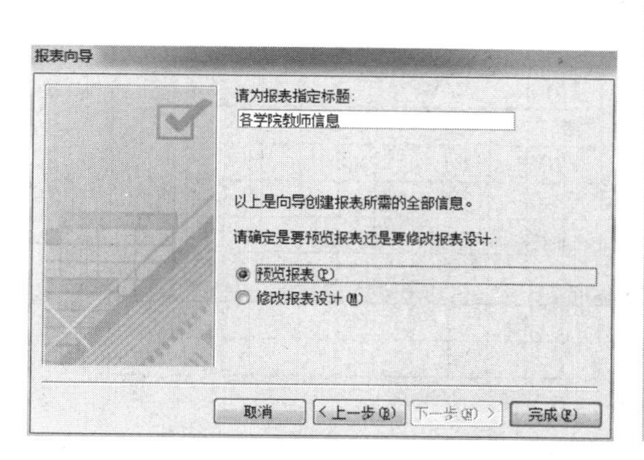

图 7.8　“请为报表指定标题”对话框

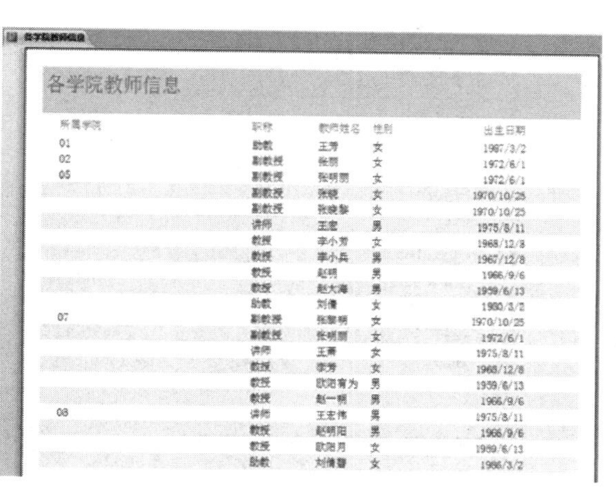

图 7.9　“各学院教师信息”报表

7.2.3　使用“报表设计”创建报表

【例 7-3】 以表“学生基本信息表”为数据源，使用“报表设计”创建 “打印学生基本信息”报表，操作步骤如下：

(1) 启动 Access 2010，打开“学生管理系统”数据库。

(2) 在“学生管理系统”数据库工作界面的功能区，选择“创建”命令选项卡，在“报表”命令组中点击“报表设计”按钮，打开报表设计视图窗口，如图 7.10 所示。

(3) 单击报表设计视图窗口功能区的“设计”选项卡中“工具”命令组的“属性表”按钮，打开报表的属性表，设置报表的记录源为“学生基本信息表”表，如图 7.11 所示。

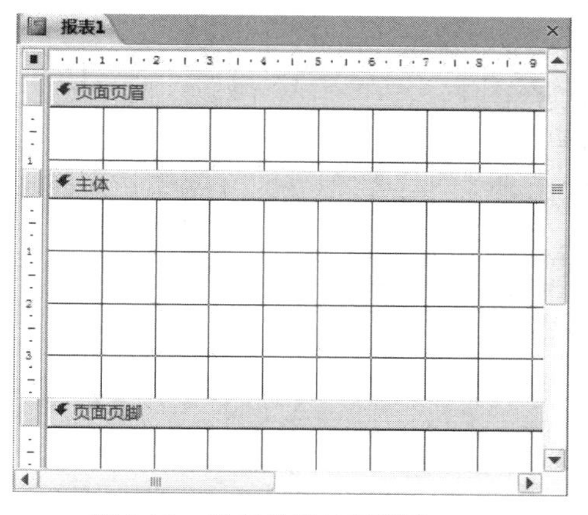

图 7.10　报表的设计视图窗口

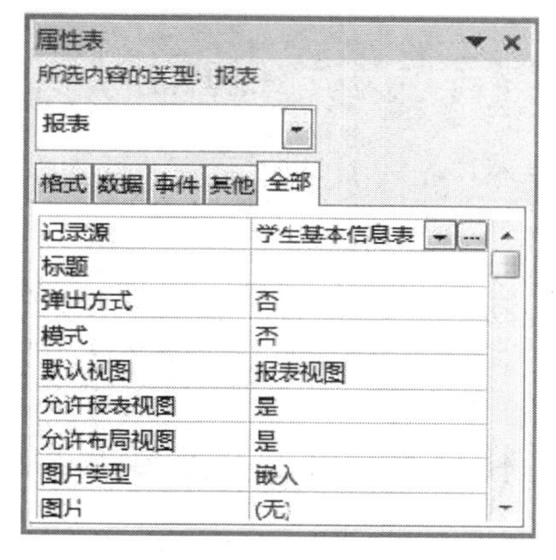

图 7.11　报表的属性表图

(4) 关闭属性表，单击报表设计视图窗口功能区的“设计”选项卡中“工具”命令组的“添加现有字段”按钮，打开该报表的字段列表，如图 7.12 所示，将“学生”表中的所需字段直接拖到“主体节”中，如图 7.13 所示。

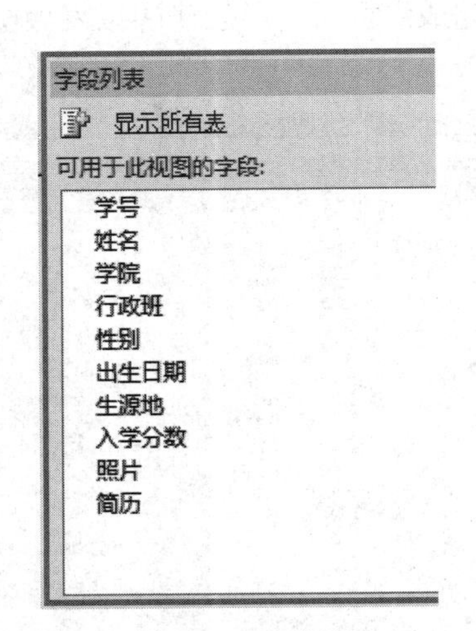

图 7.12　字段列表

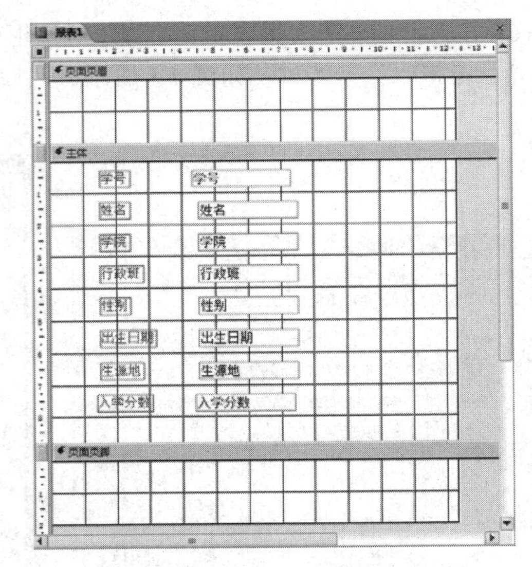

图 7.13　添加所需字段

(5) 将报表保存为“打印学生基本信息”，以“打印预览”方式打开该报表，如图 7.14 所示。

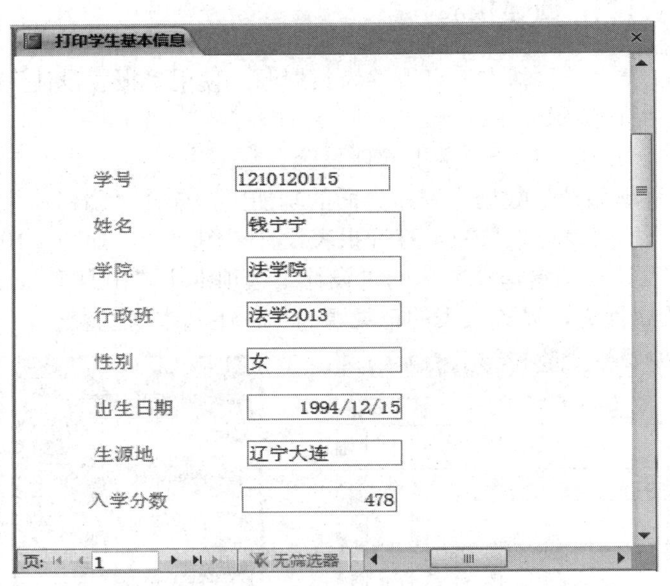

图 7.14　“打印学生基本信息”报表

7.2.4　使用“空报表”工具创建报表

【例 7-4】 以表“课程基本信息表”为数据源，使用“空报表”工具创建“打印课程基本信息”报表，操作步骤如下：

(1) 打开“学生管理系统”数据库，在“创建”选项卡的“报表”组中，单击“空报表”按钮，弹出如图 7.15 所示的带字段列表的空报表窗口。

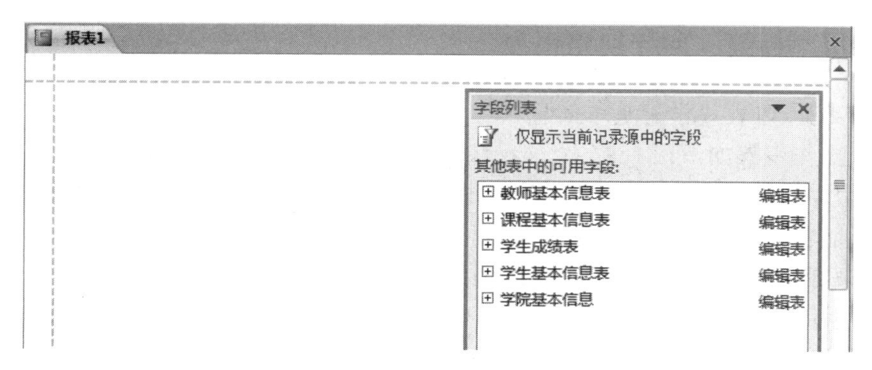

图 7.15 带字段列表的空报表窗口

(2) 将字段列表中的课程基本信息表中的所有字段拖到空报表窗口中，如图 7.16 所示。

报表1

课程编号	课程名称	考核方式	学分	学时	主讲教师
H17010	大学计算机基础	考试	1	16	T001
H17020	大学计算机基础实验	考查	.5	16	T002
H27030	C语言程序设计	考试	2	32	T003
H27040	VB程序设计	考试	1.5	24	T004
H27050	ACCESS数据库设计	考试	1.5	24	T005
H27060	C语言程序设计实验	考查	1	24	T006
H27070	VB程序设计实验	考查	1	24	T007
H27080	ACCESS数据库设计实验	考查	1	24	T008
H17030	物联网应用	考查	2	32	T009
H17040	网络技术与应用	考查	2	32	T009
H17050	电子商务概论	考查	2	32	T004
H17060	Java程序设计	考查	2	32	T009
H17070	Visual C++程序设计	考查	2	32	T009
H17080	LaTex 基础入门	考查	2	32	T008
H17090	图论基础	考查	2	32	T009
H17100	Access数据库程序设计	考查	2	32	T007
H17110	Web程序设计	考查	2	32	T009

图 7.16 添加字段到空报表窗口

(3) 将报表保存为“打印课程基本信息”，以“打印预览”方式打开该报表，如图 7.17 所示。

打印课程基本信息

课程编号	课程名称	考核方式	学分	学时	主讲教师
H17010	大学计算机基础	考试	1	16	T001
H17020	大学计算机基础实验	考查	.5	16	T002
H27030	C语言程序设计	考试	2	32	T003
H27040	VB程序设计	考试	1.5	24	T004
H27050	ACCESS数据库设计	考试	1.5	24	T005
H27060	C语言程序设计实验	考查	1	24	T006
H27070	VB程序设计实验	考查	1	24	T007
H27080	ACCESS数据库设计实验	考查	1	24	T008
H17030	物联网应用	考查	2	32	T009
H17040	网络技术与应用	考查	2	32	T009
H17050	电子商务概论	考查	2	32	T004
H17060	Java程序设计	考查	2	32	T009
H17070	Visual C++程序	考查	2	32	T009

图 7.17 “打印课程基本信息”报表

7.2.5　使用“标签”向导创建报表

【例 7-5】 以表“学生基本信息表”为数据源，使用“标签”向导创建“打印学生卡片”报表，操作步骤如下：

(1) 启动 Access 2010，打开“学生管理系统”数据库，在“学生管理系统”数据库工作界面的导航窗格中，选中“学生基本信息表”表。

(2) 在功能区的“创建”选项卡的“报表”组中，单击“标签”按钮，打开“标签向导”的“请指定标签尺寸”对话框，在其中选择一种所需要的尺寸(如果不能满足需要，可以单击“自定义”按钮自行设计标签尺寸)，如图 7.18 所示。

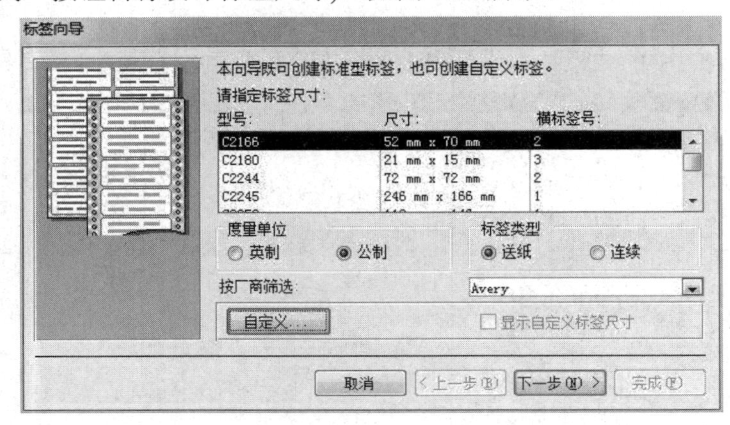

图 7.18　标签向导之“请指定标签尺寸”

(3) 单击“下一步”按钮，打开“标签向导”的“请选择文本的字体和颜色”对话框，为标签文本选择字体和颜色等，如图 7.19 所示。

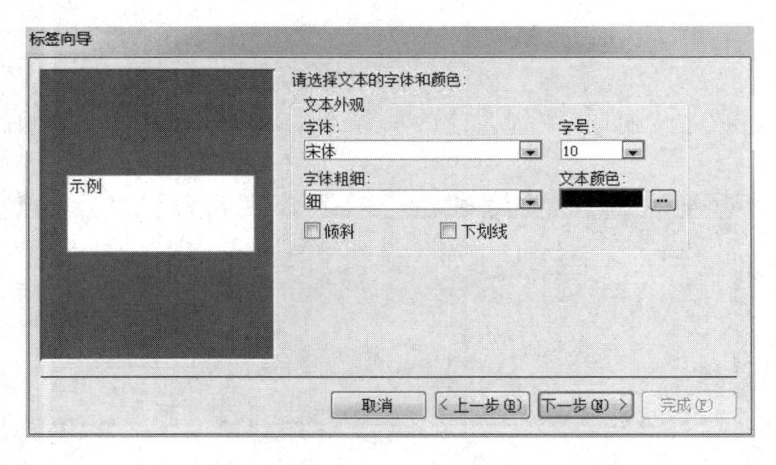

图 7.19　标签向导之“请选择文本的字体和颜色“

(4) 单击“下一步”按钮，打开“标签向导”的“请确定邮件标签的显示内容”对话框，确定邮件标签的显示内容，将“可用字段”窗格中的所有字段发送到“原型标签”窗格中。为了让标签意义更明确，在每个字段前面输入所需要的说明文本，如图 7.20 所示。

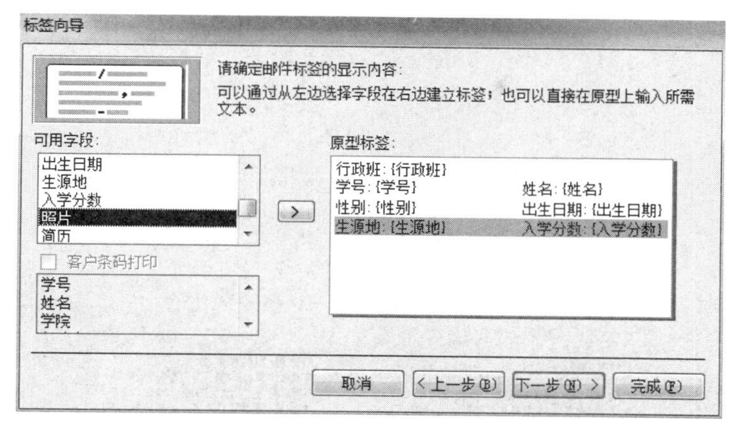

图 7.20　标签向导之“请确定邮件标签的显示内容”

(5) 单击“下一步”按钮，打开“标签向导”的“请确定按哪些字段排序”对话框，确定按哪个字段排序，在“可用字段”窗格中，双击“学号”字段，把它发送到“排序依据”窗格中，作为排序依据，如图 7.21 所示。

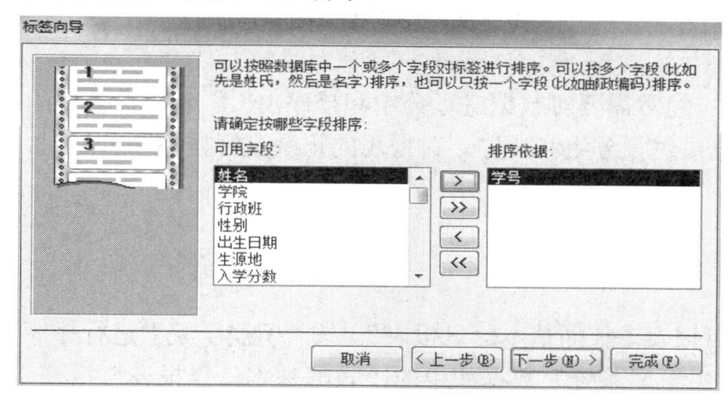

图 7.21　标签向导之“请确定按照哪些字段排序”

(6) 单击“下一步”按钮，打开“标签向导”的“请指定报表的名称”对话框，指定报表的名称为“打印学生卡片”，如图 7.22 所示。

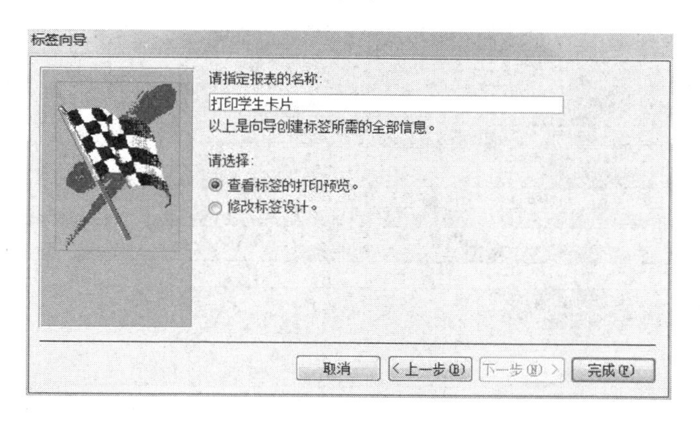

图 7.22　标签向导之“请指定报表的名称”

(7) 单击“完成”按钮，完成标签报表的设计，设计结果如图 7.23 所示。

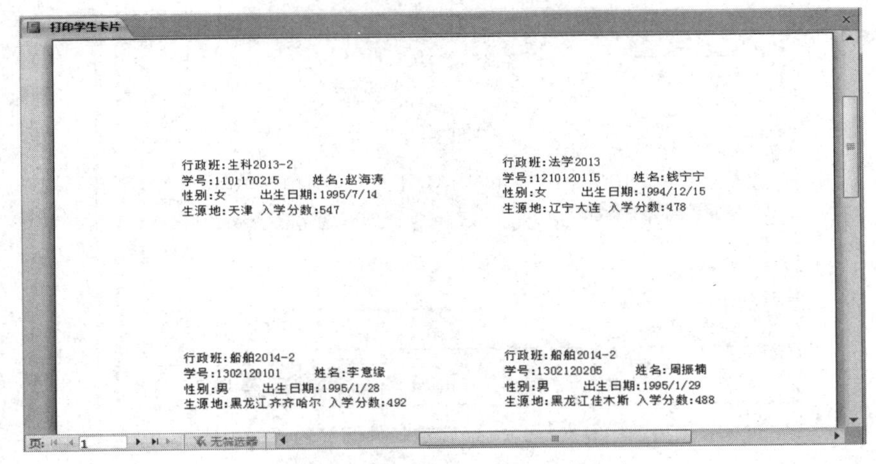

图 7.23　“打印学生卡片”标签报表

7.3　报表排序和分组

在实际工作中，经常需要对数据进行分组和排序。使用 Access 提供的排序和分组功能，可以对报表中的记录进行分组和排序。对报表的记录进行排序和分组时，可以对一个字段进行，也可以对多个字段分别进行。

7.3.1　记录排序

【例 7-6】 对报表“教师基本信息报表”，按“所属学院”进行排序，操作步骤如下：

(1) 打开“学生管理系统”数据库中的“教师基本信息报表”报表，然后切换到设计视图。

(2) 在“设计”选项卡的“分组和汇总”组中，单击“分组和排序”按钮，在报表下部出现了“添加组”和“添加排序”两个按钮，如图 7.24 所示。

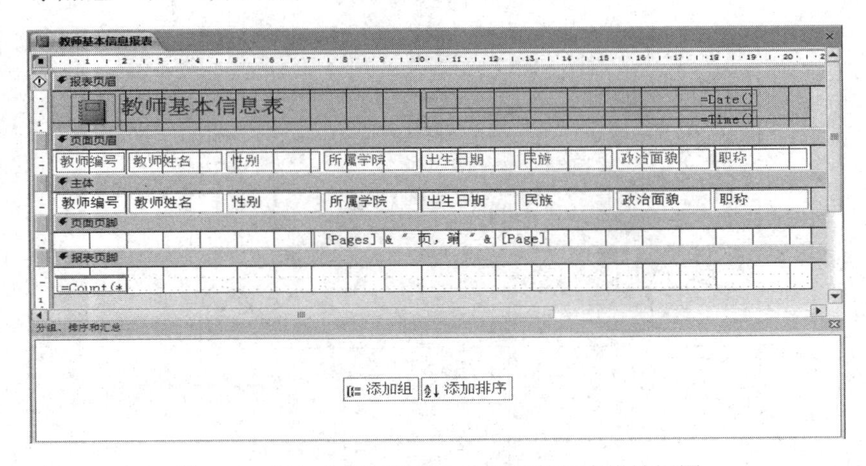

图 7.24　添加分组和排序占位符后的报表设计视图

(3) 单击“添加排序”按钮后，打开“字段列表”，在列表中可以选择排序所依据的字段，如图 7.25 所示。

(4) 在字段列表中，单击“所属学院”字段，默认为“升序”，如图 7.26 所示。

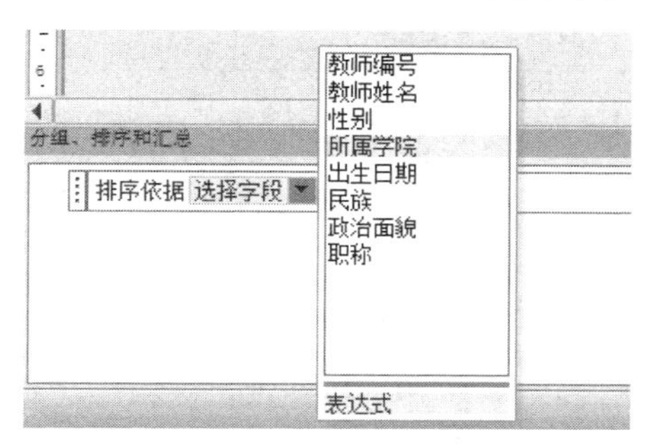

图 7.25　字段列表

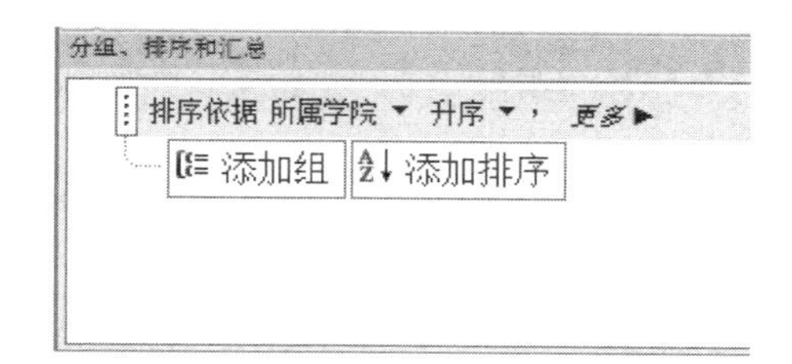

图 7.26　显示排序形式

(5) 单击功能区的“设计”选项卡的“视图”组的“报表视图”按钮，可以看到设置后的结果，如图 7.27 所示。

教师基本信息报表

教师基本信息表　2016年10月11日 21:23:27

教师编号	教师姓名	性别	所属学院	出生日期	民族	政治面貌	职称
T020	王芳	女	01	1987/3/2	满	群众	助教
T021	张丽	女	02	1972/6/1	回	党员	副教授
T005	赵明	男	05	1966/9/6	藏	党员	教授
T006	刘倩	女	05	1980/3/2	满	民进	助教
T007	张明丽	女	05	1972/6/1	回	党员	副教授
T008	李小兵	男	05	1967/12/8	汉	党员	教授
T009	张晓	女	05	1970/10/25	汉	党员	副教授
T001	李小芳	女	05	1968/12/8	汉	党员	教授
T004	王宏	男	05	1975/8/11	汉	群众	讲师
T002	张晓黎	女	05	1970/10/25	汉	党员	副教授
T003	赵大海	男	05	1959/6/13	回	党员	教授
T014	张明丽	女	07	1972/6/1	回	党员	副教授
T015	李芳	女	07	1968/12/8	汉	党员	教授
T016	张黎明	女	07	1970/10/25	汉	党员	副教授
T017	欧阳有为	男	07	1959/6/13	回	党员	教授

图 7.27　排序后的结果

7.3.2　记录分组

分组是将报表中具有共同特征的相关记录排列在一起。

【例 7-7】 对“打印课程基本信息”报表，按“考核方式”字段进行分组，操作步骤如下：

(1) 打开“学生管理系统”数据库中的“打印课程基本信息”报表，然后切换到设计视图。

(2) 在“设计”选项卡的“分组和汇总”组中，单击“分组和排序”按钮，在报表下部出现了“添加组”和“添加排序”两个按钮，如图 7.28 所示。

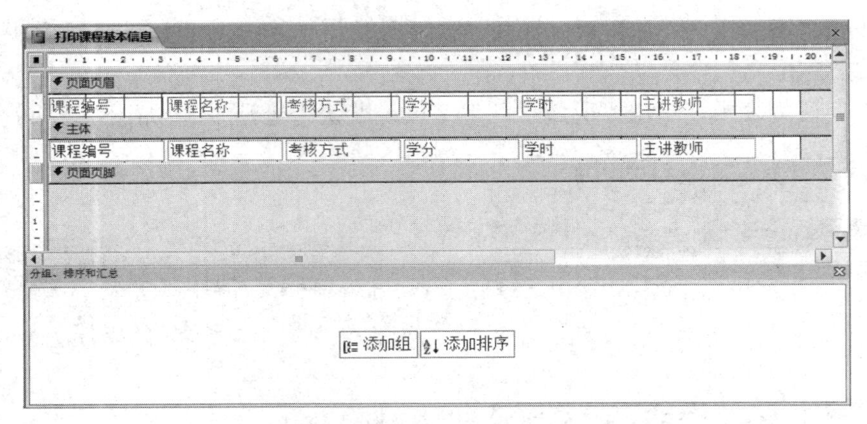

图 7.28　添加分组和排序占位符后的报表设计视图

(3) 单击“添加组”按钮后，打开“字段列表”，在列表中可以选择分组所依据的字段，此外，可以依据表达式进行分组，如图 7.29 所示。

(4) 在字段列表中，单击“考核方式”字段，默认“升序”，如图 7.30 所示。

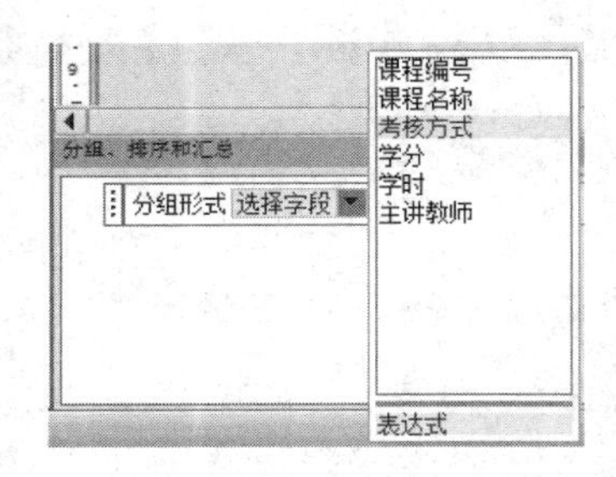

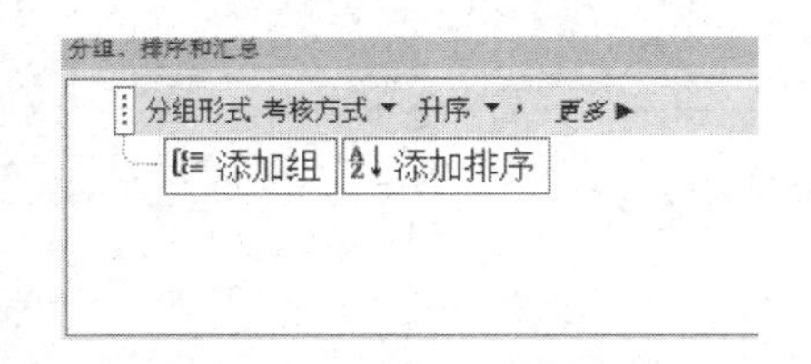

图 7.29　字段列表　　　　　　　图 7.30　显示排序形式

(5) 单击功能区的“设计”选项卡的“视图”组的“报表视图”按钮，可以看到设置后的结果，如图 7.31 所示。

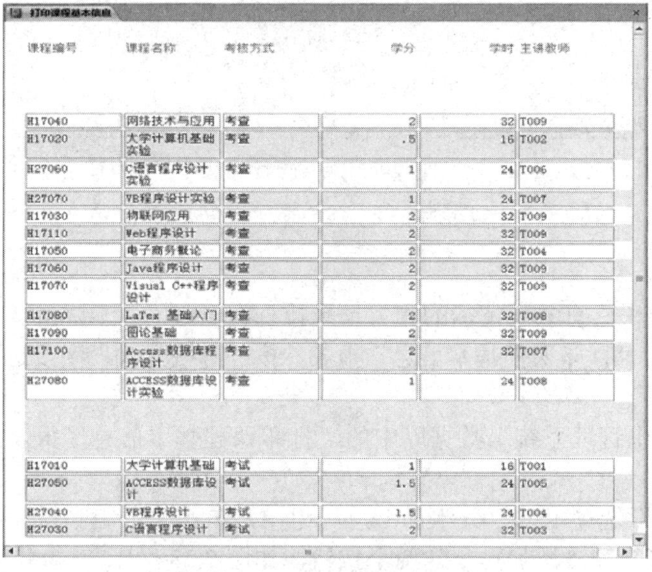

课程编号	课程名称	考核方式	学分	学时	主讲教师
H17040	网络技术与应用	考查	2	32	T009
H17020	大学计算机基础实验	考查	.5	16	T002
H27060	C语言程序设计实验	考查	1	24	T006
H27070	VB程序设计实验	考查	1	24	T007
H17030	物联网应用	考查	2	32	T009
H17110	Web程序设计	考查	2	32	T009
H17050	电子商务概论	考查	2	32	T004
H17060	Java程序设计	考查	2	32	T009
H17070	Visual C++程序设计	考查	2	32	T009
H17080	LaTex 基础入门	考查	2	32	T008
H17090	图论基础	考查	2	32	T009
H17100	Access数据库程序设计	考查	2	32	T007
H27080	ACCESS数据库设计实验	考查	1	24	T008
H17010	大学计算机基础	考试	1	16	T001
H27050	ACCESS数据库设计	考试	1.5	24	T005
H27040	VB程序设计	考试	1.5	24	T004
H27030	C语言程序设计	考试	2	32	T003

图 7.31　分组后的结果

7.4 使用计算控件

7.4.1 报表添加计算控件

【例7-8】 在“打印学生基本信息”报表中添加计算控件计算学生年龄，操作步骤如下：

(1) 打开“学生管理系统”数据库，然后以设计视图打开“打印学生基本信息”报表。

(2) 将主体节中的所有标签移动到页面页眉中，并调整主体节中的文本框与相应的页面页眉中的标签对齐，如图7.32所示。

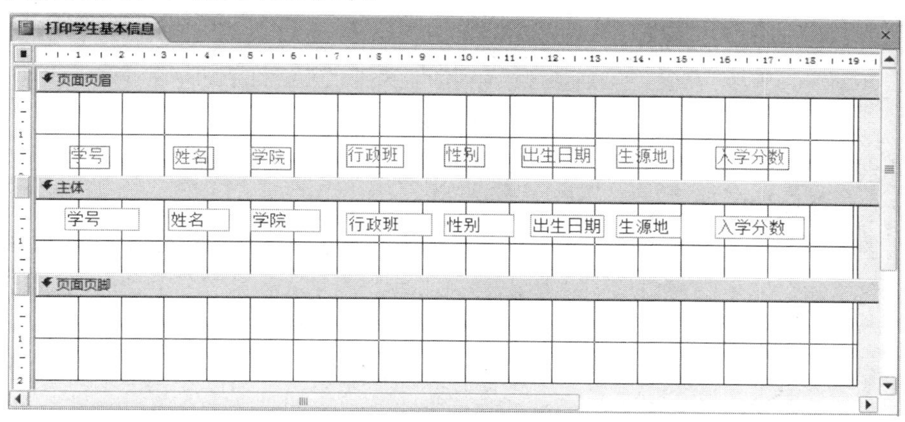

图7.32 将标签移动到页面页眉中

(3) 将“主体”节中的“出生日期”标签的标题修改为“年龄”，将“主体”节中的“出生日期”字段删除掉。

(4) 在功能区的“设计”选项卡里的“控件”组中，单击“文本框”按钮，在报表主体节中添加一个文本框，把文本框放在原来“出生日期”字段的位置，并把文本框的附加标签删除掉，如图7.33所示。

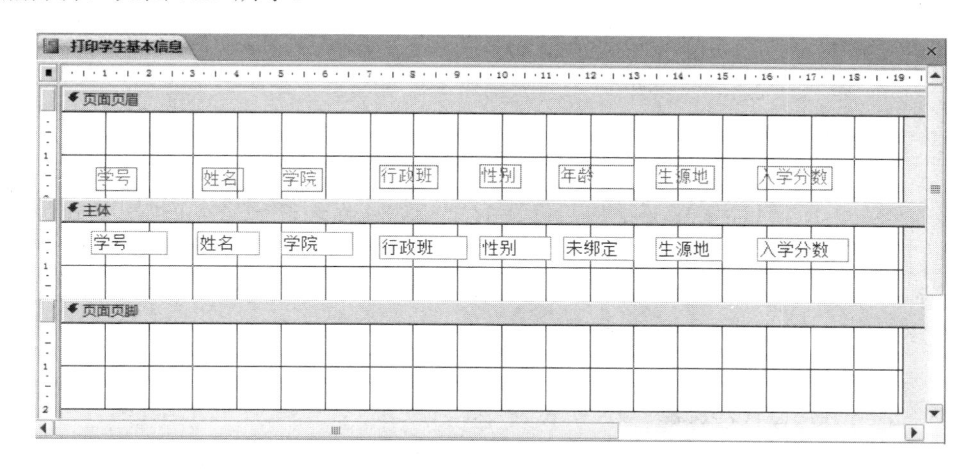

图7.33 添加计算控件

(5) 双击“文本框”打开文本框的“属性表”对话框，设置“名称”属性的属性值为“年龄”，在“控件来源”属性中，输入“=Year(Date())-Year([出生日期])”，如图 7.34 所示。

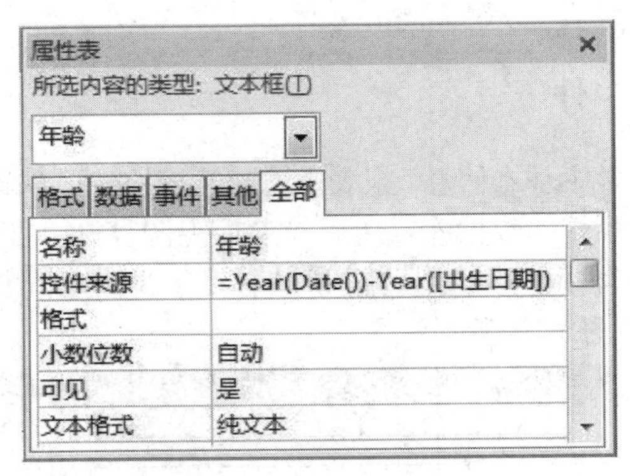

图 7.34　“属性表”对话框

(6) 单击功能区的“设计”选项卡的“视图”组的“报表视图”按钮，可以看到报表中“年龄”计算控件的计算结果，如图 7.35 所示。

打印学生基本信息

学号	姓名	学院	行政班	性别	年龄	生源地	入学分数
12101201	钱宁宁	法学院	法学2013	女	22	辽宁大连	478
13101201	刘富城	法学院	行政2013-1	男	22	辽宁大连	480
13101201	杨一兵	法学院	行政2013-2	男	22	辽宁大连	482
13101201	李思萌	法学院	人力2012-2	女	21	辽宁大连	484
13101201	郝鸣飞	法学院	人力2013-1	男	21	辽宁大连	486
13101201	李云龙	法学院	人力2013-1	男	21	辽宁大连	488
13101201	高燕飞	法学院	人力2013-1	女	21	辽宁大连	490

图 7.35　“年龄”计算控件的计算结果

【例 7-9】 在“打印学生基本信息”报表中添加计算控件，显示页码。

页码主要有两种显示格式：

(1) 显示格式为“当前页/总页数”，如“8/10”。

表达式：=[Page] & "/" & [Pages]

(2) 显示格式为“第 n 页/共 m 页”，如“第 8 页/共 10 页”。

表达式：="第" & [Page] & "页/共" & [Pages] & "页"

其中[Page]是页变量，计算当前页，[Pages]是页数变量，计算总页数。

操作步骤如下：

(1) 打开“学生管理系统”数据库，然后以设计视图打开“打印学生基本信息”报表。在页面页脚节，添加一个文本框，输入显示页面的表达式“= "第" & [Page] & "页/共" & [Pages] & "页" ”，如图 7.36 所示。

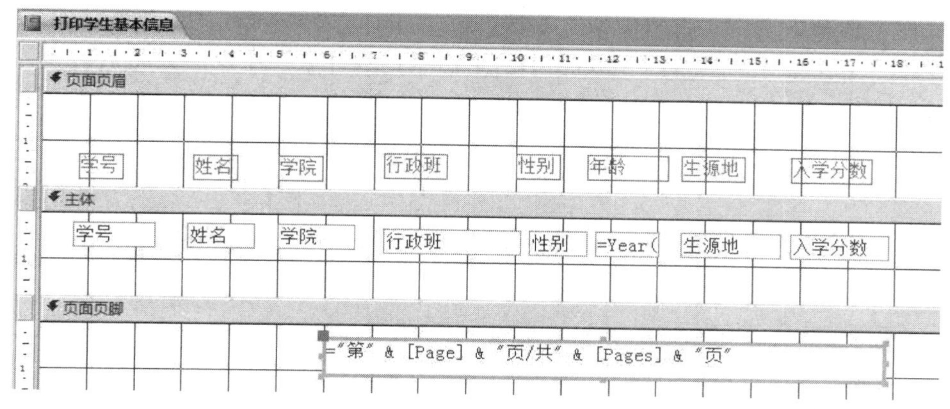

图 7.36　为报表添加页码

(2) 保存报表，以打印预览视图打开“打印学生基本信息”报表，如图 7.37 所示。

13101101	赵雨	法学院	人力2013-2	女	22	辽宁大连	492
13101102	刘小鑫	法学院	海技2013-1	女	23	山东济南	494
12101302	孙诗诗	法学院	海技2013-2	女	23	山东济南	496
13101301	李宇宁	法学院	海科2014-1	男	23	山东济南	498
13101301	韩英哲	法学院	海科2014-1	男	23	山东济南	500
13101301	李茜西	法学院	海科2014-2	女	23	山东济南	502

第1页/共10页

图 7.37　添加页码后的报表

7.4.2　报表统计计算

【例 7-10】 基于“学生成绩表”，使用“报表”工具创建“选课情况”报表，对该报表进行按课程分组汇总和对整个选课学生人数进行汇总，操作步骤如下：

(1) 打开“学生管理系统”数据库，基于“学生成绩表”，使用“报表”工具创建“学生选课”报表，然后切换到设计视图。

(2) 在“设计”选项卡的“分组和汇总”分组中，单击“分组和排序”按钮，在报表下部出现“添加组”和“添加排序”按钮。单击“添加组”按钮后，打开“字段列表”，选择按“课程编码”字段进行分组，如图 7.38 所示。

(3) 在主体节中选中“课程编码”字段，在“设计”选项卡的“分组和汇总”组中，单击“合计”按钮，在打开的下拉列表中，单击“记录计数”命令，如图 7.39 所示。

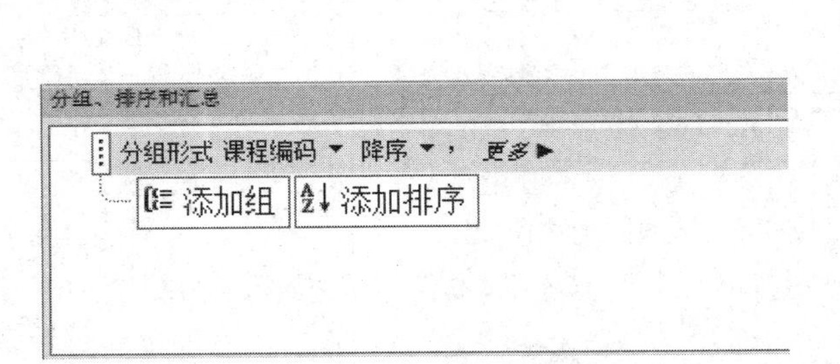

图 7.38　显示分组形式

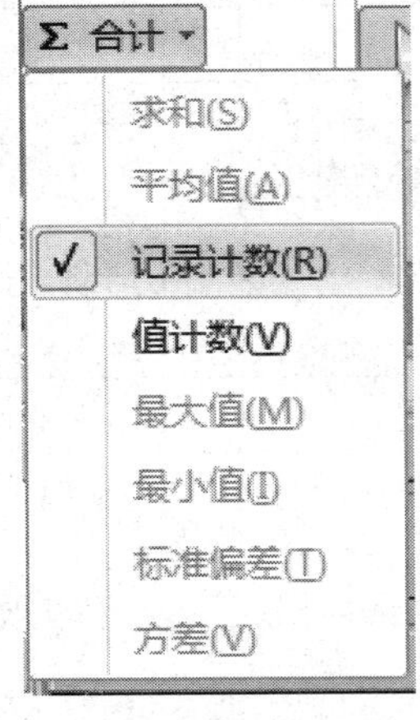

图 7.39　合计下拉列表

(4) 此时在报表中自动添加了“课程编码页眉/页脚”组，并在“课程编码页脚”页添加了一个计算字段。同时在“报表页脚”中也添加了一个计算字段，如图 7.40 所示。

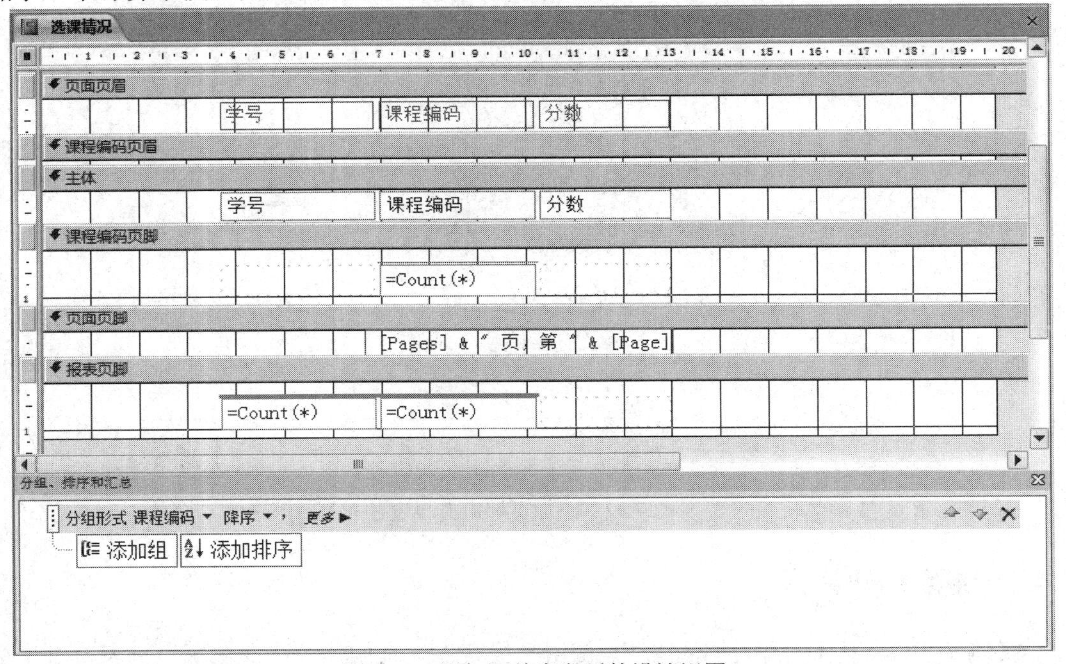

图 7.40　添加汇总字段后的设计视图

(5) 在“设计”选项卡的“页眉/页脚”组中，点击“标题”按钮，修改标题文本，并设置居中，在标题下部添加一条直线。

(6) 单击“报表视图”按钮，可以看到按课程分组汇总的报表，如图 7.41 所示。

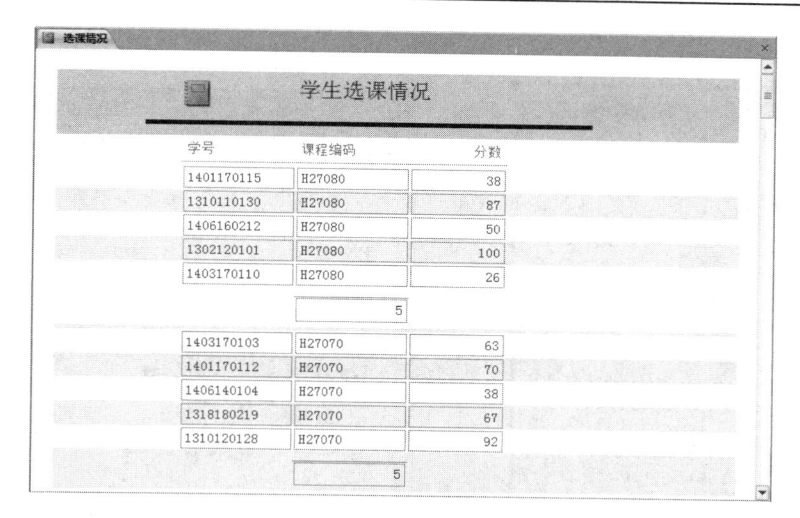

图 7.41　按课程分组汇总的报表

7.4.3　报表常用函数

对报表进行统计汇总是按照系统提供的计算函数完成的。报表统计汇总中常用的计算函数如表 7-1 所示。

表 7-1　常用的统计计算函数

函数	功　能
Avg	计算指定范围内的多个记录中指定字段值的平均值
Count	计算指定范围内的记录个数
First	返回指定范围内的多个记录中，第一个记录指定字段的值
Last	返回指定范围内的多个记录中，最后一个记录指定字段的值
Max	返回指定范围内的多个记录中的最大值
Min	返回指定范围内的多个记录中的最小值
StDev	计算标准偏差
Sum	计算指定范围内的多个记录中指定字段值的和
Var	计算总体方差

【例 7-11】 基于“选课情况”报表，利用报表函数，计算每一门课程的平均分，操作步骤如下：

(1) 打开“学生管理系统”数据库，以设计视图方式打开“选课情况”报表。

(2) 在功能区的“设计”选项卡里的“控件”组中，单击“文本框”按钮，在“课程编码页脚”节中，添加一个文本框，设置附加标签的标题为“平均分”，在文本框中，输入“=Avg([分数])”。也可以双击该文本框，在弹出的属性窗口(如图 7.42 所示)中单击控件来源的 [...] 按钮，打开表达式生成器窗口，在该窗口中选择合适的报表函数，如图 7.43 所示，然后单击“确定”，得到如图 7.44 的结果。“平均分”文本框用以计算选修该门课程学生的平均分，命名文本框为“平均分”。如图 7.45 所示。

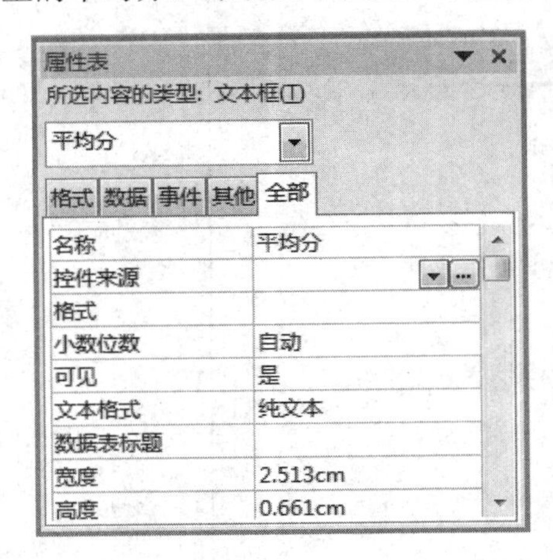

图 7.42　属性窗口

表达式生成器
输入一个表达式以创建一个计算控件(E)：
(表达式示例包括[field1] + [field2]和[field1] < 5)
=Avg([分数])
确定
取消
帮助(H)
<< 更少(L)
表达式元素(X)
选课情况
函数
内置函数
学生管理系统
Web 服务
学生管理系统.accdb
常量
表达式类别(C)
<全部>
SQL 聚合函数
财务
常规
程序流程
错误处理
检查
日期/时间
数据库
数学
数组
表达式值(V)
Abs
AccessError
Asc
AscW
Atn
Avg
BuildCriteria
CBool
CByte
CCur
CDate
Avg(expression)
计算查询中指定字段包含的一组值的算术平均值。

图 7.43　表达式生成器

属性表
所选内容的类型：文本框(T)
平均分
格式 数据 事件 其他 全部

名称	平均分
控件来源	=Avg([分数])
格式	固定
小数位数	2
可见	是
文本格式	纯文本
数据表标题	
宽度	2.513cm
高度	0.661cm

图 7.44　报表函数设置结果

选课情况
学生选课情况
学号　课程编码　分数
=Count(*)　平均分　=Avg([分数])
=[Page] & "页，第" & [Page]
=Count(*)　=Count(*)
添加组　添加排序

图 7.45　添加报表函数后的报表设计视图

(3) 单击“报表视图”按钮，可以看到添加报表函数后的结果，如图 7.46 所示。

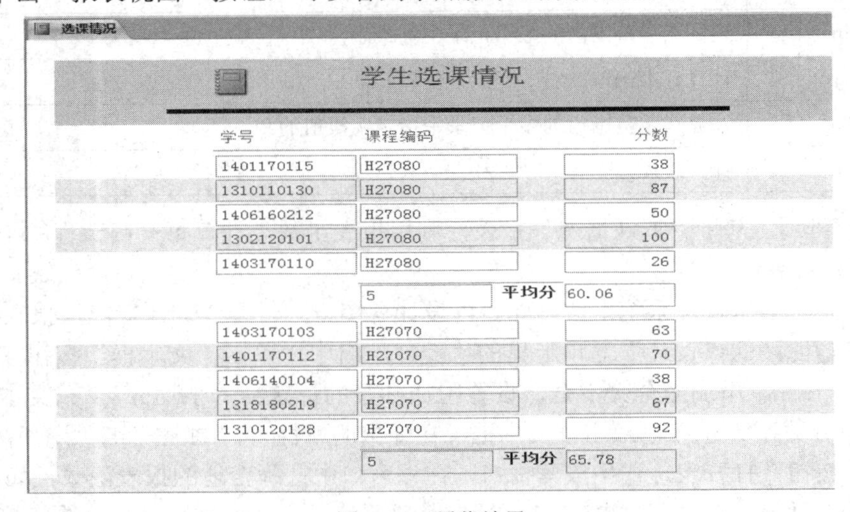
选课情况

学生选课情况

学号	课程编码		分数
1401170115	H27080		38
1310110130	H27080		87
1406160212	H27080		50
1302120101	H27080		100
1403170110	H27080		26
	5	平均分	60.06
1403170103	H27070		63
1401170112	H27070		70
1406140104	H27070		38
1318180219	H27070		67
1310120128	H27070		92
	5	平均分	65.78

图 7.46　预览结果

本章小结

报表是用于按指定格式输出数据的数据库对象。报表的数据源可以是表或查询。常见的报表类型有：纵栏式报表、表格式报表、图表式报表、标签式报表和主/从式报表。

创建报表和窗体的操作方法有许多是相同的。二者不同之处在于，窗体可以与用户进行交互，报表不能与用户交互。使用“报表”工具创建报表可以按 Access 的默认设置快速创建报表，使用报表向导可以选择 Access 提供的布局等创建报表，使用报表设计器可以按自己的设计创建报表。通常先使用前两种方法创建报表，然后再使用报表设计器根据需要修改报表。

习　题

1. 报表与窗体的主要区别是什么？
2. 报表设计器各节的主要功能是什么？
3. 报表的 4 种视图的功能分别是什么？
4. 画出每一种报表类型的报表。

第8章　宏

宏是一种工具，利用宏可以自动完成大量的重复性操作，使管理和维护 Access 数据库更加方便。本章主要介绍宏的概念、宏的设计方法及宏的运行和使用。

8.1　宏　概　述

8.1.1　宏的概念

宏是用于执行特定任务的一个或多个操作的集合，其中每个操作实现特定的功能，这些操作称为宏操作。Access 2010 提供了几十个宏操作。执行宏时，Access 2010 自动执行宏中的每一条宏操作，以完成特定任务。

使用宏很方便，用户不需要记住各种语法，只要从宏设计窗口中选择所要使用的宏操作及相关的参数即可。使用宏可以实现特定的功能，如打开和关闭表、窗体和报表，运行查询、执行报表的预览和打印操作以及数据的过滤、查找等。

8.1.2　常用的宏操作

宏操作的功能与菜单命令相同，但作用的条件与菜单命令有所不同。菜单命令一般用在数据库的设计过程中，而宏操作则用在数据库的执行过程中；菜单命令必须由使用者来施加，而宏操作则可以在数据库中自动执行。

常用的宏操作如表 8-1 所示。用户可以根据应用的需要，从系统内置的基本宏操作中选择若干宏操作构成一个宏。

表 8-1　常用宏操作命令功能说明

操作类型	操作命令	功 能 说 明
数据库对象	OpenForm	打开窗体，并能通过选择窗体的输入数据方式限制窗体所显示的记录
	OpenReport	在“设计”或“打印预览”视图中打开报表或立即打印报表
	OpenTable	在“设计”视图或“数据表”视图中打开数据表
	OpenQuery	打开选择查询或交叉表查询，或者执行操作查询，查询可以在数据表视图、设计视图或打印预览视图中打开

续表一

操作类型	操作命令	功能说明
数据库对象	GoToControl	将焦点移到活动数据表或窗体上指定的字段或控件上
	GoToPage	将焦点移到活动窗体指定页的第一个控件上
	GoToRecord	在表、窗体或查询结果集中指定记录成为当前记录
	PrintObject	打印当前对象
窗口管理	CloseWindow	关闭指定的窗口，如果无指定的窗口，则关闭当前活动窗口
	MaximizeWindow	最大化窗口
	MinimizeWindow	最小化窗口
	RestoreWindow	还原窗口
筛选、查询和搜索命令	FindRecord	查找满足条件的第一条记录
	FindNextRecord	查找满足条件的下一条记录
	ApplyFilter	将筛选、查询应用到报表中，对于报表，只能在报表的 OnOpen 事件的嵌入式宏中使用此命令
	Refresh	刷新视图中的记录
	RefreshRecord	刷新当前记录
	RemoveFilterSort	删除当前筛选
	Requery	对活动对象上指定控件的数据源进行重新查询，以实现对该控件对应的数据的更新，如果没有指定控件，该命令会对对象自身的数据源进行重新查询。
	SetFilter	在表、窗体或报表中应用筛选、查询或 SQL Where 子句来设置过滤条件
	SetOrderBy	对表中的记录或者来自窗体、报表或查询中的记录应用排序
	ShowAllRecords	删除所有已应用的筛选，显示所有记录
宏命令	CancelEvent	取消导致宏运行的事件，
	OnError	当错误发生时指定进行相关操作
	RunCode	执行函数或过程
	RunDataMacro	运行数据宏
	RunMacro	执行一个宏，可用该操作从其他宏中执行宏、重复宏，基于某一条执行宏，或将宏附加于自定义菜单命令
	RunMenuCommand	执行菜单命令，此命令必须适用于当前视图

续表二

操作类型	操作命令	功 能 说 明
系统命令	Beep	通过计算机的扬声器发出嘟嘟声
	CloseDatabase	关闭当前数据库
	QuitAccess	退出 Access，还可以指定在退出之前是否保存数据库对象
记录操作	DeleteRecord	删除当前记录
	EditListItems	编辑查阅列表中的项
	SaveRecord	保存当前记录
用户界面命令	MessageBox	显示含有警告或提示消息的消息框
	AddMenu	为窗体或报表将菜单添加到自定义菜单栏，菜单栏中的每个菜单都需要一个独立的 AddMenu 操作
	LockNavigationPane	锁定或解除锁定导航窗格
	NavigateTo	定位到指定的 “导航窗格”组和类别
	Redo	重复用户最近的操作
	UndoRecord	撤销用户最近的操作
	SetDisplayCategories	用于指定要在导航窗格中显示的类别
	SetMenuItem	设置自定义菜单的状态(启用或禁用，选中或不选中)

8.1.3 宏的类型

在 Access 中，宏可以是包含操作序列的宏，也可以是由若干个宏构成的宏组，还可以使用条件表达式来决定在什么情况下运行宏命令，以及在运行宏时是否进行某项操作。根据这三种情况可以将宏分为 3 类：操作序列宏、宏组和条件宏。

(1) 操作序列宏。操作序列宏是最基本的宏类型，它通过一个事件绑定一个宏来执行相应的动作。例如，通过单击命令按钮来打开一个数据表。

(2) 宏组。所谓宏组就是在一个宏名下存储有多个子宏。子宏是共同存储在一个宏名下的一组宏的集合，该集合通常只作为一个宏引用。在一个宏中含有一个或多个子宏，每个子宏又可以包含多个宏操作。在使用中，如果希望执行一系列相关的操作则要创建包含子宏的宏。例如，如果用户使用宏创建自定义菜单，则可以在一个宏中，创建多个子宏，每个子宏对应一个菜单项。使用子宏更方便数据库的操作和管理。

(3) 条件宏。在宏的执行过程中，可以设定一个执行条件，只有当条件满足时才执行宏，这就是条件宏。用于判断执行条件的语句通常为一个逻辑或关系表达式，当表达式返回的值为真时才执行宏命令。

如果按照宏是否是一个独立的 Access 对象，宏还可以分为独立宏和嵌入式宏。独立宏在 Access 导航窗格的“宏”组中可以看到。与独立宏相反，嵌入式宏嵌入在窗体、报表或控件对象的事件中。嵌入式宏是它们所嵌入对象或控件的一部分。嵌入式宏在导航窗格中是不可见的。嵌入式宏的出现使得宏的功能更加强大、更加安全。

如果按照宏是否自动执行可以将宏分为自动运行宏与非自动运行宏，自动运行宏是独立宏，宏的名称必须是“AutoExec”，不是该名称的宏都不是自动运行宏。

另外，还有一种数据宏，是Access 2010新增的一项功能，该功能允许在表事件(如添加、更新或删除数据等)中自动运行。每当在表中添加、更新或删除数据时，都会发生表事件。数据宏是在发生这三种事件中的任一种事件之后，或发生删除或更新事件之前运行的。数据宏是一种触发器，可以用来检查数据表中输入的数据是否合理。当在数据表中输入的数据超出限定的范围时，数据宏就给出提示信息。另外，数据宏可以实现插入记录、修改记录和删除记录，从而对数据更新，这种更新比使用查询更新的速度快很多。对于无法通过查询实现数据更新的Web数据库，数据宏尤其有用。

8.1.4　宏工具

创建宏时打开“宏工具/设计”选项卡，单击“创建”选项卡“宏与代码”选项组的“宏”按钮，使用随后出现宏的设计器来设计宏，如图8.1所示，该选项卡由“工具”、“折叠/展开”、“显示/隐藏”三个组构成。

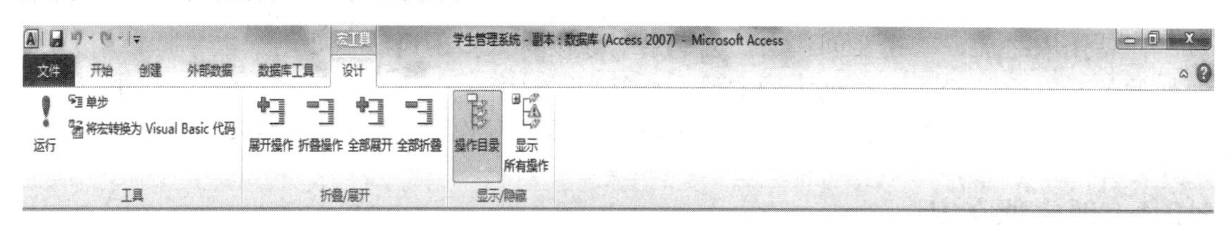

图8.1　“宏工具/设计”选项卡

“工具”组：包括运行、单步、将宏转换为Visual Basic代码三个按钮。

“折叠/展开”组：提供了浏览宏代码的几种方式。其中，“展开操作”可以详细地阅读每个操作的细节，包括每个参数的具体内容；“折叠操作”把宏操作的细节收缩起来，不显示操作的参数，只显示操作的名称。

“显示/隐藏”组：主要对操作目录进行隐藏和显示。当用户单击“操作目录”按钮以后，在Access窗口的下部会显示三个窗格，中间窗格是宏设计器，右侧窗格是“操作目录”，如图8.2所示。其中操作目录窗格由三部分组成，上部是程序流程部分，中间是操作部分，下部是学生管理系统数据库中包含部分宏的对象。

(1) 程序流程，包含注释、组、条件和子宏。

(2) 操作，操作部分把宏操作按性质分为8组，分别是“窗口管理”、“宏命令”、“筛查/查询/搜索”、“数据导入/导出”、“数据库对象”、“数据输入操作”、“系统命令”和“用户界面命令”，一共有66个操作。Access 2010以这种结构清晰的方式管理宏，使得用户创建宏更为方便和容易。

(3) 在这部分列出了当前数据库中所有的宏，以便用户可以重复使用所创建的宏和事件过程代码。展开“在此数据库中”，通常显示下一级列表“报表”、“窗体”和“宏”。如果包含数据宏，则显示中还会包含表对象。

图 8.2　操作目录

8.2 创　建　宏

在使用宏之前，首先要创建宏。创建宏对象没有太多的语法需要用户去掌握，用户所要做的就是在宏的操作设计列表中安排一些简单的选择。

创建宏的过程主要有指定宏名、添加操作、设置操作参数以及提供备注等。

8.2.1　创建独立宏

独立宏作为一个宏对象单独存在，建立之后在导航窗格的“宏”对象中可以看到。

【例 8-1】 创建“新教师录入追加宏”。其作用是打开“新教师录入追加查询”，追加记录，并进行信息提示，其设计如图 8.3 所示。

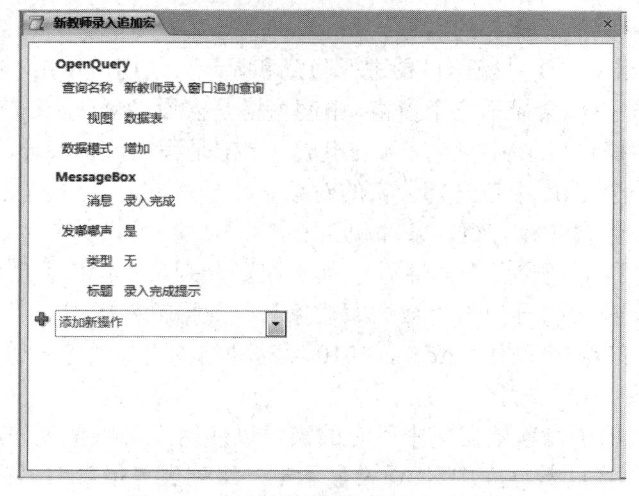

图 8.3　“新教师录入追加宏”的设计

创建过程如下：

(1) 单击“创建”选项卡中“宏与代码”选项组的“宏”按钮，打开宏设计器窗口。

(2) 在宏设计器窗格的“添加新操作”处，输入“OpenQuery”或从下拉列表中选择宏操作“OpenQuery”。

(3) 设置宏操作参数，“查询名称”设置为“新教师录入追加查询”，视图设置为“数据表”，数据模式设置为“增加”。

(4) 添加第二个宏操作“MessageBox”，并设置宏操作参数；“消息”设置为“录入完成”，“标题”设置为“录入完成提示”，“发嘟嘟声”设置为“是”。

(5) 单击“保存”按钮，将此独立宏命名为“新教师录入追加宏”。在导航窗格中可以看到增加了“新教师录入追加宏”这个新的对象。

8.2.2 创建嵌入式宏

嵌入式宏与独立宏不同，它存储在窗体、报表或控件的属性中。嵌入式宏不作为对象显示在导航窗格的“宏”对象中。

【例 8-2】 在窗体“教师基本信息表”中创建一个嵌入式宏，每当数据更新后，弹出一个消息框，显示“当前记录已更新”。操作步骤如下：

(1) 打开“教师基本信息表”窗体。如果此窗体不存在，由教师基本信息表快速建立一个窗体。

(2) 打开属性表，选择窗体对象的“事件”选项卡，在“更新后”栏的右侧单击[...]按钮，弹出“选择生成器”对话框，选择“宏生成器”，单击“确定”按钮。

(3) 在宏生成器窗格中单击“添加新操作”下拉列表框，在弹出的命令列表中选择MessageBox宏操作命令。

(4) 在宏命令的参数设置窗口中“消息”栏中输入“当前记录已更新”。

(5) 保存并关闭宏生成器窗格。

(6) 运行宏。切换到该窗体的窗体视图，更改当前记录的一个数据，单击“下一条”或者关闭窗体时，弹出消息框，显示“当前记录已更新”。

8.2.3 创建宏组

如果用户要将相关的多个宏组织在一起，而不希望单个执行，就可以创建子宏。在一个宏中可以包含多个子宏，每个子宏都必须定义自己的宏名，以便分别调用。创建含有子宏的宏的方法与创建独立宏的方法基本相同。不同的是在创建过程中需要对子宏命名。

【例 8-3】 在“学生管理系统”数据库中，创建一个名为“宏组练习”的宏组，该宏组由“宏 1”、“宏 2”、“宏 3”三个宏组成，宏 1 功能是打开“教师基本信息表”，宏 2 功能是打开“学生成绩表”，宏 3 功能是保存所有的修改后，退出 Access 数据库系统。

操作步骤如下：

(1) 打开“学生管理系统”数据库，在“创建”选项卡的“宏与代码”组中，单击“宏”按钮，打开“宏设计器”。

(2) 在“操作目录”表格中，把程序流程中的子宏拖到“添加新操作”组合框中，把子宏名称文本框中，默认名称 Sub1 修改为“宏 1”。在添加新操作组合框中，选中“OpenTable”，设置名称为“教师基本信息”，数据模式为“只读”。

(3) 在下面的添加新操作组合框中打开列表，从中选中“OnError”操作，设置转至为“下一个”，如图 8.4 所示。

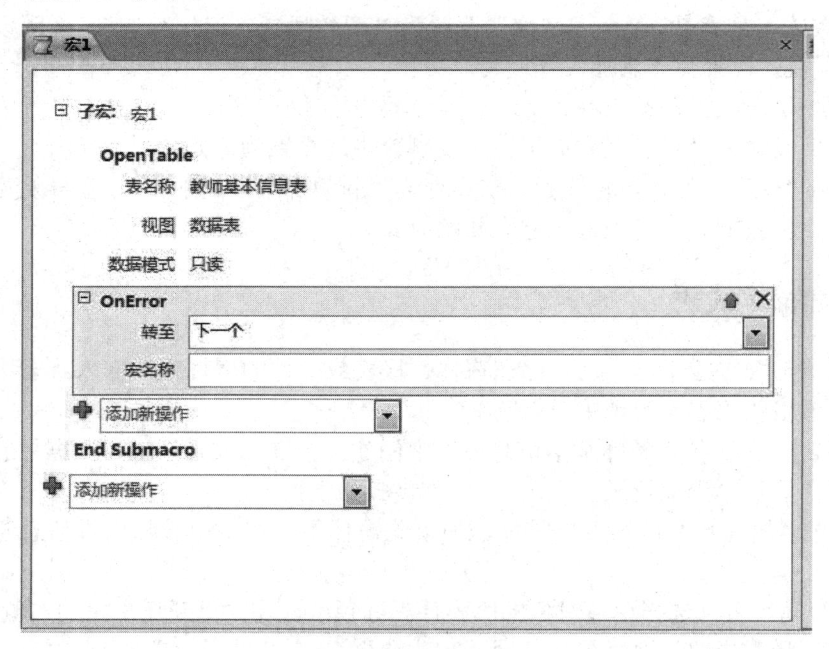

图 8.4　“宏 1”的设计结果

(4) 按照上面的方法依次设置宏 2 和宏 3。

8.2.4　创建条件宏

通常，宏是按照顺序从第一个宏操作依次往下执行。但在某些情况下，要求宏能按照给定的条件进行判断来决定是否执行某些操作。这就需要通过设置条件来控制宏的流程。使用 If 操作，使得宏具有了逻辑判断能力。

条件是一个计算结果为 True/False 或“是/否”的逻辑表达式。宏将根据条件结果的真或假而沿着不同的分支执行。

【例 8-4】 在“学生管理系统”数据库中，创建一个使用条件的嵌入式宏。宏名为“登录验证宏”，使用命令按钮运行宏时，对用户所输入的密码进行验证，只有输入的密码为“123456”才能打开另一个窗体，否则，弹出消息框，提示用户输入的系统密码错误。

操作步骤如下：

(1) 在“创建”选项卡的“宏与代码”组中，单击“宏”按钮，打开“宏设计器”。

(2) 在添加新操作组合框中，选择输入“IF”。

(3) 打开“表达式生成器”对话框，在“表达式元素”窗格中，展开“学生管理系统/Forms/所有窗体”，选中“登录”窗体。在“表达式类别”窗格中，单击“TxtPwd”，如图 8.5 所示，在表达式值中输入“<>123456”。单击“确定”按钮，返回到“宏设计器”中。

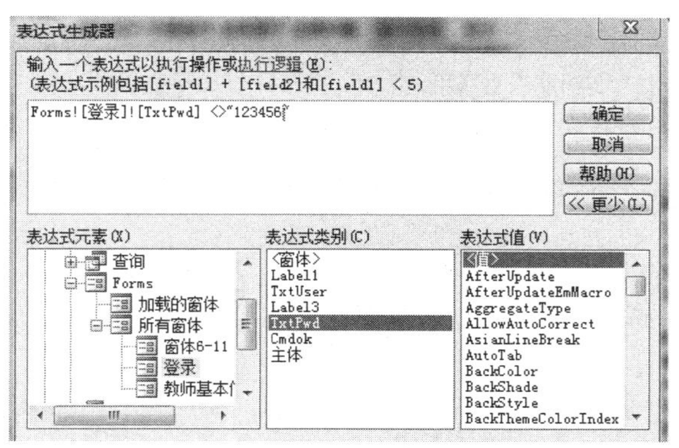

图 8.5 “表达式生成器”对话框

(4) 在“添加新操作”组合框中单击下拉箭头，在打开的列表中选择“MessageBox”，在“操作参数”窗格的“消息”行中输入“密码错误！请重新输入系统密码!”，在类型组合框中，选择“警告!”，其他参数默认。

(5) 之后选择else，在添加新操作中，选择“OpenForm”，各参数分别为“教师基本信息表、窗体、普通”，设计界面如图8.6所示。保存宏名为“登录验证宏”。

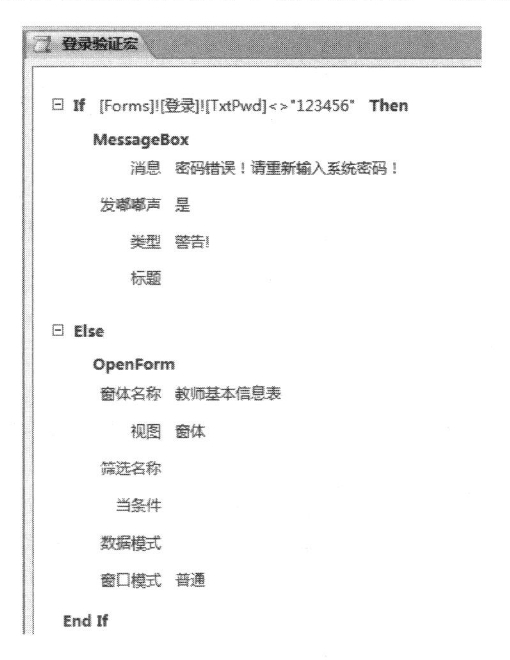

图 8.6 登录验证宏的条件对话框

(6) 打开“登录”窗体切换到设计视图中，在“设计”选项卡的“控件”组中，单击“命令”按钮，打开“请选择按下按钮时执行的操作”对话框。

(7) 在对话框中，在“类别”窗格中，选择“杂项”，在“操作”窗格中，选择“运行宏”，单击“下一步”按钮。

(8) 在打开的“请确定命令按钮运行的宏”对话框中，选择“登录验证宏”，然后单击“下一步”按钮。

(9) 在打开的“请确定按钮上显示文本还是显示图片”对话框中，选中“文本”，输入“登录验证”，然后单击“完成”按钮。

(10) 打开“登录”窗体，在用户输入密码后，单击“登录验证”按钮验证密码，若密码错误，则弹出提示框，若密码正确，则打开教师基本信息表窗体。

8.3 宏的运行与调试

8.3.1 运行宏

1. 直接运行独立宏

如果要直接运行独立宏，可以采用下列方法之一。

(1) 如果要从“宏”设计窗口中运行宏，则在打开此宏的设计器后，单击“宏工具/设计”选项卡中“工具”选项组的“运行”按钮。

(2) 如果要从“导航”窗格中运行宏，则选中待运行的宏，然后双击该宏；或右键单击该宏，在弹出的菜单中，单击“运行”。

(3) 如果要在 Access 2010 的其他地方运行宏，则单击“数据库工具”选项卡中“宏”选项组的“运行宏”按钮，然后在“执行宏”对话框中选择相应的宏；如果要直接运行宏中的某个子宏，则在“执行宏”对话框中选择相应的宏。

2. 运行嵌入式宏

嵌入式宏可以在设计时直接运行，也可以在实际使用时运行。嵌入式宏存储在窗体、报表或控件的某一“事件”属性中，事件发生时，会触发嵌入式宏运行。

3. 运行宏组中的宏

单击“数据库工具”选项卡中“宏”组的“运行宏”按钮，然后在弹出的“执行宏”对话框中选择一个宏组的子宏。

4. 自动运行宏

在打开 Access 数据库时，系统将查找一个名为 Autoexec 的宏，如果找到了，就自动运行它，这个名字为 Autoexec 的宏就是自动运行宏。所以，用户可以把打开数据库时需要触发的操作放到 Autoexec 中，这些操作就会在打开数据库时自动运行。

5. 在 VBA 中运行宏

在 VBA 中，使用 DoCmd 对象中的 RunMacro 方法运行宏。语法格式为：

```
DoCmd.RunMacro(MacroName, RepeatCount, RepeatExpression)
```

格式说明如下：

(1) MacroName：必选参数，为字符串类型表达式，表示宏名称。

(2) RepeatCount：可选数值型表达式，表示宏的运行次数。

(3) RepeatExpression：可选数值型表达式，在宏每次运行时计算一次。当结果为 False(0) 时，宏停止运行。

例如，运行例 8-1 中创建的宏的命令为：

```
DoCmd.RunMacro("新教师录入追加宏")
```

8.3.2　调试宏

如果创建的宏没有实现预期的效果，或者宏的运行出现了错误，就应该对宏进行调试，查找错误。常用的调试方法是通过对宏进行单步执行来发现宏中的错误位置。

使用单步执行宏，可以观察宏的流程和每一个操作的结果，便于发现错误。对宏进行单步执行，操作步骤如下：

(1) 选中要单步执行的宏，打开宏的设计视图。

(2) 单击工具栏上“单步”按钮。

(3) 单击工具栏上的“运行”按钮，显示“单步执行宏”对话框，如图 8.7 所示。

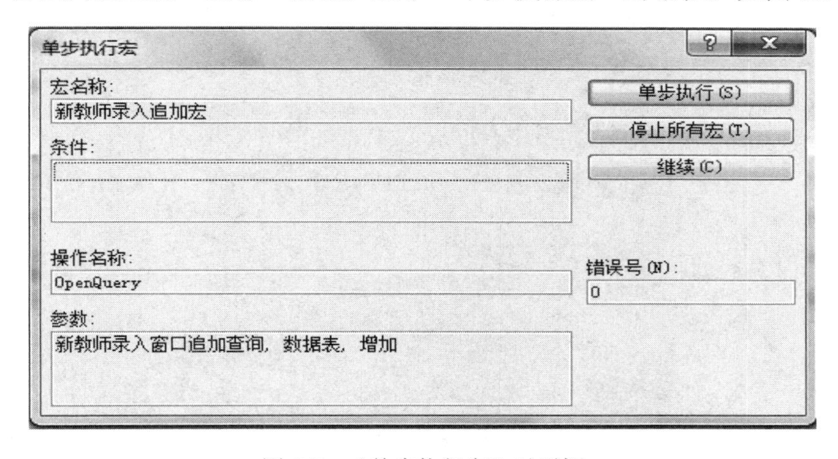

图 8.7　“单步执行宏”对话框

(4) 在“单步执行宏”对话框中，单击“单步执行”按钮，执行“操作名称：”下面显示的操作；单击“停止所有宏”按钮，以停止宏的运行并关闭对话框；单击“继续”以关闭单步执行，并执行宏的未完成部分。

在单步执行时，“单步执行”对话框列出了每一步所执行的宏操作“条件”是否成立、操作名称、操作参数。通过观察这些内在的结果，可以得知宏操作是否按预期执行。

本 章 小 结

宏是 Access 提供给用户操作管理数据库的一个常用工具，宏内可以包含一条或多条宏操作，不同的宏实现对数据库不同方面的操作。Access 2010 提供了丰富的宏操作。

通过宏组，可以将多个相关的宏操作序列集中在一起，方便对宏对象的管理。通过给宏操作设置条件，可以使宏操作在满足一定条件下执行。

宏经常被添加到窗体或报表内的对象事件中，例如，窗体内命令按钮的单击事件。

Access 数据库还提供了自动运行宏的功能，使得数据库在打开的时候可以自动运行一组命令或打开指定窗体。

习　题

1. 什么是宏？
2. 宏可以分为哪几类？
3. 独立宏与嵌入宏有哪些区别？
4. 什么是自动运行宏？
5. 各类宏的运行方法有哪些？

第 9 章　模块与 VBA 编程基础

在 Access 中，利用宏对象可为按钮对象添加简单的事件处理，但是宏很难完成相对复杂的操作，例如，复杂条件的分支、循环结构设计等。此外宏对 Access 数据库中表、查询、窗体、报表等处理能力较弱，因此在开发数据库应用系统中，宏无法在上述对象之间实现统一调用和管理。

模块是 Access 中的一个重要概念，它是由 VBA 声明和过程构成的集合，利用模块可构建强大的数据处理功能，特别适合开发复杂性较高的应用系统。

9.1　VBA 的编程环境

Visual Basic for Application(简称 VBA)是微软 Office 套件的内置编程语言，使用 VBA 可提高 Word、Excel、Access、PowerPoint 的使用效率。VBA 的编程环境也称为 VBE (Microsoft Visual Basic Editor)，能够编辑 VBA 源代码并支持多种程序调试工具。

1. 进入 VBE 编程环境

根据模块是否属于窗体和报表，进入 VBE 编程环境分为如下四种方式。

1) 在窗体或报表外进入 VBE

(1) 选择 Access 窗口中“数据库工具”选项卡，然后选择“宏”组中“Visual Basic”按钮。

(2) 选择“创建”选项卡中“宏与代码”组中“Visual Basic”按钮。

(3) 选择“创建”选项卡中“宏与代码”组中“模块”或“类模块”按钮，可进入 VBE 环境并新建一个模块或类模块。

(4) 按 Alt+F11 组合键。

打开学生管理系统数据库，进入 VBE 界面，如图 9.1 所示。

图 9.1　VBA 的编程环境 VBE

用户也可在进入 VBE 后，再新建模块或类模块，方法如下：

(1) 选择插入菜单中的“模块”选项，可在 VBE 窗口新建一个空白模块，其默认名称为“模块 1”。

(2) 选择插入菜单中的“类模块”选项，可在 VBE 窗口新建一个空白类模块，其默认名称为“类 1”，如图 9.2 所示。

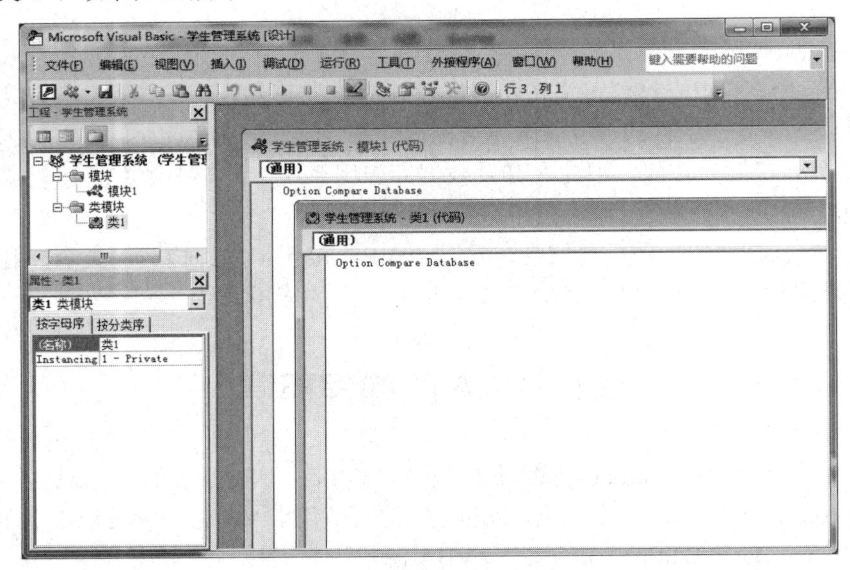

图 9.2　新建模块或类模块

2) **在窗体或报表中进入** VBE

(1) 在窗体或报表设计视图中，单击“窗体设计工具”(或报表设计工具)的“设计”选项卡“工具”组的“查看代码”按钮，即可打开代码窗口。

在该窗口中，可以单击左侧下拉式列表框选择控件对象，单击右侧下拉式列表框选择该控件所涉及的事件。例如，如图 9.3(a)所示为窗体 1 的设计视图，图 9.3(b)所示为命令按钮控件(Command1 和 Command2)Click 事件的 VBE 代码窗口。

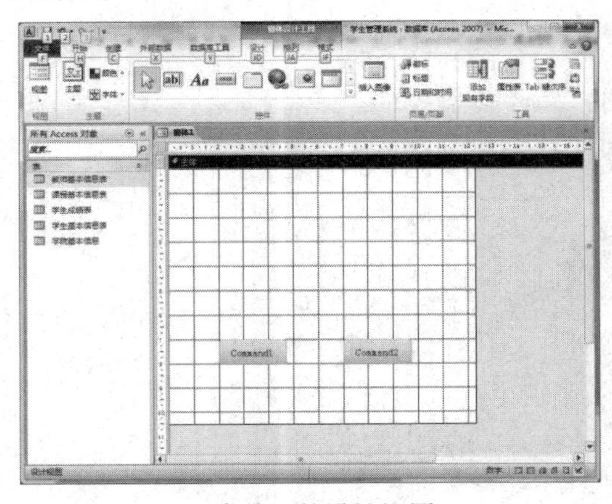

(a) 窗体 1 的设计视图

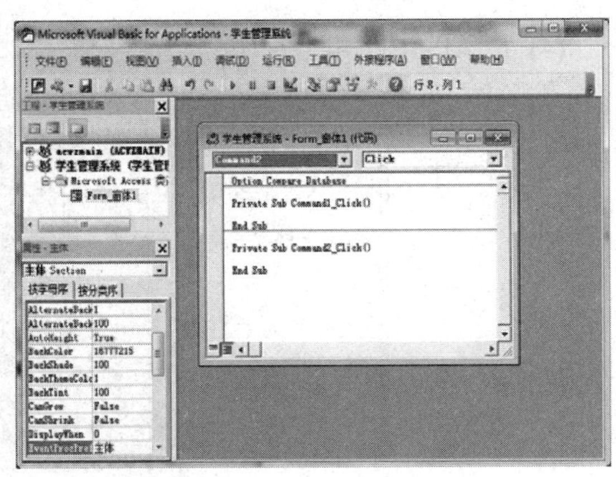

(b) 窗体控件的事件代码窗口

图 9.3　窗体设计视图及按钮控件 Click 事件代码窗口

(2) 打开窗体或报表设计视图，在控件属性窗口中，选择“事件”选项卡，单击某个事件右侧按钮 ，在弹出“选择生成器”对话框中，选择“代码生成器”选项。

(3) 在窗体或报表设计视图中，也可右击要编写代码的控件，在快捷菜单中选择“事件生成器”，在生成器窗口中单击“代码生成器”选项，即可打开与该控件事件相关的代码，并将光标定位于该控件代码的开头部分。

2. VBE 工具栏

VBE 的工具栏主要包括标准、编辑、调试和用户窗体四类，用户可单击工具栏上的按键完成指定的操作，或将鼠标在工具栏按钮上悬停，即可显示功能提示。系统默认显示标准工具栏，用户可以选择“视图”菜单的“工具栏”子菜单，显示或隐藏不同的工具栏。

(1) 标准工具栏。标准工具栏主要显示常用的功能按钮，包括视图 Microsoft Access、插入模块/过程、保存、剪切、复制、粘贴、查找、撤销、重复、运行子过程/用户窗体、中断、重新设置、设计模式、工程资源管理器、属性窗口、对象浏览器和工具箱等，如图 9.4 所示。

图 9.4　VBE 的标准工具栏

(2) 编辑工具栏。编辑工具栏主要用于设置程序代码缩进凸出、显示属性/方法列表、显示常数列表、显示快速列表和书签等操作，如图 9.5 所示。

图 9.5　VBE 的编辑工具栏

(3) 调试工具栏。调试工具栏用于对程序代码进行编译、调试、监视、切换断点、逐语句和逐过程等操作，如图 9.6 所示。

图 9.6　VBE 的调试工具栏

(4) 用户窗体工具栏。用户窗体工具栏用于对窗体控件进行定位操作，包括移至顶层、移至底层、组、取消组、对齐操作等，如图 9.7 所示。

图 9.7　VBE 的用户窗体工具栏

3. VBE 菜单栏

VBE 的主菜单栏有文件、编辑、视图、插入、调试、运行、工具、外接程序、窗口和帮助菜单，每个主菜单还包含若干子菜单选项。主菜单栏如图 9.8 所示。

图 9.8　VBE 主菜单栏

主菜单栏中各菜单项功能如下：

文件：进行保存、导入、导出和退出操作。

编辑：对程序代码进行撤销、复制、清除、查找、缩进和凸出等基本编辑操作，以及显示属性/方法列表、参数列表和快速列表等。

视图：进行隐藏/显示管理，包括代码窗口、对象窗口、对象浏览器、立即窗口、本地窗口和监视窗口等。

插入：用于插入类模块、过程和文件等。

调试：进行编译、调试和监视单面操作。

运行：进行运行、中断、重置代码和设置模式操作。

工具：管理 VBE 选项和宏。

外接程序：管理外接程序。

窗口：管理窗口显示方式。

帮助：连接帮助文件或 MSDN 链接。

4. VBE 窗口

VBE 窗口有代码窗口、立即窗口、对象浏览器、工程资源管理器、属性窗口、工具箱、用户窗体窗口、监视窗口和本地窗口等。在“视图”菜单中，可选择显示或隐藏上述窗口。

(1) 代码窗口，编辑和查看 VBA 代码的窗口，包括对象框和过程/事件列表框。前者显示所选的对象名称(默认显示通用)，后者代表所选对象涉及的常规或事件过程(默认显示声明)，如图 9.9 所示。

(2) 立即窗口，在开发过程中，程序代码 Debug.Print 能将输出内容显示在该窗口中。在该窗口中也可键入一行代码，按下 Enter 键执行该代码并查看运行结果，如图 9.10 所示。

图 9.9　代码窗口

图 9.10　立即窗口

(3) 对象浏览器，可查看对象库、指定对象或工程中所有对象的列表和每个对象的成员列表，如图 9.11 所示。

(4) 工程资源管理器，以树形结构显示工程中所有的模块、类模块和窗体的列表，允许在上述对象之间进行快速切换，如图 9.12 所示。

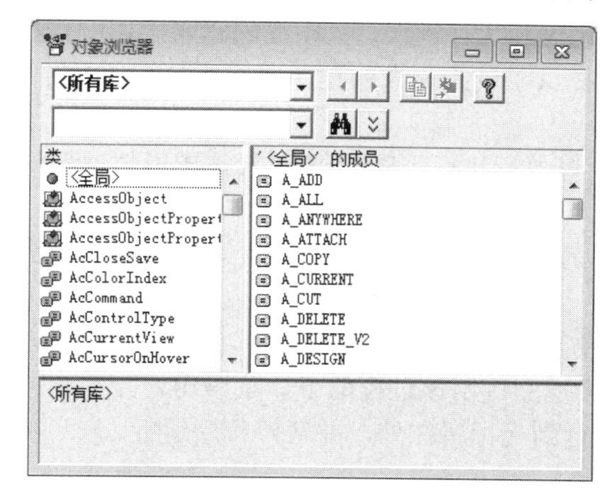

图 9.11　对象浏览器窗口

图 9.12　工程资源管理器窗口

(5) 属性窗口，该窗口以列表的形式显示当前对象的属性名称或属性值，在设计时还允许用户修改属性值。属性名可按字母顺序和分类顺序进行排序显示，如图 9.13 所示。

(6) 监视窗口，监视窗口能够在调试过程中，监视用户定义的表达式的值、类型和上下文信息，并将其显示到窗口中，如图 9.14 所示。

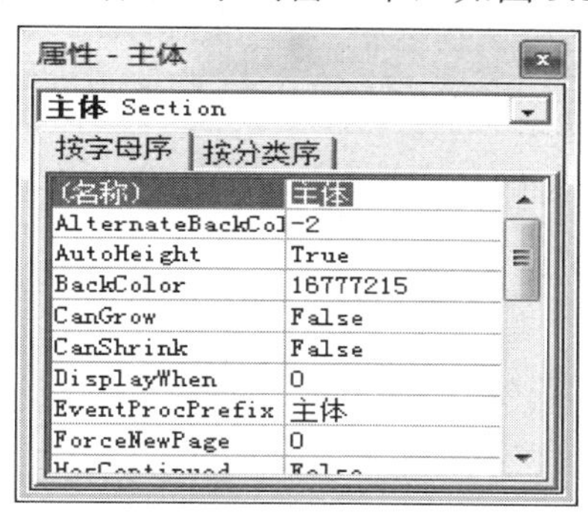

图 9.13　属性窗口

图 9.14　监视窗口

(7) 本地窗口，在调试模式下，本地窗口能自动计算当前过程中所有局部变量的值和类型，并将其显示到窗口中，如图 9.15 所示。

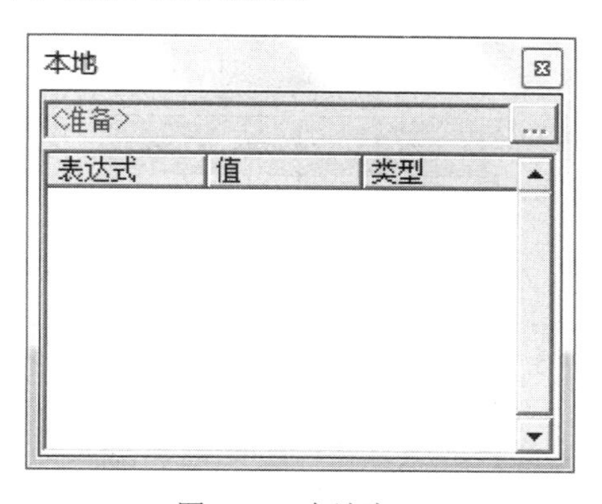

图 9.15　本地窗口

5. VBA 程序调试

程序的错误主要包括语法错误、逻辑错误和运行错误，其中逻辑错误不影响程序的执行，只是查找错误和修改难度较大。VBA 提供了较为强大的程序调试工具，调试菜单中的主要功能包括：

(1) 逐语句，逐语句也叫单步执行，通过单行执行程序代码(包括被调用的过程)，可及时跟踪变量的值，从而发现错误。

(2) 逐过程，逐过程也是逐行执行代码，但是与逐语句不同的是，逐过程在遇到过程时，并不进入到过程内部单步执行。

(3) 跳出，跳出能够将该过程中采用单步执行后未执行的剩余代码行一次性全部执行完(包括该过程中被调用的其他过程)，程序返回调用该过程的下一条语句处。

(4) 运行到光标处，VBA 能够直接运行到光标所在处，并暂停程序运行。

6. 一个简单的应用程序

使用 VBA 创建一个显示“Hello World!”的应用程序，具体方法如下：

(1) 启动 Access，选择“创建”选项卡中“宏与代码”组中的“模块”按钮。

(2) 在模块 1 的代码窗口中，新建 Sub 过程，在模块 1 代码窗口中输入如图 9.16 所示程序。

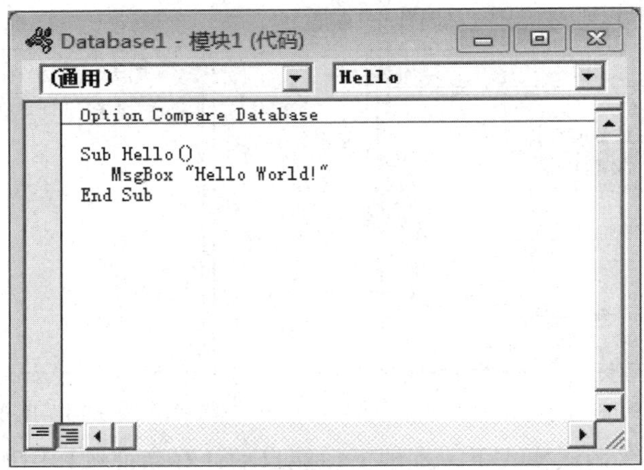

图 9.16　模块 1 代码窗口

(3) 保存模块，将光标置于 Hello 过程中的任意位置，单击工具栏上的运行按钮，运行的结果如图 9.17 所示。

图 9.17　运行后的消息窗口

代码中，Sub 代表模块过程开始，End Sub 代表模块过程结束，Hello 为自定义过程名，MsgBox 为消息函数，可以弹出一个消息对话框。

9.2　VBA 模块简介

模块也是 Access 系统中的对象，由 VBA 编写的程序代码集合构成，并以函数过程(Function)和子过程(Sub)进行存储。由于模块可多次被调用，因而有效地降低了代码的重复率。模块分为标准模块和类模块两种类型。

9.2.1　标准模块

标准模块具有全局特征，其内部主要存放公共变量和过程，以便数据库其他模块进行引用和调用。标准模块的作用域在整个应用程序均有效，其生存期与应用程序相同，即随应用程序执行而开始、终止及结束。为了体现封装性，标准模块也允许定义仅供模块本身使用的私有变量和私有过程(使用 Private 关键字)。

9.2.2　类模块

Access 中的窗体模块和报表模块均属于类模块。与标准模块全局特性不同，类模块具有局部性，类模块的作用域仅局限所属的窗体或报表，生命周期随窗体或报表打开而开始，随其关闭而终止。

窗体或报表模块一般都含有事件过程，可用于响应窗体或报表的事件，例如鼠标的单击或双击事件。

9.2.3　VBA 代码编写模块过程

模块由声明和过程定义两部分构成。

1) **声明**

模块的声明区主要用于声明模块级的变量和常量以及 Option 语句，例如：

(1) Option Base。

格式：Option Base 0 | 1

功能：声明数组的起始下标从 0 或 1 开始，默认为 0。

(2) Option Compare。

格式：Option Compare Binary | Text | Database

功能：声明比较字符串时采用的方法，其中 Binary | Text | Database 分别代表二进制、文本和数据库方式。

(3) Option Explicit。

功能：显示声明模块中所有变量。

2) **定义**

在模块中除了声明区域外，还可包含多个子过程(以 Sub 开头)或函数过程(以 Function 开头)的定义。Sub 分为用户自定义过程和事件过程两类，事件过程具有特定的格式，由 Access 根据不同的对象自动生成，其格式为：

对象名_事件名

例如，Form_Load()代表窗体载入事件过程；Command1_Click()为命令按钮单击事件过程。

除了系统预定义的事件过程外，Access 允许用户自定义过程或函数。可在代码窗口中直接输入过程(函数)，或者使用对话框插入，其操作方式为：选择“插入”菜单下的“过程”命令，则弹出如图 9.18 所示的对话框，其中，“名称”为过程(函数)名，“子程序”类型代表 Sub 过程，“函数”类型代表 Function，“公共的”和“私有的”分别为 Public 和 Private 的作用域。

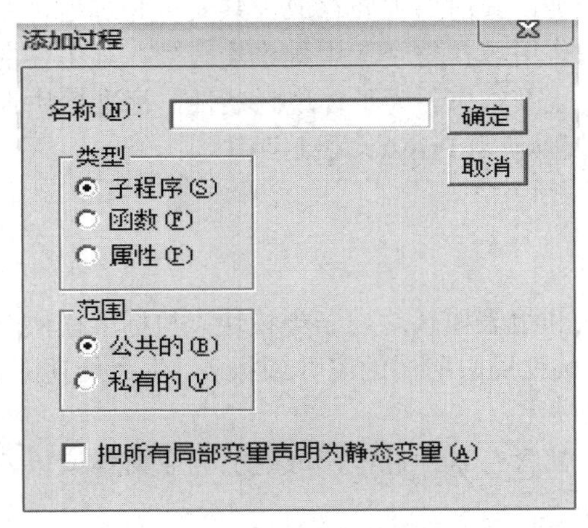

图 9.18 添加过程对话框

9.2.4 将宏转换为模块

在 Access 中，将预先设计好的宏转换为模块，方法如下：

(1) 选择要进行转换的宏，如果是包含有宏的窗体或报表，可先打开其设计视图。

(2) 在宏设计视图中，选择“宏工具”菜单中“设计”下的“将宏转换为 Visual Basic 代码”(或者在窗体/报表设计视图中，选择“窗体/报表设计工具”菜单下“设计”中的“将窗体/报表的宏转换为 Visual Basic 代码”)。

把宏转换成 VBA 模块，执行效率较低。

9.2.5 在模块中执行宏

在模块中执行宏可使用 DoCmd 对象的 RunMacro 方法，其格式如下：

DoCmd.RunMacro 宏名[, RepeatCount][, RepeatExpression]

其中 RepeatCount 为可选项，表示宏重复执行的次数；RepeatExpression 代表重复执行宏的条件，在每次运行宏时均进行计算，若为 False 则停止运行宏。

9.3　VBA 程序设计基础

VBA 的语法与 Visual Basic 编程语言相兼容，并支持面向对象程序设计方法。在 Access 程序设计中，可利用 VBA 操作不同的 Access 对象，按照特定的逻辑关系，自动完成各种复杂的任务。

9.3.1　VBA 书写规则

VBA 程序代码需要在代码窗口中编写，为提高编程效率，首先必须了解 VBA 编码书写规则。

(1) VBA 语句是执行具体操作的指令，每条语句以回车键结束。若将多条语句写在同一行上，各语句需要用冒号“ : ”分隔。

(2) VBA 允许一条较长的语句分多行书写，但必须在续行的行末加入续行符“ _”(1 个空格和 1 个下划线)，表示下一行与该行属于同一个语句行，一个逻辑行最多只能有 25 个后续行。

(3) VBA 程序代码不区分大小写字母。

(4) VBA 代码中必须使用西文标点，任何中文标点均认为是语法错误的代码。

(5) 在代码中可使用注释语句，以便调试和阅读程序代码。注释语句并不是可执行语句，可包含任意字符(西文、中文等)，VBA 中提供了两种格式的注释语句：

① Rem 注释内容，Rem 和注释内容之间必须用至少一个空格隔开，Rem 应该以单独注释语句形式出现且独占一行书写。如果希望与其它语句在同一行书写，则必须使用冒号与前面语句隔开。

② 注释内容，该种格式可以以单独注释语句形式出现，也可直接出现在某行语句后面进行注释。例如：

```
Rem  交换两个变量 a，b 的数值
Dim a As Integer， b As Integer， temp As Integer      ' 变量定义
Print a，b ：Rem 该注释必须使用冒号与前面语句隔开
```

9.3.2　数据类型和数据库对象

1. 数据类型

VBA 数据类型包括两种：标准数据类型与用户自定义数据类型。

1) 标准数据类型

标准数据类型共有 11 种。不同数据类型的数据取值范围、所适用的运算不同，在内存中所分配的存储单元数目也不同。VBA 的标准数据类型如表 9-1 所示。

表 9-1　VBA 标准数据类型

数据类型	关键字	类型符	占字节数	取值范围
字节型	Byte	无	1	0～255
逻辑型	Boolean	无	2	True 或 False
整型	Integer	%	2	−32 768～32 767
长整型	Long	&	4	−2 147 483 648 到 2 147 483 647
单精度浮点型	Single	!	4	负数时从−3.402 823E38 到 −1.401 298E−45；正数时从 1.401298E−45 到 3.402823E38
双精度浮点型	Double	#	8	负数时从 −1.797 693 134 862 32E308 到 −4.940 656 458 412 47E−324；正数时从 4.940 656 458 412 47E−324 到 1.797 693 134 862 32E308
货币型	Currency	@	8	从 −922 337 203 685 477.5808 到 922 337 203 685 477.5807
数值型	Decimal	无	14	没有小数点时为 +/−79 228 162 514 264 337 593 543 950 335 而小数点右边 28 位数时为 +/−7.922 816 251 426 433 759 354 395 033 5；最小的非零值为 +/−0.000 000 000 000 000 000 000 000 000 1
日期型	Date	无	8	100 年 1 月 1 日到 9999 年 12 月 31 日
对象型	Object	无	4	任何 Object 引用
字符型	String (变长)	$	10 字节加字符串长度	0～20 亿个字符
	String (定长)	$	字符串长度	0～65 535 个字符

数值(Numeric)数据类型。

① 整型数据。整型数据用于保存有符号的、不带小数点及无指数符号的整数，按照数字表示范围的不同，整型数据可以分为 Byte、Integer、Long 三种类型。存放整数的字节最高位是符号位。

• 整型(Integer)：表示 −32768 至 32767 之间的整数。

整型常量数据基本格式为：±n[%]，其中±代表正负号，n 代表任意整型数字，[ ]中的内容表示可以省略。例如整型常数：−5、123%、+10。其中%是整型的类型说明符。

• 长整型(Long)：表示−2 147 483 648～2 147 483 647 之间的整数。

长整型常量数据基本格式为：±n[&]。例如，长整型常数：35 689、−1 246 978、+3560&、−23&。其中&是长整型的类型说明符。

• 字节型(Byte)：表示 0～255 范围内的整数，采用 1 个字节(8 个 bit)存储。

在整型数据进制表示方面，除了采用十进制以外，VBA 也允许使用八进制和十六进制形式，表示形式如下：

十进制整数，如 125，0，−89，20。

八进制整数，以&或&O(字母 O)开头的整数是八进制整数，如&O177 表示八进制整型数 177，即$(177)_8$，等于十进制数 127。如果要表示八进制的长整型数，则需要以&(或&O)开头以&结尾，例如，&O123&，&O177777777&等。

十六进制整数，以&H 开头的整数是十六进制整数，如&HFF 表示十六进制整型数 FF，即$(FF)_{16}$，等于十进制数 255。如果要表示十六进制的长整型数，则需要以&H(或&h)开头以&结尾，例如&H567&，&H1AABB&等。

② 实型(浮点型)数据。实型数据分为单精度实型和双精度实型。

• 单精度实型(Single)：采用 4 个字节存储，有效数为 7 位。

• 双精度实型(Double)：采用 8 个字节存储，有效数为 15～16 位。

单精度型和双精度型常量数据有两种表示形式：小数形式和指数形式。十进制小数形式由正负号(+，−)、数字(0～9)和小数点(.)或类型符号(!、#)组成，即±n.m，±n！或±n#，其中 n、m 是无符号整数。例如 0.123、.123、123.0、123!、123# 等都是十进制小数形式。指数形式由 3 部分组成：符号、指数和尾数；单精度浮点数和双精度浮点数的指数分别用“E”(或“e”)和“D”(或“d”)来表示，含义为“乘以 10 的幂次”，即±nE±m，±n.nE±m，±nD±m 或±n.nD±m。例如：1.23E+4 和 1.23D+4 相当于 12300 或者 1.23×10^4。

③ 货币(Currency)数据类型。货币类型的数据是为表示金融、会计等方面的数据而设置的，该类型采用 8 个字节存放，是定点实数或整数，精确到小数点后 4 位和小数点前 15 位，用于货币运算。常量数据的表示形式在数字后加@符号，例如：−346.25@、1234@、0.1234@都是合法的货币常量数据形式。需要注意的是小数点后超过 4 位的数字都会被舍去。

④ 字符串(String)类型。字符串类型数据是用双引号作界限符号的一串字符，例如"ABC"，"abcdefg" 等。

说明：

• 字符串中的字符可以是所有西文字符和汉字、标点符号等；

• "" 表示空字符串，而" " 表示有一个空格的字符串；

• 若字符串中有双引号，例如 ABD"XYZ，则用连续两个双引号表示，即："ABD""XYZ"；

• 字符串中每个字符采用 ASCII 码存放，因此大小写字符串是不同的，例如"BC"与"abc"是不同的，且"ABC"<"abc"。

⑤ 逻辑(Boolean)数据类型。逻辑数据类型又称布尔类型，只有 True 和 False 两种取值。将逻辑数据转换成整型时，True 转换为 −1，False 转换为 0；如果将其它数据转换成逻辑数据时，非 0 转换为 True，0 转换 False。

⑥ 日期(Date)型数据。日期型数据按 8 字节存储，表示日期范围从公元 100 年 1 月 1 日到 9999 年 12 月 31 日，而时间范围从 00:00:00 到 23:59:59，日期型数据以下有两种表示法：

• #表示法，将日期和时间字符的左右两端用“#”括起来。例如：#09/02/99#、

#2002-5-414:30:00 PM#、#2008-11-9 21:22:23 PM#。

• 数值表示法，数值的整数部分表示距离 1899 年 12 月 30 日的天数，小数部分表示时间，0 为午夜，0.5 为中午 12 点，负数代表的是 1899 年 12 月 30 日之前的日期和时间。例如 1 表示 1899 年 12 月 31 日；−1 表示 1899 年 12 月 29 日；−2.5 表示 1899 年 12 月 28 日 12:00:00。

⑦ 对象(Object)数据类型。对象型数据用来表示图形、OLE 对象或其他对象，使用 4 个字节来存放。

⑧ 变体(Variant)数据类型。变量如果不加类型说明，系统默认为变体型(Variant)。变体数据类型是一种可变的数据类型，可以表示任何值，包括数值、字符串、日期/时间等。可使用 VarType 函数检测变体型变量中保存的数值究竟是何类型。Variant 类型的变量还可以包含三个特殊值：Empty (未赋值)、Null(未知或缺少的值，常见于数据库)和 Error(出现错误时的值)。在程序中可以使用 IsEmpty 函数来测试一个 Variant 变量是否被赋过值，使用 IsNull 函数来测试一个 Variant 变量是否具有 Null 值。

2) 用户自定义数据类型

用户自定义数据类型是由若干个标准数据类型进行组合后产生的一种复合类型，其定义格式如下：

```
[Private｜Public] Type  自定义类型名
    元素名[([下标])] As  类型名
    ……
    元素名[([下标])] As  类型名
End Type
```

说明：

(1) Public 和 Private 为可选，代表自定义类型的作用域(参加 9.3.3 节中变量的定义)；

(2) 自定义类型名为必选，需要遵循变量命名原则；

(3) 元素名为必选，代表组成用户自定义类型的元素(或成员)名称，元素名称也应遵循变量命名原则；

(4) 下标为可选，用于数组类型的元素(参见 9.5 节数组)。

例如：在窗体中定义一个能够保存每个学生信息的自定义类型名 Student。

```
Private Type Student
    ID As String * 4                ' 定义学号，采用定长字符串，长度为 4
    Name As String * 6              ' 定义姓名，采用定长字符串，长度为 6
    Sex As String * 1               ' 定义性别，采用定长字符串，长度为 1
    Score(1 To 3) As Single         ' 定义 3 门课程的成绩，Score 为数组名
End Type
```

2. 数据库对象

在 VBA 中除了标准和用户自定义类型外，还包括对象类型，用于定义 VBA 的数据库、表、查询、窗体和报表等对象，常用的 VBA 数据库对象类型参见表 9-2。

表 9-2 VBA 数据库对象类型

类型名	类型含义	隶属对象库	数据库对象功能
Database	数据库类型	DAO 3.6	使用 DAO 的 Jet 数据库引擎打开的数据库
Connection	连接类型	ADO 2.1	ADO 的数据库连接对象
Form	窗体类型	Access 9.0	窗体(子窗体)对象
Report	报表类型	Access 9.0	报表(子报表)对象
Control	控件类型	Access 9.0	窗体和报表上的控件对象
QueryDef	查询类型	DAO 3.6	查询对象
TableDef	表类型	DAO 3.6	数据表对象
Command	命令类型	ADO 2.1	ADO 的命令对象
DAO.Recordset	结果集	DAO 3.6	表的虚拟表示或 DAO 查询结果集合对象
ADO.Recordset	结果集	ADO 2.1	ADO 的查询结果集合对象

9.3.3 常量与变量

在程序执行期间，常量的值是不发生变化的，而变量的值可以允许多次更新(存入新的数据)。VBA 中符号常量和变量命名规则如下：

(1) 必须以字母或汉字开头，由字母、汉字、数字或下划线组成，其长度小于等于 255 个字符。

(2) 不允许使用系统关键字来命名常量和变量。

(3) 不区分字母大小写，例如，ABC 与 abc 是同一个名称。

(4) 各种字符不允许使用上下标形式。

1. 常量

VBA 的常量主要包括：普通常量(直接常量)、符号常量和系统常量。

(1) 普通常量。例如：“ACCESS 程序设计”，21.5，True，#2017-1-9 22：18：53 PM#。

(2) 符号常量。符号常量(用户自定义常量)是用 Const 语句来声明的，其格式如下：

[Public | Private] Const 常量名[As 类型 | 类型符号] = 表达式

例如：

```
Const PI# = 3.1415926535
Const E   As Double = 2.71828
```

(3) 系统常量。在“对象浏览器”中(选择视图菜单→对象浏览器)的 Access、VBA、DAO 对象库中列举了预定义的符号常量。可以通过“对象浏览器”来查看系统预先定义的常量。其中 VBA 对象库的常量以“vb”开头，Access 对象库的常量以“ac”开头。例如，acColorIndexBlack、acLeftButton 和 vbRed 等。

2. 变量

变量由名字(遵循变量命名规则)和数据类型构成，通常利用变量临时保存可变的数据。声明变量可采用如下方式。

(1) 显式声明，格式如下：

[Public｜Private｜Dim｜Static] 变量名 1[As 类型｜类型符号][, 变量名 2[As 类型｜类型符号]]

其中 Public|Private|Dim|Static 代表变量的作用域，主要包括如下三类：

① 全局级，全局级使用 Public 在模块通用段声明区声明变量，表示所有模块均可访问该变量。

② 模块级，模块级使用 Private 在模块通用段声明区声明变量，表示只允许本模块访问该变量。

③ 过程级，过程级使用 Dim 或 Static 在过程内部声明变量，作用域仅限在过程内部被访问。Dim 定义的是动态变量，过程调用结束后，变量所储存的数据就会被释放，而 Static 声明的变量仍然会保留上次调用后的值。

注意：As 和类型名如缺省，则变量的类型为 Variant 类型。

例如：

```
Dim a As Integer, b, c As Single, d#        ' a 为 Integer；b 为 Variant；c 为 Single；d 为 Double
Dim stu As Student                          ' stu 为用户自定义类型 Student 的变量
```

(2) 隐式声明。VBA 中也允许变量不声明就使用，此时该变量同样默认为 Variant 类型，称为隐式声明。隐式声明往往具有一定隐患，很容易造成调试困难。为了避免上述问题，可在类模块、窗体模块或标准模块的声明段中加入这个语句：

```
Option Explicit
```

强制在模块中所有变量必须显式声明才可以使用。

(3) 数据库对象变量。

① 声明对象变量，Access 建立的数据库对象，可看成是对象变量，同样可用显式声明方式，例如：

```
Dim txtUser As Control             ' 声明 txtUser 为 Control 类型的对象变量
```

② 引用对象的属性，对象变量的属性可以采用“对象名.属性名”来引用，例如设置 txtUser 控件 Value 属性为“Admin”的 VBA 代码为：

```
txtUser.Value = "Admin"
```

③ 引用窗体或报表中的对象变量。

窗体：Forms!窗体对象名!对象变量名

报表：Reports!报表对象名!对象变量名

例如，将“Teacher”窗体中名称为“txtID”文本框控件的内容设置为“980121”的 VBA 代码为：

```
Forms!Teacher!txtID .Value = "980121"   ' txtID 为 Control 类型的对象变量
```

④ 对象变量赋值，对象变量赋值需要使用 Set 关键字。例如，使用 Control 类型的对象变量 TeacherID 设置文本框控件 txtID 的属性：

```
Dim TeacherID As Control                  ' 定义控件类型变量
Set TeacherID = Forms!Teacher!txtID       ' 引用 Teacher 窗体的 txtID 文本框控件，Set 不可省
TeacherID.Value = "980121"
```

9.3.4　运算符和表达式

VBA 的运算符常用的包括四大类：算术运算符、文本连接运算符、关系运算符、逻辑运算符；表达式有三种，即算术表达式、关系表达式和逻辑表达式。

1. 算术运算符

算术运算符用来进行简单的数学运算，VBA 常用的算术运算符及其优先级如表 9-3 中所示。

表 9-3　VBA 算术运算符

运算符	说　明	优先级	示　　例
^	指数	1	Y = X^2　表示 X 的 2 次方
−	取负	2	−X
*	乘法	3	Z = X*Y
/	浮点数除法	3	Y = 4/16　结果为 0.25
\	整数除法	4	Z = 37\16　结果为 2
MOD	求余数	5	Z = 5 MOD 2　结果为 1
+	加法	6	Z = X+Y
−	减法	6	Z = X−Y

2. 文本连接运算符

文本连接运算符有：& 和+。

功能：将两个字符串表达式连接在一起。例如：

```
"ABCD" + "EFGHI"            ' 结果为："ABCDEFGHI"
"Access" & "设计教程"        ' 结果为："Access 设计教程"
```

注意：如果“+”运算符两边的表达式中混有字符串及数值，则其结果会是数值求和，即加法计算优先进行，返回值为数值型。只有“+”运算符两边均为字符串，才进行字符串连接操作。例如：

```
Exp1 = "12": Exp2 = 3
Sum = Exp1 + Exp2            ' Sum 为 15
Exp1 = "12": Exp2 = "3"
Str = Exp1 + Exp2            ' Str 为"123"
```

3. 关系运算符

关系运算符是用来比较和判断两个表达式大小关系的运算符，该运算符为双目运算符，即需要运算符左右两侧均有操作数。运算的结果一般情况为 True 和 False，如果运算的双方有任何一方出现了 Null 值，则运算结果为 Null。

表 9-4 列出了 VBA 关系运算符，各个运算符优先级是相同的。

表 9-4　VBA 关系运算符

运算符(名称)	示　例	结　　果
= (等于)	1 = 1 "ABC" = "ABD" "ABC" = Null	True False Null
> (大于)	1 > 2 "ABC" > "ABD" "ABC" > Null	False False Null
< (小于)	3 < 5 "ABC" < "ABD" "ABC" < Null	True True Null
<> (不等于)	"He" <> "She" "ABC" <> "abc" "ABC" <> Null	True True Null
>= (大于等于)	4 >= 4 5 >= 3 "ABC">="ABD"	True True False
<= (小于等于)	"ab" <= "ac" "ABC" <= "ABD"	True True
Like (字符串匹配)	"ABCD"Like "AB*"	True
Is (对象引用比较)	Object1 Is Object2	如果变量 Object1 和 Object2 两者引用相同的对象，返回 True；否则返回 False

4. 逻辑运算符

逻辑运算符可连接两个或多个关系表达式，其结果仍然为逻辑型数据。表 9-5 给出了 VBA 的 6 种逻辑运算符。

表 9-5　VBA 逻辑运算符

运算符(名称)	优先级	用 法 及 说 明
Not (逻辑非)	1	Not X 若 X 为 True，则结果为 False；否则结果为 True
And (逻辑与)	2	X And Y 当且仅当 X、Y 同为 True 时，结果为 True，否则结果为 False
Or (逻辑或)	3	X Or Y 当且仅当 X、Y 同为 False 时，结果为 False，否则结果为 True
Xor (异或)	3	X Xor Y　当 X、Y 不同时，结果为 True，否则结果为 False
Eqv (逻辑相等)	4	X Eqv Y　当 X、Y 相同时，结果为 True，否则结果为 False
Imp (蕴涵)	5	X Imp Y　当且仅当 X 为 True，同时 Y 为 False 时，结果为 False，否则结果为 True

注意：逻辑常量 True 和 False 参与算术运算自动转换数值型后进行计算，True 会自动转换数值 –1，而 False 则自动转换为数值 0；在判断表达式时，数值 0 为 False，非 0 为 True。例如：2 = 3 Or1 + True 结果为 False。

5. 四种运算符的优先级关系

四种运算符的优先级由高到低的顺序如下：

算术运算→文本连接运算→关系运算→逻辑运算

9.3.5 常用标准函数

VBA 提供了上百种内部函数。内部函数也称库函数，主要包括转换函数、数学函数、日期函数、时间函数和域聚合函数，熟练掌握这些常用函数能够提高程序设计的效率。

1. 类型转换函数

VBA 提供了几种转换函数，可用来将值转换成特定数据类型，主要包括整型、实型、逻辑型和字符串型。常用类型转换函数见表 9-6。

表 9-6　类型转换函数

函数名称	函 数 功 能	示　例	示例结果
CBool(X)	将参数 X 转换为“布尔”(Boolean)类型	CBool(−10)	True
CByte(X)	将参数 X 转换为“字节”(Byte)类型	CByte("127")	127
CCur(X)	将参数 X 转换为“货币”(Currency)类型，小数部分采用四舍五入保留 4 位	CCur(3.1415926)	3.1416
CDate(X)	将参数 X 转换为“日期”(Date)类型	CDate("February 12, 1969")	1969-2-12
CDbl(X)	将参数 X 转换为“双精度”(Double)类型	CDbl("123.45")	123.45
CInt(X)	将参数 X 转换为“整型”(Integer)类型，小数部分采用四舍五入	CInt("123") CInt(12.5)	123 13
CLng(X)	将参数 X 转换为“长整型”(Long)类型	CLng("12345678")	12345678
CSng(X)	将参数 X 转换为“单精度”(Single)类型	CSng(3.1415926)	3.141593
CStr(X)	将参数 X 转换为“字符串”(String)类型	CStr(12) + CStr(34)	"1234"
Int(X)	取小于或等于参数 X 的最大整数值	Int(−54.6) Int(3.8)	–55 3
Fix(X)	取参数 X 的整数部分，直接去掉小数	Fix(54.6)	54
Str(X)	将数值型参数 X 转换成字符串类型数据	Str(123)	“123”
Val(X)	将字符串型参数 X 转换为数值型数据	Val("3.14") Val("123.456.789")	3.14 123.456

2. 数学函数

常用数学函数见表 9-7。

表 9-7 数学函数

函数名称	函 数 功 能	示 例	示例结果
Abs(X)	求解参数 X 的绝对值	Abs(−3.5)	3.5
Cos(X)	求解参数 X 的余弦值函数，X 为弧度值	Cos(0)	1
Exp(X)	e 指数函数	Exp(3)	20.086
Log(X)	以 e 为底 X 的自然对数	Log(10)	2.3
Sin(X)	求解参数 X 的正弦值函数，X 为弧度值	Sin(0)	0
Sgn(X)	求解参数 X 的符号函数	Sgn(X) X>0 Sgn(X) X<0 Sgn(X) X=0	1 −1 0
Sqr(X)	求解参数 X 的平方根函数	Sqr(9)	3
Tan(X)	求解参数 X 的正切值函数，X 为弧度值	Tan(0)	0
Atn(X)	求解参数 X 的反切值函数	Atn(0)	0
Hex(X)	将十进制参数 X 转换为十六进制数值	Hex(120)	78
Oct(X)	将十进制参数 X 转换为八进制数值	Oct(120)	170
Rnd[(X)]	产生[0-1)之间的随机数，可选的参数 X 是作为随机数种子，可以为 Single 或任何有效的数值表达式	Rnd(100)	0.7055475

3. 文本函数

常用文本函数见表 9-8。

表 9-8 文本函数

函数名称	函 数 功 能	示 例	示例结果
Asc(X)	返回字符串 X 的第一个字符的字符码	Asc("A")	65
Chr(X)	返回 ASCII 码等于 X 的字符	Chr(65)	'A'
Len(X)	计算字符串 X 的长度，空字符串长度为 0，空格符也算一个字符，一个中文字虽然占用 2 Bytes，但也算一个字符	Len("abcd") Len("VB 教程")	4 4
LenB(X)	计算参数字符串 X 所占的字节数	LenB("VB 程序设计")	12
Mid(X, n) Mid(X, n, m)	由 X 的第 n 个字符开始，返回后面的所有字符 由 X 的第 n 个字符开始，返回后面的 m 个字符	Mid("abcdefg", 5) Mid("abcdefg", 2, 4)	"efg" "bcde"
Replace(X, S, R)	将字符串 X 中的字符串 S 替换为字符串 R，然后返回替换后的字符串	Replace("VB is very good", "good", "nice")	"VB is very nice"
StrReverse(X)	返回 X 参数反转后的字符串	StrReverse("abc")	"cba"
LCase(X)	将 X 字符串中的大写字母转换成小写	LCase("VB and VC")	"vb and vc"
UCase(X)	将 X 字符串中的小写字母转换成大写	UCase("VB and VC")	"VBANDVC"

续表

函数名称	函 数 功 能	示 例	示例结果
InStr(X, Y) InStr(n, X, Y)	从 X 第一个字符起找出 Y 出现的位置 从 X 第 n 个字符起找出 Y 出现的位置	InStr("XXpXXp", "p") InStr(4, "XXpXXp", "p")	3 6
Join(sourcearray [, delimiter])	将字符串数组合并成一个字符串，delimiter 参数用来设定在各个数组元素间加入的新字符串	Join(Array("abc", "123", "efg"), "-")	"abc-123 -efg"
Left(X, length)	从参数字符串 X 左边开始取得 length 参数设定长度的字符	Left("abcdefgh", 5)	"abcde"
Right(X, length)	从参数字符串 X 右边开始取得 length 参数设定长度的字符	Right("abcdefgh", 5)	"defgh"
LTrim(X)	去掉参数字符串 X 的左边空白部分	Ltrim("□□123")	"123"
RTrim(X)	去掉参数字符串 X 的右边空白部分	Rtrim("123□□")	"123"
Trim(X)	去掉参数字符串 X 开头和结尾的空白	Trim("□□123□□")	"123"
String(X, string)	返回 X 个由字符串 string 中首字符组成的字符串	String(4, "ABC")	"AAAA"
Space(X)	产生 X 个空格组成的字符串	Space(4)	"□□□□"

4. 日期时间函数

常用日期时间函数见表 9-9。

表 9-9　日期时间函数

函数名称	函 数 功 能	示 例	示例结果
Year(X)	取出参数 X(日期字符串)“年”部分的数值	Year("2010-2-12")	2010
Month(X)	取出参数 X(日期字符串)“月”部分的数值	Month("2010-2-12")	2
Day(X)	取出参数 X(日期字符串)“日”部分的数值	Day("2010-2-12")	12
Hour(X)	取出参数 X(时间字符串)“时”部分的数值	Hour("21:12:23")	21
Minute(X)	取出参数 X(时间字符串)“分”部分的数值	Minute("21:12:23")	12
Second(X)	取出参数 X(时间字符串)“秒”部分的数值	Second("21:12:23")	23
Date	返回系统当前的日期	Date	2003-08-29
Time	返回系统当前的时间	Time	19:26:45
Now	返回系统当前日期和时间	Now	2003-08-29 19:26:45
MonthName(X)	返回参数 X(整数或字符串类型)月份名称	MonthName(3)	三月
Weekday(X)	返回参数 X(日期字符串)星期名称	Weekday ("2010-1-21")	5

5. 域聚合函数

常用域聚合函数见表 9-10。

表 9-10 域聚合函数

函数名称	函 数 功 能	示 例	示例结果
DCount(Expr, Domain[, Criteria])	返回满足指定条件的记录数。Expr 为字段名或表达式；Domain 数据库表名或查询名；Criteria 表示统计的条件，相当于 SQL 查询的 Where 子句	统计“学生基本信息表”中性别为女的学号总数：DCount("学号", "学生基本信息表", "性别 ='女'")	61
DLookUp(Expr, Domain [, Criteria])	返回指定记录集内特定字段的值。Expr，Domain 和 Criteria 的含义同 DCount 函数。	引用"学生基本信息表"中出生日期为 1995/3/11 的学生姓名：DLookup("姓名", "学生基本信息表", "出生日期=#1995-3-11#")	刘东雷

9.4 VBA 流程控制语句

9.4.1 赋值语句

赋值语句用于给变量、对象或对象的属性赋值，其格式如下：

① 变量名 = 表达式；

② Set 对象名 = 对象；

③ 对象名.属性名 = 表达式。

功能：先计算“=”右侧表达式的值，再将该值赋给左侧。例如：

```
Sum = 123
Set TecherID = Forms!Teacher!txtID      ' txtID 为窗体 Teacher 中的控件，TecherID 为
                                        ' Control 类型的对象变量
Text1.Value = "abc"                     ' Text1 为文本框控件
```

9.4.2 条件语句

条件语句可根据给定条件，选择执行不同分支的语句。在 VBA 中，条件语句有 If 和 Select Case 语句。

1. If 语句

(1) 行 If 语句。

格式：

```
If <表达式> Then <语句 1> [Else<语句 2>]
```

功能：当表达式值为 True 或非零时，执行 Then 后面的语句 1；否则执行 Else 后面的语句 2；如果不包含 Else 部分，当表达式值为 True 或非零时，执行 Then 后的语句 1，否则执行 If 的下一行语句。具体流程参见图 9.19 所示。

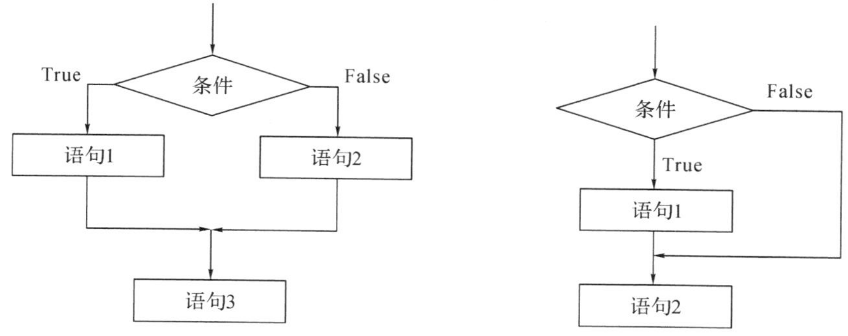

图 9.19　If 语句流程图

说明：

① <表达式>可为关系表达式、算术表达式。若为算术表达式，非 0 值按 True 处理，0 值按 False 处理。

② <语句>只能是一条语句，多条语句必须用冒号分开，且这些语句只能放置在同一行上。

例如：

```
If x<y Then t = x:x = y:y = t       ' 比较 x 和 y 的大小，如果 x 小于 y，则交换二者各自的内容
If x>60 Then Label1.Caption = "及格" Else Label1.Caption = "不及格"
                                    ' x 大于 60，标签控件显示“及格”及格，否则显示“不及格”
```

(2) 块 If 语句。

格式：

```
If <表达式> Then
    <语句块 1>
[Else
    <语句块 2>]
End If
```

功能：若<表达式>取值为 True，则执行<语句块 1>；若<表达式>取值为 False，并且有 Else 块，则程序执行<语句块 2>。在执行完<语句块 1>或<语句块 2>后，会跳出该结构，继续执行 End If 后的语句。

说明：

① 该块结构中，If 语句必须是第一行语句，If 必须以一个 End If 语句结束。

② Else 语句块是该结构的可选项。

例如：计算分段函数取值。

$$y=\left\{\begin{array}{ll} 3+x & x\geq 0 \\ 1-2x & x<0 \end{array}\right\}$$

```
If x>= 0 Then
    y = 3+x
Else
    y = 1-2*x
End If
```

(3) If 语句的多层嵌套。

若在块 If 结构中<语句块 1>或<语句块 2>中完整地包含一个或多个 If 语句，则该结构称为 If 语句的多层嵌套。

格式：

```
If <条件 1> Then
    If<条件 2>Then
    …
    End If
Else
    If <条件 2> Then
    …
    End If
End If
```

功能：实现多重分支结构。

说明：

① If 嵌套中不能出现 If 结构的交叉。

② If 和 End If 必须配对出现。

例如，如下分段函数：

$$y=\begin{cases}3x+2 & x>0\\ x-1 & x=0\\ x+1 & x<0\end{cases}$$

```
If x<0Then
  y = x+1
Else
  If x> 0 Then
  y = 3*x +2
  Else
     y = x-1
  End If
End If
```

(4) 多分支 If 语句。

多层 If 嵌套结构，使程序结构过于复杂不便于阅读，因此 VBA 提供带 ElseIf 结构的块 If 语句，可有效地避免上述缺点。其格式如下：

```
If <条件 1> Then
    <语句块 1>
ElseIf <条件 2> Then
    <语句块 2>
    …
[Else
    <语句块 n+1>]
End If
```

说明：Else 和 ElseIf 都是可选项，可以放置任意多个 ElseIf 语句，但必须都在 Else 语句之前。

具体流程参见图 9.20 所示。

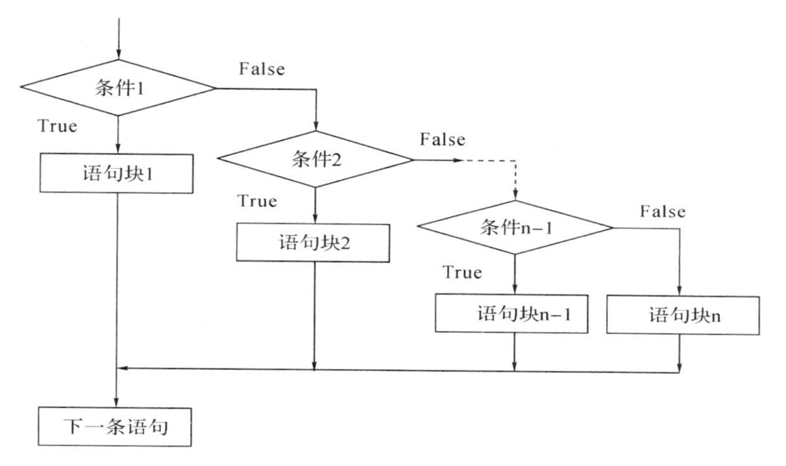

图 9.20　多分支 If 语句的流程图

例如，将学生的百分制成绩 score 转成标准等级成绩。

```
If score >= 90 Then
  Debug.Print "优秀"
ElseIf score >= 80 Then
  Debug.Print "良好"
ElseIf score >= 70 Then
  Debug.Print "中等"
ElseIf score >= 60 Then
  Debug.Print "及格"
Else
  Debug.Print "不及格"
End If
```

2. Select Case 语句

除了使用 If 语句，VBA 还提供 Select Case 语句来实现多分支选择，特别是由单一表达式来执行多种可能的选择时，采用 Select Case 结构更为简便，其语法格式：

```
Select Case <测试条件>
    Case <表达式 1>
        <语句块 1>
    Case <表达式 2>
        <语句块 2>
    …
    [Case Else]
        <语句块 n>
End Select
```

说明：

① <测试条件>为数值表达式或字符串表达式。

② Case 语句可采用如下形式：

逗号表达式，例如 Case 1, 3, 5, 7, 9 或者 Case "a", "b", "c", "d" 等。

to 表达式，例如 Case 1 to 4 或 Case "a" To "z" 等。

Is 表达式，其后使用各种关系运算符“=”、“<”、“>”、“<=”、“>=”、和“<>”等，例如，Case Is < 10 等。

上述几种格式混合，例如 Case Is < 5，6，7，9 或 Case Is < "z"，"A" To "Z" 等。

如果<测试条件>与上述某个表达式相匹配，就可以执行 Case 后的语句块。

③ <语句块>可以是一条或多条语句。

④ Case Else 语句为可选项，用于当测试条件和所有 Case 语句中的表达式值不匹配时执行。

例如：

(1) 使用 Select Case 改写百分制成绩转换为等级。

```
Select Case score
  Case Is >= 90
      Debug.Print "优秀"
  Case Is >= 80
      Debug.Print "良好"
  Case Is >= 70
      Debug.Print "中等"
  Case Is >= 60
      Debug.Print "及格"
  Case Else
      Debug.Print "不及格"
End Select
```

(2) 以下程序代码用于判断字符串变量 ch 的类别。

```
Select Case ch
  Case "a" To "z"
    MsgBox "小写字母键"
```

```
    Case "A" To "Z"
      MsgBox "大写字母键"
    Case "0" To "9"
      MsgBox "数字键盘 0-9"
    Case Else
      MsgBox "其它按键"
End Select
```

3. IIf 条件函数

格式：

IIf(条件表达式，表达式 1，表达式 2)

功能：与行 If 语句相同。当条件表达式为 True 时，函数返回表达式 1 的值，否则返回表达式 2 的值。

例如：

(1) 利用 IIf 函数判定变量 x 的取值，如果为奇数，则窗体文本框 Label1 中输出"奇数"，否则输出"偶数"。

```
Label1.Caption = IIf(x mod 2, "奇数", "偶数")
```

(2) 利用 IIf 函数判别逻辑变量 sex 的取值，若为 True，则在窗体文本框 Text1 中输出"男"，否则输出"女"。

```
Text1.Value = IIf(sex, "男", "女")
```

4. Choose 函数

格式：Choose(变量，值为 1 的返回值，值为 2 的返回值，…，值为 n 的返回值)

功能：当变量取值为 1 时，函数值为"值为 1 的返回值"；当变量取值为 2 时，函数值为"值为 2 的返回值"；…；当变量取值为 n 时，函数值为"值为 n 的返回值"。

说明：变量的类型为数值型。

若变量的值不在 1 到 n 之间，则 Choose()函数返回的值为 Null。

例如，通过 Choose 函数输出运算符的类型。

```
Op = Choose(Nop, "+", "−", "*", "/")
```

即当 Nop=1 时，Op = "+"；Nop=2 时，Op="-"；Nop=3 时，Op="*"；Nop=4 时，Op= "/"。

9.4.3　循环语句

在程序设计中，如果需要重复相同或相似的操作步骤，可以采用循环结构来实现。循环结构由两部分组成：循环条件和循环体。

VBA 支持的循环结构有：For...Next 循环、While...Wend 循环、Do Loop 循环和 For...Each 循环。

1. For...Next 循环结构

For...Next 适用于已知循环次数的循环结构，在 For...Next 循环中使用一个循环变量，循环每执行一次，循环变量就会按约定的步长增加或减少，直到不满足终值条件时退出循环。

格式：

```
For<循环变量> = <初值> To <终值> [Step <步长>]
    <语句块 1>
    [Exit For]
    <语句块 2>
Next [<循环变量>]
```

For 循环执行流程图如图 9.21 所示。

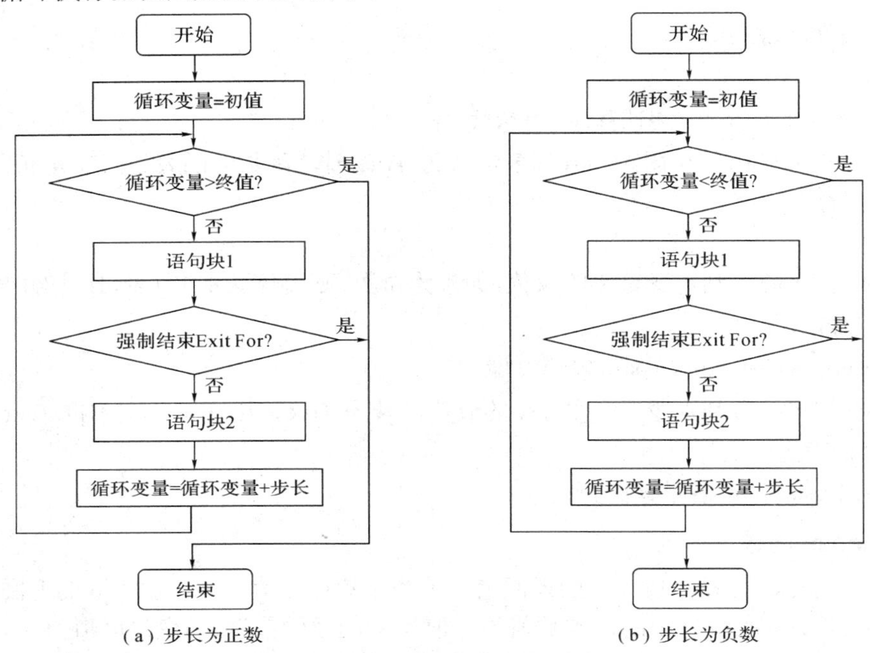

图 9.21　For 循环流程图

说明：

(1) 若<步长>为正，则<初值>必须小于等于<终值>；若<步长>为负，则<初值>必须大于等于<终值>；若<步长>为 0，程序将出现死循环。<步长>的默认值为 1。

(2) Exit For 语句用于强制结束循环(从循环体中退出)。

【例 9-1】 创建一个窗体，计算 sum=1+3+5+⋯+99。

在 Access 中新建一个窗体，并在该窗体中添加 1 个文本框 Text1(和值 sum)、1 个标签控件和命令按钮 Command1(标题为求和)。右击命令按钮在快捷菜单中选择“事件生成器”，在“选择生成器”窗口中选择“代码生成器”，在 VBE 的窗体模块中输入以下程序。

```
Private Sub Command1_Click()
Dim i As Integer, sum As Integer
For i = 1 To 99 Step 2
    sum = sum + i
Next i
Text1.Value = sum
End Sub
```

选择“窗体设计工具”菜单中“设计”下“视图”的“窗体视图”选项，窗体的执行结果如图 9.22 所示。

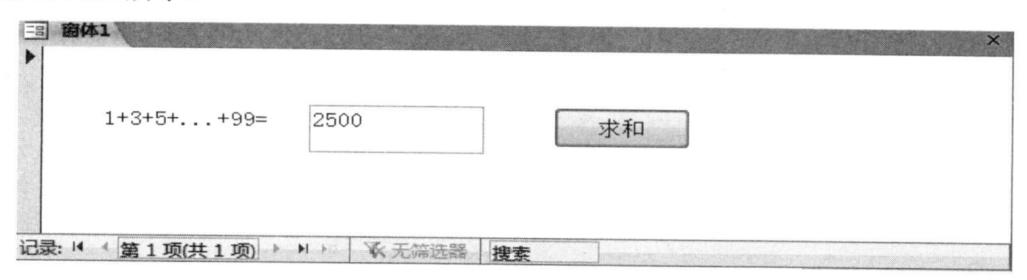

图 9.22　例 9-1 的执行结果

2. Do…Loop 循环

Do…Loop 循环结构分为如下四种格式，其流程图如图 9.23 所示。

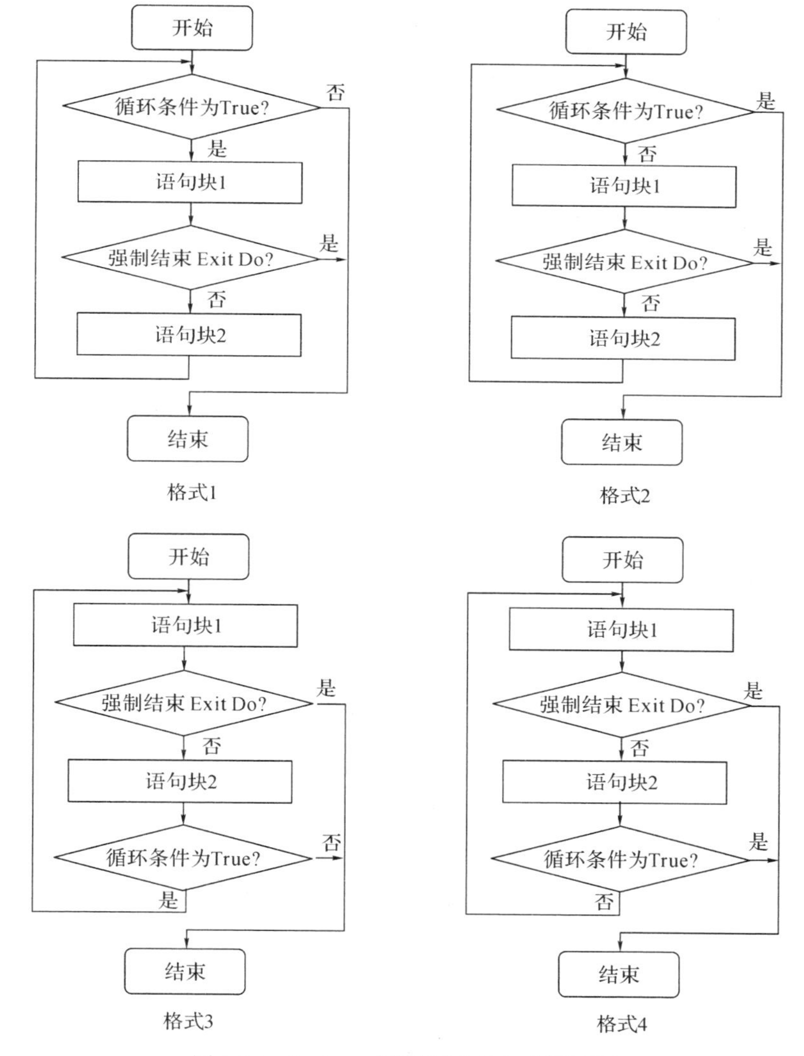

图 9.23　Do Loop 四种循环结构的流程图

格式 1：

```
Do While <循环条件>
    [<语句块 1>]
    [Exit Do]
    [<语句块 2>]
Loop
```

格式 2：

```
Do Until <循环条件>
    [<语句块 1>]
    [Exit Do]
    [<语句块 2>]
Loop
```

格式 3：

```
Do
    [语句块 1]
    [Exit Do]
    [语句块 2]
Loop While <循环条件>
```

格式 4：

```
Do
    [语句块 1]
    [Exit Do]
    [语句块 2]
Loop Until <循环条件>
```

格式 1 和格式 2 先判定条件再执行循环体，属于“当型”循环；格式 3 和格式 4 先执行循环体再判断条件，属于“直到型”循环。

【例 9-2】 修改例 9-1，使用 Do…Loop 结构计算 sum=1+3+5+…+99。

```
Private Sub Command1_Click()
 Dim i As Integer, sum As Integer
 sum = 0
 i = 1
 Do While i <= 99
     sum = sum + i
     i = i + 2
 Loop
 Text1.Value = sum
End Sub
```

若使用 Do Until 实现，可将循环条件行改为 Do Until i > 99。

3. While…Wend 循环

格式：

```
While <循环条件>
    [<语句块>]
Wend
```

说明：当给定<循环条件>为 True 时，执行 While 与 Wend 之间的<语句块>，遇到 Wend 语句后，控制返回到 While 语句处并重复检查<循环条件>，直到<循环条件>为 False，则退出循环。While 循环属于“当型”循环，与 Do While…Loop 循环类似，区别是 While 循环不能使用 Exit 提前退出。

【例 9-3】 输出 1～100 之间的奇数和、偶数和。

在 Access 中新建一个窗体，并在该窗体中添加 2 个文本框 Text1、Text2(奇数和、偶数和)、2 个标签控件和命令按钮 Command1(标题为计算)。Command1 按钮的 Click 事件代码如下：

```
Private Sub Command1_Click()
  Dim i As Integer, sum1 As Integer, sum2 As Integer
  i = 1: sum1 = 0: sum2 = 0
  While i <= 100
    If i Mod 2 = 1 Then
        sum1 = sum1 + i      ' 奇数累加
    Else
        sum2 = sum2 + i      ' 偶数累加
    End If
    i = i + 1
  Wend
  Text1.Value = sum1
  Text2.Value = sum2
End Sub
```

运行结果参见图 9.24。

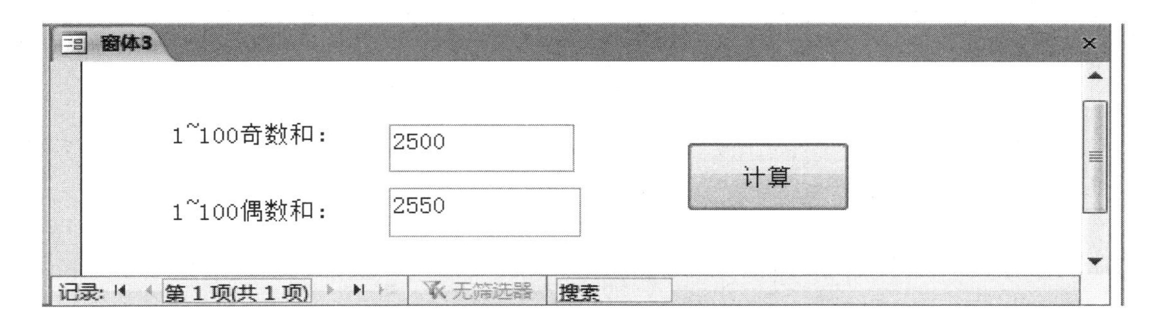

图 9.24　例 9-3 的运行结果

4. For Each 循环

For Each 非常适合集合对象的遍历操作，其格式如下：

```
For Each element In group
   [<语句块 1>]
   [Exit For]
   [<语句块 2>]
Next [element]
```

说明：

① element 为枚举集合或数组中所有元素的变量。

② group 数组或集合对象。

例如：

(1) 遍历集合。

以下代码利用循环遍历 Access 窗体 1，并在立即窗口中输出窗体 1 上所有控件名称。

```
For Each Item In Form_窗体 1
  Debug.Print Item.Name
Next Item
```

(2) 遍历数组。

以下代码遍历数组 Arr，并在立即窗口中输出数组全部元素的内容。

```
Dim Arr(10) As Integer
…
For Each i InArr
  Debug.Printi
Next i
```

关于数组的相关知识，将在后续章节进行介绍。

5. 循环的嵌套——多重循环结构

For、Do Loop 和 While 循环语句之间也可以互相嵌套，从而可以构成多重循环结构。需要注意的是，各循环必须完整包含，相互之间绝对不允许有交叉现象。

【例 9-4】 在立即窗口中输出 1～100 之间的素数，并按 5 个素数 1 行输出。

设计思路：根据素数的定义，素数 n 只能被 1 和本身整除，那么该数不能被 2～n−1 中的任何一个数整除。

在窗体中创建一个命令按钮控件 Command1，Command1 按钮的 Click 事件代码如下：

```
Private Sub Command1_Click()
Dim i As Integer, j As Integer, n As Integer
n = 0                        ' 记录素数个数
For i = 1 To 100 Step 2      ' 外循环 i，因偶数都不是素数，只循环考查 i 为奇数即可
    For j = 2 To i - 1       ' 内循环 j，此处循环条件也可为 j=2，效率更高
    If i Mod j = 0 Then
        Exit For
    End If
    Next j
    If j = i Then
        If n Mod 5 = 0 Then
            Debug.Print  ' 立即窗口换行操作
        End If
        n = n + 1
        Debug.Print i  ' 立即窗口中输出素数
    End If
  Next i
End Sub
```

立即窗口中的运行结果参见图 9.25

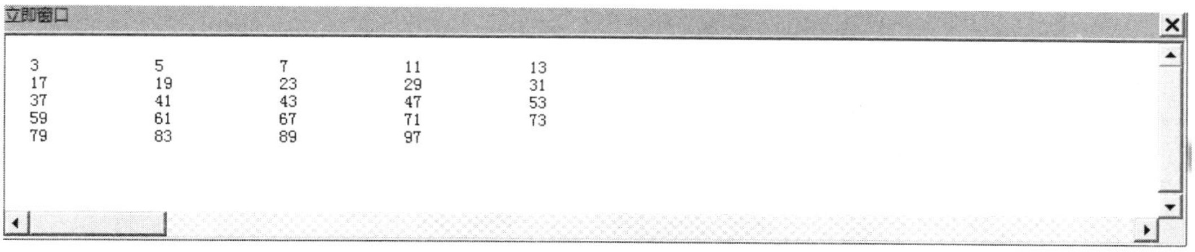

```
立即窗口
3         5         7         11        13
17        19        23        29        31
37        41        43        47        53
59        61        67        71        73
79        83        89        97
```

图 9.25　例 9-4 的运行结果

9.5 数　组

数组是指具有相同数据类型变量的集合，集合中每个变量称为数组元素，用数组名和该元素在数组中的序号(称为下标)来标识。利用数组，可方便组织大批量数据，提高程序的可读性和执行效率。

9.5.1 静态数组

静态数组在声明时就已经定义了数组的大小，在程序运行过程中无法改变大小。其声明格式如下：

Public | Private | Dim | Static 数组名([下标下界 To]下标上界[, [下标下界 To]下标上界][, …])[As 数据类型]

① Public | Private | Dim | Static 含义同变量声明。

② 数组下标默认为 0。用户也可在通用段声明区使用 Option Base 1，将下标默认从 1 开始。

例如：

定义一维数组 a：

```
Dim a(9) As Integer          ' a 数组默认包括 10 个元素：a(0), a(1), …, a(9)
```

定义二维数组 c 和 b：

```
Dim c(2, 2) As Integer       ' c 数组默认包括 9 个元素：c(0, 0), c(0, 1), c(0, 2)
                                                         c(1, 0), c(1, 1), c(1, 2),
                                                         c(2, 0), c(2, 1), c(2, 2),
Dim b(1 to 2, 2 to 3) As Integer   ' b 数组包括 4 个元素：b(1, 2), b(1,3), b(2, 2), b(2, 3)
```

【例 9-5】 声明一个 30 个长度的一维数组，每个数组元素赋值[0，100]的随机数作为成绩，并求全部元素的总和。

```
Dim Score(1 To 30) As Integer        ' 一维数组 Score 下标 1 到 30
Dim SumAs Integer, i As Integer
Sum = 0
For i = 1 To 30
```

```
    Score(i) = Int(101 * Rnd())            ' [0, 100] 的随机数
    Sum = Sum + Score(i)
Next i
MsgBox "sum = " & Sum
```

运行结果如图 9.26 所示。

图 9.26　例 9-5 的运行结果

上述 For Next 循环也可用 For Each 实现：

```
For Each x In Score
  x = Int(101 * Rnd())
   Sum = Sum + x
Next x
```

For Each 循环的主要优点是在遍历数组元素时，不必知道数组的大小。

9.5.2　动态数组

与静态数组固定大小不同，动态数组在声明时不需要确定大小，可在程序中动态修改其大小和维数。其声明格式如下：

Public | Private | Dim | Static 数组名()[As 数据类型]

(1) 数组声明不能指定大小，括号不能省略，且内部为空。

(2) 动态数组由于没有分配空间，必须使用 ReDim 语句为其指定元素个数，否则无法在程序中引用。

ReDim 语句的格式如下：

ReDim [Preserve] 数组名(下标 1[, 下标 2…])

例如：

```
Dim a() as Integer     ' 声明动态数组 a 是整型
Redim a(10)            ' 定义数组最大下标为 10
```

(3) 使用 ReDim 语句不能改变数组的类型(Object 类型除外)。例如，如下语句是非法的：

```
Dim b() As Integer
…
```

```
ReDim b(10) As Double    ' 错误
```

(4) 使用 ReDim 语句重新定义一个数组时，数组原有的值会丢失，数值型被置 0，字符型被置空串，逻辑型被置为 False。

(5) Preserve 关键字可保持数组原有的值。例如：

```
Dim i as Integer, Array(3) As Integer
For i = 0 To 3
    Array(i) = I   ' 各元素的值为 0，1，2，3
Next i
ReDim Preserve Array(5)   ' 各元素的值为 0，1，2，3，0，0。如果不使用 Preserve 关键字，
                            则所有元素值均为 0
```

9.6　面向对象程序设计的基本概念

9.6.1　集合和对象

类是对相同类型对象的抽象，是对象共同属性、方法的集合体，即对象的共性，而对象是类产生的一个实例。对象用来描述客观世界的一个实体，某类多个对象构成了集合。Access 具有面向对象程序设计环境，在数据库窗口中可查看和访问 Access 各种对象，例如：查询、窗体、表、宏和模块对象等。

9.6.2　属性和方法

对象是封装了属性和操作(方法)代码的逻辑实体，属性即为对象所具有的特征，操作描述了对象能够执行的功能，操作也称为对象的方法。属性和方法描述了对象的特征和行为，其引用格式为：

对象名.属性

对象名.方法

例如，Label1 控件的标题属性可表示为 Label1.Caption；Command1 按钮获得焦点的方法表示为 Command1.SetFoucs；DoCmd 对象打开“教师信息报表”对象可表示为 DoCmd.OpenReport“教师信息表”。

9.6.3　事件和事件过程

事件是 Access 对象可响应的动作，例如鼠标单双击、窗体或报表载入等。Access 可使用两种方法处理事件：

(1) 使用宏对象设置事件属性。

(2) VBA 过程代码，也称为事件过程。在例 9-3 中，命令按钮 Command1 响应鼠标单击事件的 Click 过程。

9.7　过程调用和参数传递

9.7.1　过程调用

1. Sub 过程的定义和调用

(1) 定义 Sub 过程。

格式：

```
[Public|Private|Static] Sub 过程名([形参列表])
    [过程体]
    [Exit Sub]
End Sub
```

说明：Public 为默认，表示所有模块均可调用该过程；Private 表示该过程只允许在本模块中使用；Static 表示过程执行结束后，过程中所有声明的变量仍然保留上次调用后的值；形参列表中如果有多个参数，需要以逗号分开；Exit Sub 用于提前退出过程体。

注意：过程定义必须是独立的，不允许嵌套定义，即在一个 Sub 和 End Sub 结构内部，又定义了另外一个 Sub 过程。

(2) 调用 Sub 过程。

格式 1：

```
Call 过程名[(实参数列表)]
```

格式 2：

```
过程名[实参数列表]
```

注意：格式 1 如果有实参，过程名后必须有括号；格式 2 如果有实参，过程名后不能使用括号。

【例 9-6】 创建一个窗体，用来计算用户在文本框中输入数字的阶乘。

① 新建一个标准模块，名称为模块 1，在其中创建如下 Sub 过程 fac：

```
Public Sub fac(n As Integer, f As Long)
  f = 1
  For i = 1 To n          ' 循环语句，i 从 1 循环到 n，每次自动增 1
f = f * i
  Next i                  ' 循环结束后，f 为 n!
End Sub
```

② 在 Access 中新建一个窗体，并在该窗体中添加两个文本框 Text0(代表 n)、Text1(代表 n!)和命令按钮 Command0。右击命令按钮在快捷菜单中选择“事件生成器”，在选择生成器窗口中选择“代码生成器”，在 VBE 的窗体模块中输入以下程序：

```
Private Sub Command0_Click()
Dim f As Long
  Call fac(Val(Text0.Value), f)  ' 调用模块 1 中的 fac 过程
```

```
  Text1.Value = Str(f)
End Sub
```

说明：命令按钮 Command0 的单击事件 Click 中调用了模块 1 的 fac 过程，将 Text0 的内容传给了 n(Val 函数用于将字符串转换为数值类型)，fac 过程计算得到阶乘值 f，再将其赋值给文本框 Text1(Str 函数将数值转换为字符串类型)。

选择“窗体设计工具”菜单中“设计”下“视图”的“窗体视图”选项，窗体的执行结果如图 9.27 所示。

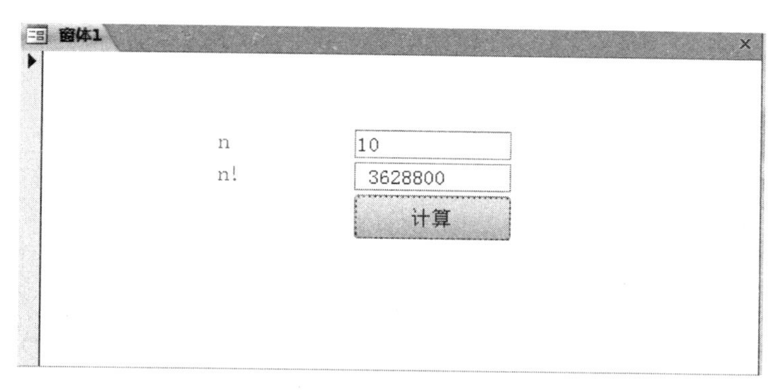

图 9.27　例 9-6 的执行结果

2. Function 函数过程

(1) Function 函数的定义。

格式：

```
[Public|Private|Static] Function 函数名([形参列表])[As 类型名]
    [函数过程体]
    [Exit Function]
    函数名 = 返回值
End Sub
```

说明：Public、Private 和 Static 含义同 Sub 过程；As 代表函数返回值的类型；Exit Function 用于提前退出函数过程体。

(2) 调用 Function 函数过程。

格式：

```
函数名[(实参数列表)]
```

注意：函数不能使用 Call 调用。

【例 9-7】 将例 9-6 使用 Function 函数过程实现。

① 修改模块 1 的内容如下：

```
PublicFunction fac(n As Integer) As Long
  f = 1
  For i = 1 To n              ' 循环语句，i 从 1 循环到 n，每次自动增 1
    f = f * i
  Next i                      ' 循环结束后，f 为 n!
```

```
    fac = f                    ' 函数返回值
End Function
```

② 修改窗体模块程序如下：

```
Private Sub Command0_Click()
    Text1.Value = Str(fac(Val(Text0.Value)))
End Sub
```

例 9-6 与例 9-7 的运行结果相同。

9.7.2　参数传递

1. 形参声明格式

VBA 过程中的参数分为实际参数(实参)与形式参数(形参)，在调用时按照特定的参数传递方式在二者之间传递内容。实参是指具有确定内容的变量名、数组名、常数或表达式，形参是在过程声明行形参列表中的变量或数组名，在被调用前，没有分配内存，多个形参用逗号分隔构成形参列表，其声明格式为：

[Optional] [ByVal｜ByRef] [ParamArray] 形参名[( )] [As type] [= DefaultValue]

各项含义如下：

① Optional 指明调用时对应的实参是否可以缺省。如果使用了该选项，则形参列表中的后续参数都必须使用 Optional 关键字声明。

② ByVal 表示该参数按值传递。

③ ByRef 表示该参数按地址传递。

④ ParamArray 只能位于形参列表的末尾，由于该参数是一个 Variant 类型的 Optional 数组，因此可提供任意数目的参数。ParamArray 不能与 ByVal、ByRef 和 Optional 联用。

⑤ DefaultValue 指明调用函数时若省略实参，对应的形参的缺省值。需要与 Optional 参数联用，并为其提供缺省值。

例如定义如下过程：

```
Sub f(A As Integer， Optional B As Integer， Optional C As Integer = -1)
…
End Sub
```

调用过程 f 时，只有与形参 A 对应的实参是必需的，而 B 和 C 对应的实参都是可选的。调用方法如下：

```
Call f(1)               'A 的值为 1，B 的值为 0，C 值为 –1
Call f(1, 2)            'A 的值为 1，B 的值 2，C 的值 –1
Call f(1, 2, 3)         'A 的值为 1，B 的值 2，C 的值为 3
Call f(1, , 4)          'A 的值为 1，B 的值 0，C 的值为 4
Call f                  ' 错误的
```

如果使用 ParamArray，可定义过程如下：

```
Sub f(ParamArray Arr())
  For Each x InArr
```

```
    …
    Nextx
End Sub
```

调用 f 过程可采用如下语句：

```
Call f(1, 3, 5, 7, 8)
```

此时形参数组 Arr 各元素的内容为：1、3、5、7 和 8。

2. 实参和形参参数传递方式

实参和形参参数传递方式分为按值传递和按地址传递(引用)。

(1) 按值传递。

采用按值传递参数时，需要在形式参数前加上关键字 ByVal。该方式在调用时，将为形参分配一个独立的存储空间，同时将实参的内容复制到存储空间中，由于实参和形参的存储空间是不同的，因此，如果在过程中改变了形参的内容，实参并不会改变。

(2) 按地址传递(引用)。

过程默认采用按地址传递方式，也可在形式参数前加关键字 ByRef 显式声明。该方式在调用过程时，只是将实参的内存地址传递给形参，因此形参和实参共占相同的内存空间(实际上为同一变量，只是名称不同)，如果在过程中改变了形参的内容，实参也会改变。

【例 9-8】 使用 Sub 过程，分别采用按值和按地址传递法交换两个变量的内容。

① 新建窗体 2，在其中添加 4 个标签、4 个文本框(原始数据 X 文本框名为 Text1，Y 为 Text2；调用后数据 X 文本框名为 Text3，Y 为 Text4)和两个命令按钮(值传递按钮名为 Command1，地址传递按钮名为 Command2，清空按钮名为 Command3)。在窗体的加载事件中编写如下事件过程：

```
Private Sub Form_Load()
    Text1.Value = 1
    Text2.Value = 2
End Sub
```

② 添加如下两个过程，分别实现按值交换和按地址交换数据。

```
Public Sub CallByRef(a As Integer, b As Integer)   ' 按地址交换数据
    Dim c As Integer
    c = a
    a = b
    b = c
End Sub
Public Sub CallByVal(ByVal a As Integer,   ByVal b As Integer)   ' 按值交换数据
    Dim c As Integer
    c = a
    a = b
    b = c
End Sub
```

③ 为命令按钮 Command1～Command3 编写的单击事件 Click 过程如下：

```
Private Sub Command1_Click()
   Dim x As Integer, y As Integer
   x = Text1.Value
   y = Text2.Value
   CallByVal x, y
   Text3.Value = x
   Text4.Value = y
End Sub
Private Sub Command2_Click()
   Dim x As Integer, y As Integer
   x = Text1.Value
   y = Text2.Value
   CallByRef x, y
   Text3.Value = x
   Text4.Value = y
End Sub
Private Sub Command3_Click()
   Text3.Value = ""
   Text4.Value = ""
End Sub
```

窗体的执行结果如图 9.28 所示。

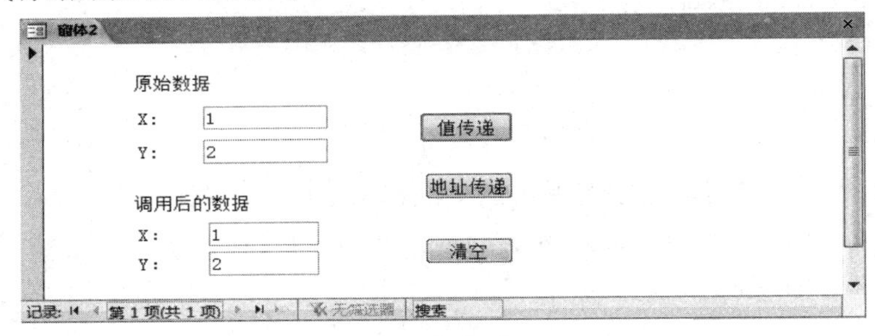

(a) 值传递

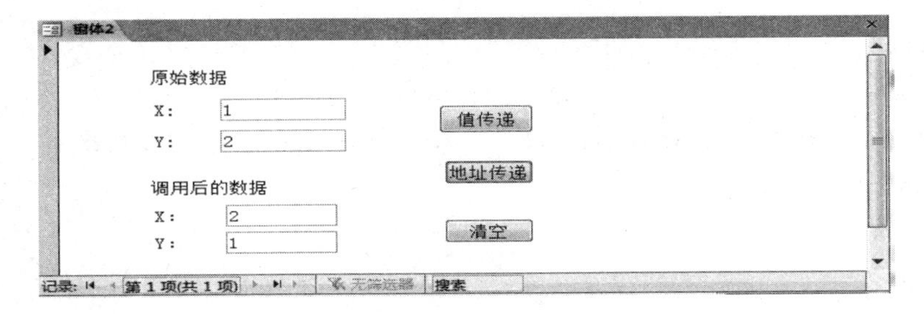

(b) 地址传递

图 9.28　例 9-8 的执行结果

从如图 9.28 可以看出，值传递无法交换两个变量的内容，而地址传递可以完成两个变量内容互换。

9.8　VBA 常用操作

9.8.1　打开和关闭操作

VBA 可使用 DoCmd 对象运行并操作 Microsoft Access，执行诸如打开关闭窗体或报表、设置控件属性等任务。本节介绍 DoCmd 对象的打开和关闭操作。

1. 打开窗体操作

格式：

```
DoCmd.OpenForm FormName[, View][, FilterName][, WhereCondition][, DataMode]
[, WindowMode][, OpenArgs]
```

说明：OpenForm 各个参数的主要功能见表 9-11。

表 9-11　OpenForm 参数功能

参数名称	可选性	说　　明
FormName	必需	字符串表达式，表示当前数据库中窗体的名称
View	可选	常量，指定打开窗体的视图，其取值：acDesign(设计视图)、acFormDS(数据表视图)、acFormPivotChart(数据透视图视图)、acFormPivotTable(数据透视表视图)、acLayout(布局视图)、acNormal(默认值，窗体视图)、acPreview(打印预览)
FilterName	可选	字符串表达式，表示当前数据库中查询的名称
WhereCondition	可选	字符串表达式，不包含 WHERE 关键字的有效 SQL WHERE 子句
DataMode	可选	常量，指定窗体的数据输入模式，其取值：acFormAdd(可添加新记录，不能编辑记录)、acFormEdit(可编辑和添加记录)、acFormPropertySettings(默认值，只能更改窗体的属性)、acFormReadOnly(只能查看记录)
WindowMode	可选	常量，指定打开窗体时采用的窗口模式。默认值为 acWindowNormal
OpenArgs	可选	字符串表达式。用于设置窗体的 OpenArgs 属性，可通过代码在窗体模块中引用该设置，也可在宏和表达式中使用 OpenArgs 属性

例如，

① 在设计视图打开“教师信息维护”窗体：

```
DoCmd.OpenForm"教师信息维护", acDesign
```

② 在窗体视图中打开“教师信息维护”窗体，并只显示“民族”字段为“汉”的记录，可以编辑显示的记录，也可以添加新记录：

```
DoCmd.OpenForm "教师信息维护", , ,"民族 ='汉'", acFormEdit
```

2. 打开报表操作

格式：

```
DoCmd.OpenReport ReportName[, View][, FilterName][, WhereCondition]
    [, WindowMode][, OpenArgs)]
```

说明：

(1) ReportName，字符串表达式，表示数据库中的报表的名称。

(2) View，指定报表将在哪个视图中打开，其取值为：acViewDesign(设计视图)，acViewNormal (默认，立即打印报表)，acViewPivotChart(不支持)，acViewPivotTable(不支持)，acViewPreview(打印预览视图)。

(3) 其余参数同 OpenReport 方法，可参见表 9-11。

例如，

① 打印预览“教师信息”报表：

```
DoCmd.OpenReport "教师信息", acViewPreview
```

② 使用数据库中的查询“党员信息”，来打印“教师信息”报表：

```
DoCmd.OpenReport "教师信息", acViewNormal, "党员信息"
```

3. 关闭操作

格式：

```
DoCmd.Close [ObjectType，  ObjectName]，  [Save]
```

说明：Close 各个参数的功能见表 9-12。

表 9-12　Close 参数功能

参数名称	可选性	说　　明
ObjectType	可选	指定关闭对象的类型。其取值：acDataAccessPage(数据访问页)、acDefault(默认)、acDiagram(数据库图表)、acForm(窗体)、acFunction(函数)、acMacro(宏)、acModule(模块)、acQuery(查询)、acReport(报表)、acServerView(服务器视图)、acStoredProcedure(存储过程)和 acTable(表)
ObjectName	可选	字符串表达式，ObjectType 类型对象的名称
Save	可选	指定是否保存对象的修改信息，其取值：acSaveNo(不保存)、acSavePrompt(默认，提示保存)、acSaveYes(保存)

例如，以下程序当用户单击“教师信息维护”窗体上命令按钮 Command1，使用 Close 方法关闭该窗体，在不进行提示的情况下，保存所有对窗体的更改。

```
Private Sub Command1_Click()
  DoCmd.Close acForm，  "教师信息维护"，  acSaveYes
End Sub
```

注意：Close 方法不带任何参数(DoCmd.Close)，将关闭当前活动窗口，如果不涉及窗体保存，上述语句也可直接写为：

```
DoCmd.Close
```

9.8.2 输入和输出操作

VBA 中提供了数据输入 InpubBox 函数、数据输出 MsgBox 函数，能够分别弹出输入和输出对话框，以便于用户输入数据和显示提示信息，更好地体现程序设计交互性的要求。

1. InputBox()函数

功能：输入对话框函数，该函数弹出一个对话框，等待用户输入数据，并返回用户在对话框中输入的信息，函数的返回值为 String 类型。

格式：

InputBox(prompt[, title] [, default] [, xpos] [, ypos])

主要参数含义如下：

(1) prompt：对话框内显示的提示信息，是长度不超过 1024 个字符的字符串，可使用回车符(Chr(13))、换行符(Chr(10))实现换行输出信息。

(2) title：标题字符串，显示在对话框标题栏中。

(3) default：用户没有任何输入时显示在对话框底部文本框中的字符串。如果省略 default，则文本框显示为空。

(4) xpos，ypos：整数值，代表对话框与屏幕左边的距离(xpos)和上边的距离(ypos)，单位缇(twip)。

(5) 返回值：执行 InputBox 函数后，用户单击“确定”按钮或按回车键，返回在文本框输入的数据(字符串类型)。若单击“取消”按钮或按 Esc 键，则返回空字符串("")。

例如：InputBox “请输入学号:”,“登录”,“152001221”执行后，可弹出图 9.29 所示的输入对话框。

图 9.29 输入对话框

2. MsgBox()函数

MsgBox 函数显示一个消息对话框，用户根据需要选择指定的操作后，可返回一个 Integer 类型数值代表用户单击哪一个按钮。语法格式如下：

MsgBox(prompt[, buttons] [, title])

其中 prompt 必选，其余参数可选。各参数含义如下：

(1) prompt：在消息对话框中显示的内容，同 InputBox 函数中的 prompt 参数。

(2) buttons：消息框中显示按钮的数目、图标样式和缺省按钮等，缺省值为 0，表 9-13 列出了 buttons 参数的取值和功能。

(3) title：消息对话框标题栏显示的字符串。省略 title，则将应用程序名放在标题栏中。

表 9-13　buttons 参数值和功能

符号常量	值	功 能 含 义
vbOKOnly	0	只显示“确定(OK)”按钮
VbOKCancel	1	显示“确定(OK)”及“取消(Cancel)”按钮
VbAbortRetryIgnore	2	显示“终止(Abort)”、“重试(Retry)”及“忽略(Ignore)”按钮
VbYesNoCancel	3	显示“是(Yes)”、“否(No)”及“取消(Cancel)”按钮
VbYesNo	4	显示“是(Yes)”及“否(No)”按钮
VbRetryCancel	5	显示“重试(Retry)”及“取消(Cancel)”按钮
VbCritical	16	显示 Critical Message 图标
VbQuestion	32	显示 Warning Query 图标
VbExclamation	48	显示 Warning Message 图标
VbInformation	64	显示 Information Message 图标
vbDefaultButton1	0	第一个按钮为缺省按钮
vbDefaultButton2	256	第二个按钮为缺省按钮
vbDefaultButton3	512	第三个按钮为缺省按钮
vbDefaultButton4	768	第四个按钮为缺省按钮
vbApplicationModal	0	应用程序强制返回；应用程序一直被挂起，直到用户对消息框作出响应才继续工作
vbSystemModal	4096	系统强制返回；全部应用程序都被挂起，直到用户对消息框作出响应才继续工作

符号常量数值(0～5)用来设置消息对话框中按钮的样式与数目；符号常量数值(16，32，48，64)描述了图标的类型；符号常量(0，256，512，768)代表说明缺省按钮；符号常量数值(0，4096)则决定消息框强制返回的特征。

MsgBox 函数共有 7 种返回值，如表 9-14 所示。

表 9-14　MsgBox 函数返回值和功能

符号常数	值	功 能 含 义
vbOK	1	确定(OK)
vbCancel	2	取消(Cancel)
vbAbort	3	终止(Abort)
vbRetry	4	重试(Retry)
vbIgnore	5	忽略(Ignore)
vbYes	6	是(Yes)
vbNo	7	否(No)

例如：

```
R = MsgBox("你确定要退出系统吗?", 4 + 48 + 256, "提示")
```

消息框样式如图 9.30 所示。

图 9.30　消息对话框

如果用户单击“是”按钮，R 的值为 vbYes(数值 6)，否则 R 的值为 vbNo(数值 7)。

9.8.3　VBA 编程验证数据

VBA 内置了数据验证函数，可以对变量或表达式的数据类型进行验证，常用的验证函数见表 9-15。

表 9-15　VBA 常用验证函数

函数	返回值	含　义
IsNumeric(x)	Boolean	验证表达式 x 的运算结果是否为数值，是返回 True，否则为 False
IsDate(x)	Boolean	验证表达式 x 的运算结果是否可转换成日期类型，是返回 True，否则为 False
IsNull(x)	Boolean	指出表达式 x 的运算结果是否为无效数据(Null)，是返回 True，否则为 False
IsEmpty(x)	Boolean	指出变量 x 是否已经初始化(声明 x 为 Variant 类型，而没有赋值，其值为 Empty)，已初始化返回 True，否则为 False
IsArray(x)	Boolean	指出变量 x 是否为数组，是数组返回 True，否则为 False
IsError(x)	Boolean	指出表达式 x 是否为错误值，有错误返回 True，否则为 False
IsObject(x)	Boolean	指出标识符 x 是否表示对象变量，是对象返回 True，否则为 False

例如：

```
Dim x As String, y As Integer, z As String, n As Variant, e As Variant, a(5) As Integer
x = "12a"
y = 123
z = "1996-12-21"
n = Null
```

则函数 IsNumeric(x)，IsNumeric(y)，IsDate(z)，IsNull(n)，IsEmpty(e)，IsArray(a)的运行结果分别为：False，True，True，True，True，True。

在对数据库表字段更新设计时，可使用数据验证函数提前验证，以确保更新的数据准确有效。例如，在学号文本框控件(名称为 SID)的 BeforeUpate 事件中进行数据验证，如果用户输入的学号与学生基本信息表的某个学生的学号相同，则提示用户该学号已经存在，不允许更新：

```
Private Sub SID_BeforeUpdate(Cancel As Integer)
 If Not IsNull(DLookup("学号", "学生基本信息表", "学号 ='"
                          & SID.Value& "'")) Then
   MsgBox "学号已经存在，请重新输入学号！", vbCritaical, "警告"
   Cancel = True
  End If
EndSub
```

9.8.4　计时事件

计时事件是按指定的时间间隔激发的事件，VBA 没有提供与 VB 类似的计时器控件，主要通过 TimerInterval 属性来设置激发计时事件的时间间隔，在 Timer 事件中添加按指定事件间隔重复执行的程序代码。

1. TimerInterval 属性

时间间隔，单位是毫秒(1 秒=1000 毫秒)。取值范围 0～65535，最大时间间隔不能超过 65 秒。

2. Time 事件

经过 TimerInterval 属性指定的时间间隔后，将激发执行 Timer 事件中的代码。可设置计时器时间间隔为 0(Me.TimerInterval=0)来终止 Timer 事件继续执行。

【例 9-9】 秒表程序，在窗体上显示秒数，并允许用户启动和终止显示。

新建窗体，在其中添加 1 个标签(lblColock)、2 个命令按钮(cmdStart 和 cmdEnd)，编写如下事件过程代码：

```
Dim sec As Integer                              ' 模块级变量，存储总秒数
Private Sub cmdEnd_Click()
  Me.TimerInterval = 0                          ' 停止秒数显示，Me 代表当前窗体对象
End Sub
Private Sub cmdStart_Click()
  Me.TimerInterval = 1000                       ' 时间间隔设置为 1 秒
End Sub
Private Sub Form_Open(Cancel As Integer)        ' 打开窗体事件
  sec = 0
  lblColock.Caption = "0 秒"
End Sub
Private Sub Form_Timer()
  sec = sec + 1   '总秒数增 1
  lblColock.Caption = Str(sec)&"秒"              ' 在标签控件中显示总秒数
End Sub
```

窗体的执行结果如图 9.31 所示。

图 9.31　例 9-9 的执行结果

9.8.5　鼠标和键盘事件处理

1. 鼠标事件

VBA 的鼠标事件主要包括 MouseDown(鼠标按下)、MouseMove(鼠标移动)和 MouseUp(鼠标抬起)3 个事件，其事件过程行声明如下：

对象名_MouseDown(Button As Integer，Shift As Integer，X As Single，Y As Single)

对象名_MouseMove(Button As Integer，Shift As Integer，X As Single，Y As Single)

对象名_MouseUp(Button As Integer，Shift As Integer，X As Single，Y As Single)

事件过程中的参数及其含义如表 9-16 所示。

表 9-16　鼠标事件过程中的参数及其含义

名称	必选/可选	数据类型	说　明
Button	必选	Integer	Button = 1(或 acLeftButton)，说明用户按的是鼠标的左键；Button = 2(或 acRightButton)，说明用户按的是鼠标的右键；Button = 4(或 acMiddleButton)，说明用户按的是鼠标的中间键
Shift	必选	Integer	Shift = 1，说明用户在按下鼠标按键的同时，还按下了键盘上的 Shift 键；Shift = 2(或 acCtrlMask)，说明用户在按下鼠标按键的同时，还按下了键盘上的 Ctrl 键；Shift = 4(或 acAltMask)，说明用户在按下鼠标按键的同时，还按下了键盘上的 Alt 键
X	必选	Single	鼠标指针当前位置的 x 坐标(以缇为单位)
Y	必选	Single	鼠标指针当前位置的 y 坐标(以缇为单位)

例如，以下程序判断窗体上鼠标左、右键单击情况：

```
Private Sub Form_MouseDown(Button As Integer, Shift As Integer, X As Single, Y As Single)
    If Button = acLeftButton Then
        MsgBox "单击鼠标左键"
    End If
    If Button = acRightButton Then
        MsgBox "已点击鼠标右键"
  End If
End Sub
```

2. 键盘事件

VBA 的键盘事件主要包括 KeyDown(键按下)、KeyPress(按下并释放键)和 KeyUp(键抬起)3 个事件，其事件过程行声明如下：

对象名_KeyDown(KeyCode As Integer，Shift As Integer)

对象名_KeyPress(KeyAscii As Integer)

对象名_KeyUp(KeyCode As Integer，Shift As Integer)

说明：

(1) KeyPress 事件。

KeyAscii 参数是按键的 ASCII 码，按键包括：标准键盘的字母(注：大小写字母 ASCII 码不同)、数字和标点符号以及部分控制键(Enter、Tab、Backspace 键等)。KeyAscii 参数返回按键的 ASCII 码。

例如，判断用户在 Text1 文本框中是否输入 A 或 a：

```
Private Sub Text1_KeyPress(KeyAscii As Integer)
  If KeyAscii = 65 Or KeyAscii = 97 Then
    MsgBox "已单击 A 键"
  End If
End Sub
```

(2) KeyDown 和 KeyUp 事件。

KeyCode 参数是按键的虚拟键码，每个键都对应唯一的虚拟键码，字母键不区分大小写。例如对于 A 和 a 而言，它的 KeyCode 都是 65，对应键盘[A]键，并没有大小写之分。KeyCode 还能检测功能键、编辑键和光标定位键，例如扩展字符键(F1～F2)、定位键(Home、End、PageUp、PageDown、↑、↓、→、←及 Tab 键)、键的组合和标准键盘的 Shift、Ctrl、Alt 及数字键盘等字符。

(3) Shift 参数。

键盘事件使用 Shift 参数来判断按下某键的同时是否按下了 Shift、Ctrl、Alt 键或它们的组合。如果按 Shift 键，则 Shift 参数为 1；按 Ctrl 键，Shift 参数为 2；按 Alt 键，Shift 参数为 4，通过键值总和来判断这些组合。

例如，以下事件过程可捕获 Ctrl+Alt+F1 并给出提示：

```
Private Sub Text1_Keydown(KeyCode As Integer, Shift As Integer)
  If KeyCode = 112 And Shift = 6 Then          ' F1 虚拟键码是 112，也可用符号常量 vbKeyF1
    MsgBox "已同时按下 CTRL+ALT+F1 组合键"
  End If
End Sub
```

9.8.6　数据文件读写

文件是指存储在外存上的一组相关数据的集合，按数据的存取方式和结构，文件可分为顺序文件和随机文件。读文件操作(打开文件)是把文件中的数据读到内存，写文件操作

(保存)是把内存中的数据输出到指定文件中。

VBA 文件处理主要包括：打开文件、读写操作和关闭文件。本节主要介绍顺序文件的读写操作，打开和关闭文件由 Open 和 Close 语句实现，读文件由 Input# 或 Line Input#语句完成，写文件由 Print# 或 Write# 语句来实现。

1. 打开文件

格式：

Open 文件名 For mode As [#]文件号

说明：mode 取值如下。

① OutPut：以写方式打开文件。文件若存在，则打开，写入并覆盖原有信息；文件若不存在，则新建文件。

② Input：以读方式打开文件。文件必须存在，否则出错。

③ Append：以追加方式打开文件。文件若存在，则打开，在原文末尾写入(追加)新信息；文件若不存在，则新建文件。

2. 关闭文件

格式：

Close #文件号

功能：关闭由 Open 语句打开的指定文件号的文件。

3. 顺序文件的读操作

顺序文件的读数据操作由 Input#语句和 Line Input#语句来实现。

(1) Input # 语句。

格式：

Input #文件号, 变量列表

功能： 从已打开的顺序文件中读出数据并存入指定变量。

说明：

① 变量列表如有多个变量，需要使用逗号分隔。变量不能是数组名或对象变量，但是可以是数组元素或用户自定义类型。

② 文件中数据的顺序必须与变量列表中变量的顺序一致，且数据类型相匹配。

(2) Line Input # 语句。

语法：

Line Input #文件号, 字符型变量

功能：从已打开的顺序文件中读出一行并将它分配给 String 变量。

说明：Line Input # 语句可一次从文件中读出一行字符，直到遇到回车符 (Chr(13))或回车换行符 (Chr(13) + Chr(10))为止。回车换行符将被跳过，不会被附加到字符串上。

(3) 文件结束标志函数。

格式：EOF(文件号)

功能：如果已读到指定文件号文件的末尾(End of File)，函数返回 True，否则返回 False。

【例 9-10】 使用 Input # 语句将 d：\file0.txt 中的数据读入变量。

```
Private Sub Command1_Click()
Dim Name as String, Score as Integer, LineString as String
  Open "d: \file0.txt" For Input As #1
  Do While Not EOF(1)                ' 是否循环至文件尾
     Input #1, Name, Score           ' 将数据读入两个变量
     Debug.Print Name, Score         ' 在立即窗口中显示数据
Loop
Close #1    '关闭文件
Open "d:\file0.txt" For Input As #2
    Line Input #2, LineString        ' 读取 file0.txt 中第 1 行数据存入 LineString 中
    Debug.Print LineString           ' 在立即窗口中显示数据 LineString 内容
  Close #2
End Sub
```

file0.txt 的内容和立即窗口显示的结果如图 9.32 所示。

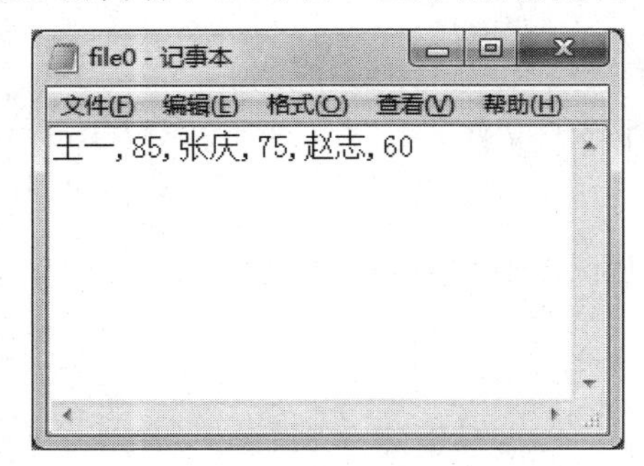

(a) file0.txt 内容

(b) 立即窗口显示内容

图 9.32　file0.txt 的内容和立即窗口显示的结果

4. 顺序文件的写操作

(1) Print # 语句。

格式：

Print #文件号, [表达式列表]

功能：将格式化的数据写入顺序文件中。

说明：如果省略参数“表达式列表”，而且文件号之后只有一个逗号，则将一空白行打印到文件中。表达式列表中的“,”代表跳到下一个输出列(14 列为一个输出列)输出，“;”代表以紧凑格式输出，即各个输出项输出到文件时，中间不使用空格。

【例 9-11】 使用 Print # 语句将数据写入 d:\file1.txt 文件中。

程序代码如下：

```
Private Sub Command1_Click()
  Open "d:\file1.txt" For Output As #1      ' 以写方式打开输出文件
  Print #1, "写入文件测试"                   ' 将文本数据写入文件
```

```
    Print #1,                                           ' 将空白行写入文件
    Print #1, "123456789012345678901234567890"          ' 输出列坐标号
    Print #1, "Hello"; "World"      ' 将两个字符串写入文件，两个串中间无空格
    Print #1, "Hello", "World"               ' 1 个输出列占 14 列，“，”跳到下个输出列(15 列)输出
    Print #1, Tab(10); "Hello"               ' Tab(10)代表将数据写在第 10 列
    Close #1                                 ' 关闭文件
End Sub
```

运行后 file1.txt 中的内容如图 9.33 所示。

图 9.33　例 9-11 运行后 file1.txt 中的内容

(2) Write # 语句。

格式：

　　Write #文件号, [表达式列表]

功能：将数据写入顺序文件。

说明：

① 与 Print # 语句不同，Write 将数据写入文件时，以紧凑格式存放，各数据项之间插入逗号，字符串型数据加上双引号。

② Write # 语句在将表达式列表中的最后一个字符写入文件后会插入一个回车换行符，即(Chr(13) + Chr(10))。

【例 9-12】 使用 Write #语句将数据写入到 d:\file2.txt 文件中。

程序代码如下：

```
Private Sub Command1_Click()
    Open "d:\file2.txt" For Output As #1                ' 以写方式打开输出文件
    Write #1, "写入文件测试"                             ' 将文本数据写入文件
    Write #1,                                           ' 将空白行写入文件
    Write #1, "123456789012345678901234567890"          ' 输出列坐标号
    Write #1, "Hello";"World"                           ' 紧凑格式存放
    Write #1, "Hello", "World"              ' 紧凑格式存放，不跳到下一个输出列(15 列)
    Write #1, Tab(10); "Hello"                          ' Tab(10)将数据写在第 10 列
    Close #1                                            ' 关闭文件
```

```
End Sub
```

运行后文件 file2.txt 中的内容如图 9.34 所示。

图 9.34 例 9-12 运行后 file2.txt 中的内容

从图 9-34 可以看出，使用 Wirte 时，每个输出项两侧均有引号。

9.8.7 用代码设置 Access 选项

Access 所有可选功能项既可在操作界面中设置，也可使用 VBA 代码动态设置。当发布程序时，由于其他用户的 Access 系统环境设置是不同的，例如，在程序中执行某个操作查询(更新、删除、追加、生成表)时，经常会弹出需要用户确认的提示信息，可使用代码设置 Access 选项，提前关闭上述提示信息，以确保发布程序时 Access 环境设置的一致性。

基本格式如下：

```
Application.SetOption    OptionName，Setting
```

说明：OptionName 参数为选项名，用字符串表示；Setting 参数为设置的选项值。

例如：

```
Application.SetOption "确认记录更改", False          ' 当更改记录时，不需要用户进行确认
Application.SetOption "确认文档删除", True           ' 当删除文档时，需要用户进行确认
Application.SetOption "确认动作查询", True           ' 需要用户确认动作查询
```

本 章 小 结

本章主要介绍了 VBA 程序设计基础，包括数据类型、变量和常量、运算符、标准函数、数组、控制结构和过程等。其中重点是条件语句和循环语句的基本使用方法，难点为过程调用以及参数传递。

习　　题

1. 基本程序结构有哪几种？VBA 有哪些流程控制语句？
2. 编写一个过程，实现两个数互换。

3. 编写一个过程，实现输入一个年份，判断是否为闰年。闰年的条件是：能被 4 整除且不能被 100 整除或能被 400 整除。

4. 在 Access 中新建窗体，窗体上放置一个标签控件和一个命令按钮，当用户单击命令按钮时，利用 InputBox 函数从键盘上输入三角形的 3 个边长，由程序计算该三角形的面积，并将结果输出到窗体标签控件中。

5. 在 Access 中新建窗体，窗体上放置一个文本框、三个标签控件和一个命令按钮，在文本框中输入一串字符，单击命令按钮可统计字母、数字和其他字符出现的次数，在三个标签控件中显示输出。

第 10 章　VBA 数据库编程

在开发 Access 数据库应用系统时，要想有效地管理数据库、开发出具有实际应用价值的数据库应用程序，还应当学习和掌握 VBA 的数据库编程方法。本章主要介绍数据库引擎及其体系结构、数据库访问接口、数据访问对象(DAO)以及 ActiveX 数据对象(ADO)的数据库编程方法。

10.1　VBA 数据库编程技术简介

10.1.1　数据库引擎及其体系结构

所谓数据库引擎实际上是一组动态链接库(DLL)，当程序运行时被链接到 VBA 程序而实现对数据库的数据访问功能。数据库引擎是应用程序与物理数据库之间的桥梁，它以一种通用接口的方式，使各种类型的物理数据库对用户而言都具有统一的形式和相同的数据访问与处理方法。

在 Access 2007 之前，Access 使用 Microsoft 连接性引擎技术(JET 引擎)进行数据访问。尽管 JET 通常被视为 Access 的一部分，但是 JET 引擎却被用作一个单独的产品。自从 Microsoft Windows 2000 发布之后，JET 已成为 Windows 操作系统的一部分，然后通过 Microsoft 数据访问组件(MDAC)分发或更新。但在 Access 2007 版本之后，JET 引擎已被弃用并不再通过 MDAC 进行分发。现在，Access 改为使用集成和改进的 ACE 引擎(Access 引擎，也称为 Microsoft Access 数据库引擎(ACE 引擎))，通过拍摄原始 JET 基本代码的代码快照来对该引擎进行开发。

ACE 引擎与以前版本的 JET 引擎完全向后兼容，以便从早期 Access 版本读取和写入 (.mdb) 文件。由于 Access 团队现在拥有引擎，因此开发人员可以相信他们的 Access 解决方案不仅可以在未来继续使用，而且具有更快的速度、更强的可靠性和更丰富的功能。例如，对于 Access 2010 版本，除了其他改进，ACE 引擎还进行了升级，可以支持 64 位的版本，并从整体上增强与 SharePoint 相关技术和 Web 服务的集成。Microsoft 努力将 Access 作为一个开发人员平台进行开发。

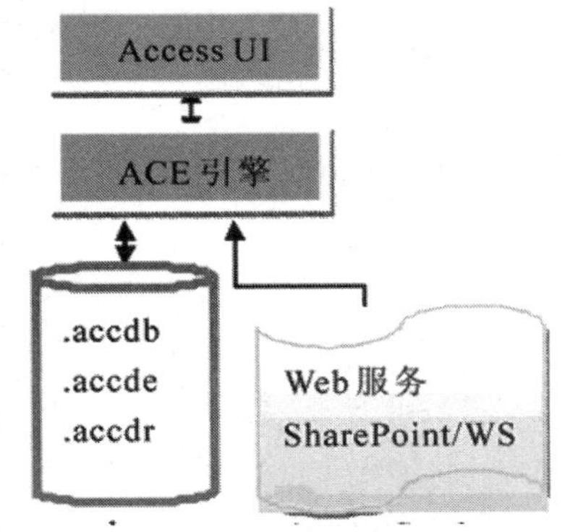

图 10.1　Access 2010 的概念图

图 10.1 显示了 Access(UI)和 ACE(引擎)如何组成完整的数据库管理系统(DBMS)。

Access UI 决定着用户界面和用户通过窗体、报表、查询、宏、向导等查看、编辑和使用数据的所有方式。另一方面，Microsoft Access 引擎(ACE 引擎)提供诸如以下的核心数据库管理服务。

数据存储：将数据存储在文件系统中。

数据定义：创建、编辑或删除用于存储诸如表和字段等数据的结构。

数据完整性：强制防止数据损坏的关系规则。

数据操作：添加、编辑、删除或排序现有数据。

数据检索：使用 SQL 从系统检索数据。

数据加密：保护数据以免遭受未经授权的使用。

数据共享：在多用户网络环境中共享数据。

数据发布：在客户端或服务器 Web 环境中工作。

数据导入、导出和链接：处理来自不同源的数据。

10.1.2　数据库访问接口

在 VBA 中，提供了如下三种基本的数据库访问接口。

(1) 开放数据库互连应用编程接口(Open Database Connectivity API，简称 ODBC API)。

Windows 为各种数据库都提供了 32 位或 64 位 ODBC 驱动程序，以实现应用程序的访问。ODBC 是基于 Windows 平台较老的一种数据库访问方式，目前数据库应用系统的开发中已经很少使用。

(2) 数据访问对象(Data Access Object，简称 DAO)。

DAO 提供了一个数据库访问的对象模型。利用一组数据库访问对象，如 Database、RecordSet 等，实现对数据库的各种操作。DAO 适用于单系统应用程序或小范围本地应用的使用。

(3) Active 数据对象(ActiveX Data Objects，简称 ADO)。

ADO 是基于组件的数据库编程接口，是一个和编程语言无关的 COM 组件系统。使用 ADO 能方便访问任何符合 ODBC 标准的数据库。ADO 是 DAO 的后继者，简单易用，已成为当前数据库开发的主流技术。目前最新的 ADO 版本是基于微软 .NET 框架下的 ADO.NET。

10.1.3　数据访问对象(DAO)

1. DAO 模型结构

数据访问对象(DAO)是 VBA 语言提供的一种数据访问接口，包括数据库、表和查询的创建等功能，通过运行 VBA 程序代码可以灵活地控制数据访问的各种操作。

Access 2010 中的 DAO 引用方法如下：

(1) 打开 Access 数据库窗口，单击“数据库工具”选项卡下“宏”命令组中的“Visual Basic”按钮，进入 VBE 编程环境。

(2) 单击“工具”菜单栏，在弹出的下拉菜单中选择“引用”选项，如图 10.2 所示。

(3) 在打开的“引用”对话框中，勾选“Microsoft DAO 3.6 Object Library”选项，并

单击“确定”按钮，如图 10.3 所示。

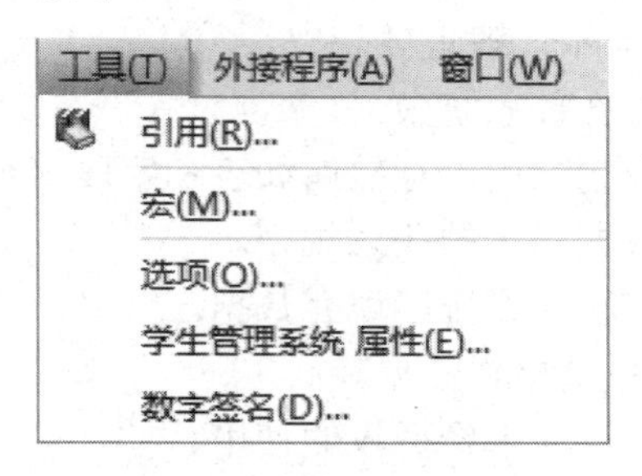

图 10.2　“工具”菜单

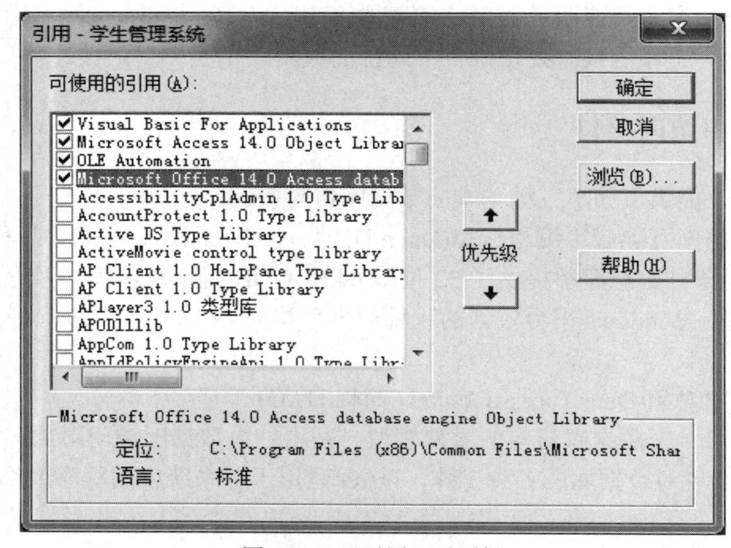

图 10.3　“引用”对话框

DAO 模型的分层结构图如图 10.4 所示。它包含了一个复杂的可编程数据关联对象的层次。其中，DBEngine(数据库引擎)对象处于最顶层，它包含 Error 和 Workspace 两个对象集合。当程序引用 DAO 对象时，只产生一个 DBEngine 对象，同时字段生成一个默认的 Workspace(工作区对象)。DAO 对象层次说明如表 10-1 所示。

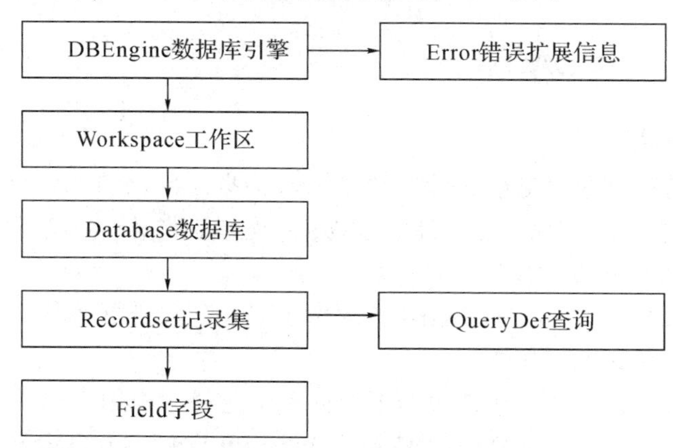

图 10.4　DAO 模型层次简图

表 10-1　DAO 各对象说明

对象层次	说　　明
DBEngine 数据库引擎	表示 Microsoft jet 数据库引擎
Workspace	表示工作区
Database 数据库	表示操作的数据库对象
Recordset 记录集	表示数据操作返回的记录集
Error 错误扩展信息	表示数据提供程序出错时的扩展信息
QueryDef 查询	表示数据库查询信息
Field 字段	表示记录集中的字段数据信息

2. DAO 对象变量的声明和赋值

DAO 对象必须通过 VBA 程序代码来控制和操作。在代码中，必须设置对象变量，然后再通过对象变量使用其下的对象或者对象的属性和方法。

(1) 对象变量的声明，同普通变量的声明一样，声明的关键字可以是 Dim、Private、Public 等。

声明对象变量的语句格式：

　Dim　对象变量名　As　对象类型

例如：

```
Dim wks As Workspace              ' 声明 wks 为工作区对象变量
Dim dbs As Database               ' 声明 dbs 为数据库对象变量
```

(2) 对象变量的赋值，Dim 只是声明了对象变量的类型，对象变量的值必须通过 Set 赋值语句来赋值。

Set 赋值语句的格式：

　Set　对象变量名称　=　对象指定声明

例如：

```
Set wks = DBEngine.Workspaces (0)                        ' 打开默认工作区(即 0 号工作区)
Set dbs = wks.OpenDatabase("e:\Access\职工管理.mdb")      ' 打开数据库
```

10.1.4　ActiveX 数据对象(ADO)

ADO 又称 OLE 自动化接口，是访问 Microsoft 推出的最新、功能最强的应用程序的接口。它是一种 ActiveX 对象，采用了被称为 OLE DB 的数据访问模式。OLE DB 与开放式数据库很相似，是一个便于使用的新的低层接口，以统一的方式访问存储在不同信息源中的数据(包括关联和非关联数据库，电子邮件和文件系统，文本和图形，自定义商业对象等)。使用 ADO 以后，OLE DB 变得更简单。ADO 是基于组件的数据库编程接口，它是一个和编程语言无关的 COM 组件系统。使用 ADO 能方便地访问任何符合 ODBC 标准的数据库。

1. ADO 对象模型

如果需要在 Access 模块设计的 VBA 代码中使用 ADO 对象，必须首先增加 Access 系统对 ADO 库的引用。设置引用库的方法与 DAO 一致，ADO 引用对话框如图 10.5 所示。

ADO 对象模型图如图 10.6 所示，它提供一系列数据对象供用户使用。不过，ADO 接口与 DAO 不同，ADO 对象不须派生，大多数对象都可以直接创建(Field 和 Error 除外)，没有对象的分级结构，使用时，只需在程序中创建对象变量，并通过对象变量来调用访问对象方法、设置访问对象属性，这样就实现对数据库的各项访问操作。ADO 只需要九个对象和四个集合(对象)就能提供整个功能。

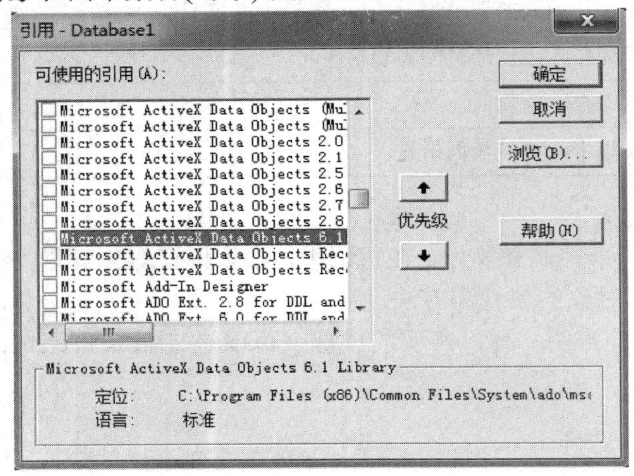

图 10.5　ADO 引用对话框

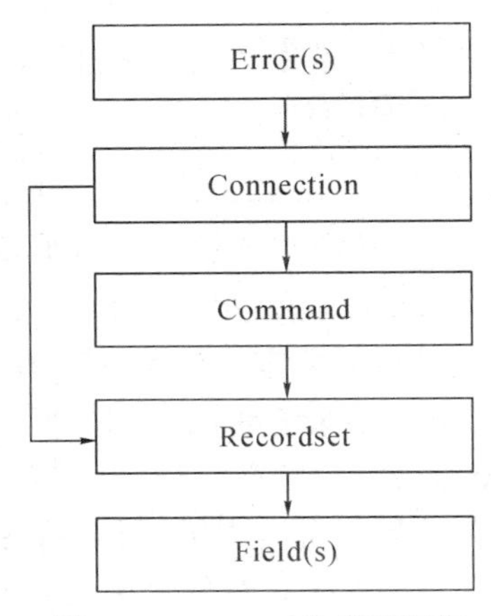

图 10.6　ADO 对象模型简图

ADO 对象模型定义了一个可编程的分层对象集合，主要由 Connection、Command 和 Recordset 三个对象成员以及 Error、Parameters 和 Fields 等集合对象组成。各对象的主要功能如表 10-2 所示。

表 10-2　ADO 对象模型说明

对象	主 要 功 能
Connection	连接数据源
Command	从数据源获取所需数据的命令信息
Recordset	所获取的记录组成的记录集
Error	访问数据时数据源返回的错误信息
Fields	记录中某个字段的信息

2. ADO 对象变量的声明

ADO 对象必须通过 VBA 程序代码来控制和操作。在代码中，必须设置对象变量，然后再通过对象变量使用其下的对象或者对象的属性和方法。

声明对象变量的语句格式：

Dim　对象变量名称　As　ADODB.对象类型

例如：

```
Dim con As New ADODB.Connection        ' 声明一个连接对象变量
Dim res As New ADODB.RecordSet         ' 声明一个记录集对象变量
```

注意，ADODB 是 ADO 类型库的短名称，用于识别与 DAO 中同名的对象。例如，DAO

中有 RecordSet 对象，ADO 中也有 RecordSet 对象，为了能够区分开来，在 ADO 中声明 RecordSet 类型对象变量时，采用 ADODB.RecordSet 进行声明。总之，在 ADO 中声明对象变量时，一般都要用上“ADODB.”前缀。

3. ADO 对象的使用方法

ADO 存取数据的主要对象操作有以下几种。

(1) 连接数据源。利用 Connection 对象可以创建一个数据源的连接，并利用其 Open 方法打开该连接。其语法格式如下：

```
Connection.Open ConnectionString，UserID，Password，Option
```

其中，ConnectionString 是用于连接数据库的字符串，UserID 是登录数据库的用户账号，Password 是对应的密码，Option 为连接选项。

(2) 打开记录集对象或执行查询。数据库连接后，可以利用 Recordset 对象打开记录集，并对记录集中的数据进行各种操作。下面主要介绍 Recordset 的一些常用方法和属性，并假定 Recordset 记录集变量为 rs。

利用 Open 方法可以打开一个指定的记录集，其语法格式如下：

```
Dim rs As ADODB.RecordSet          ' 创建 RecordSet 对象实例
rs.Open [Source][, Activeconnection][, Cursorttype][, Locktype][, Option] ' 打开记录集
```

其中各个可选项的含义如下：

Source 可选项，表示指定的记录集，可以是一条 SQL 语句、表名、存储过程或 Command 对象；

Activeconnection 可选项，指定合法的且已经打开的 Connection 变量；

Cursorttype 可选项，确定打开记录集对象使用的游标类型；

Locktype 可选项，确定打开记录集对象使用的锁定类型；

Option 可选项，指定 Source 参数中内容的类型，如表、存储过程等。

(3) 使用记录集。使用记录集包括记录指针的移动和记录的操作。

① 记录指针移动。在对数据集中的记录进行处理时，常常需要移动当前记录的指针。Recordset 对象记录指针的移动方法如下：

MoveFirst：记录指针移动到第一条记录，使用方法 rs.MoveFirst。

MoveNext：记录指针移动到当前记录的下一条记录，使用方法 rs.MoveNext。

MovePrevious：记录指针移动到当前记录的上一条记录，使用方法 rs. MovePrevious。

MoveLast：记录指针移动到最后一条记录，使用方法 rs.MoveLast。

Move：记录指针移动到相对于当前的第几条记录，使用方法 rs.Move 8，表示向后移动 8 条记录。

② 操作记录。Recordset 对象操作记录的方法如下：

AddNew：向记录集中添加一条新记录，使用方法 rs.AddNew。

Delete：从记录集中删除记录，使用方法 rs.Delete。

Update：保存对当前记录集所做的修改，使用方法 rs.Update。

Edit：使记录集处于可编辑状态，使用方法 rs.Edit。

(4) 关闭连接或记录集。在应用程序结束之前，应该关闭并释放分配给 ADO 对象(一

般为 Connection 对象和 Recordset 对象)资源。关闭连接或记录集使用的方法为 Close 方法，具体如下：

```
' 关闭对象
Object.Close     ' Object 为 ADO 对象
' 回收资源
Set Object = Nothing   ' Object 为 ADO 对象
```

(5) 重要属性。利用 Recordset 记录集对象的相关属性，能够判断当前记录集的状态。利用属性如下：

BOF：记录指针是否在记录集的开始，即第一条之前。

rs.BOF = True，表示到达开始位置；

EOF：记录指针释放到达记录集的末尾，即最后一条记录之后。

rs.EOF = True，表示到达末尾；

扫描循环语句的执行条件时，rs.EOF = False 或 Not rs.EOF。

RecordCount：获取 Recordset 对象中的记录数，使用方法 rs.RecordCount。

【例 10-1】 下列过程的功能是通过对象变量返回当前窗体的 Recordset 属性记录集引用，消息框中输出记录集的记录(即窗体记录源)个数。

```
Sub GetRecNum()
    Dim rs As Object
    Set rs = Me.Recordset
    MsgBox rs.RecordCount
End Sub
```

其中，对象变量 rs 返回了当前窗体的 RecordSet 属性记录集的引用，那么通过访问对象变量 rs 的属性 rs.RecordCount 就可以得到该记录集的记录个数，引用方法为 rs.RecordCount。

10.2 VBA 数据库编程技术

Access 环境下的数据库编程大致可以划分为以下三种情况：

(1) 利用 VBA+ADO(或 DAO)操作当前数据库。

(2) 利用 VBA+ADO(或 DAO)操作本地数据库(ACCESS 数据库或其他)。

(3) 利用 VBA+ADO(或 DAO)操作远端数据库(ACCESS 数据库或其他)。

对于这些数据库的编程和操作，可以通过前面介绍的 ADO 和 DAO 技术来实现。下面对这些编程技术的常用套路来分别进行阐述。

10.2.1 数据访问对象 DAO 的编程套路

```
' 定义对象变量
Dim ws As DAO.Workspace
Dim db As DAO.Database
```

```
Dim rs As DAO.Recordset
' 设置对象变量的值
Set ws = DBEngine.Workspaces(0) '默认工作区
Set db = ws.OpenDatabase(<数据库文件名>)
' Set db = CurrentDB()  直接打开 Access 中的当前数据库
Set rs = db.OpenRecordset(<表名、查询名或 SQL 语句>)
Do While Not rs.EOF
    ......
    rs.MoveNext
Loop
' 关闭记录集、数据库，释放资源
rs.Close
db.Close
Set rs = Nothing
Set db = Nothing
```

【例 10-2】 使用子过程 SetAgePlusl 将当前 Access 数据库中的学生基本信息表的“年龄”字段都加 1，具体代码如下：

```
Sub SetAgePlusl()
' 定义对象变量
Dim db As DAO.Database                    ' 数据库对象
Dim rs As DAO.Recordset                   ' 记录集对象
Dim fd As DAO.Field                       ' 字段对象
```

注意：如果操作当前数据库，可用 Set db = CurrentDb()来替换下面两条语句。

```
Set db = CurrentDb()                              ' 打开当前数据库
Set rs = db.OpenRecordset("学生基本信息表")        ' 返回“学生基本信息表”表记录集
Set fd = rs.Fields("年龄")
' 对记录集是用循环结构进行遍历
Do While Not rs.EOF
        rs.Edit
        fd = fd+1
        rs.Update
        rs.MoveNext
Loop
' 关闭并回收对象变量
rs.Close
db.Close
Set rs = Nothing
Set db = Nothing
End Sub
```

10.2.2　ActiveX 数据对象(ADO)的编程套路

ADO 编程总体思路：

(1) 定义和创建 ADO 对象实例变量；

(2) 打开数据库连接——Connection；

(3) 设置命令参数并执行命令——Command；

(4) 返回记录集——SELECT 语句；

(5) 不返回记录集——DELETE、UPDATE、INSERT；

(6) 设置查询参数并打开记录集——Recordset；

(7) 操作记录集；

(8) 关闭、回收相关对象。

代码模板一

```
' 创建连接对象、结果集对象
Dim cn As New ADODB.Connection
Dim rs As New ADODB.Recordset

' 打开数据库连接
cn.Open "数据库连接字符串"
' 直接在当前数据库连接上执行 SQL 查询，返回结果集
rs.Open "SQL 查询语句"，cn

' 操作结果集中的数据
Do While Not rs.EOF
    ......
    rs.MoveNext
Loop
' 资源释放
rs.Close
cn.Close
Set rs = Nothing
Set cn = Nothing
```

代码模板二

```
Dim cn As New ADODB.Connection
Dim cm As New ADODB.Command

cn.Open "数据库连接字符串"
' 设置 Command 对象的属性
With cm
    .ActiveConnection = cn
```

```
    .CommandType = adCmdText
    .CommandText = "SQL 语句"
End With
' 调用 Command 对象的 Execute，返回结果集
Dim rs As ADODB.Recordset
Set rs = cm.Execute
' 操作结果集
Do While Not rs.EOF
    ......
    rs.MoveNext
Loop
```

【例 10-3】 学生管理系统数据库有数据表“教师基本信息”，其中有“教师编号”、“教师姓名”、“性别”和“职称”4 个字段。下面程序的功能是：通过窗体向“教师基本信息”表中添加教师记录。对应“教师编号”、“教师姓名”、“性别”和“职称”4 个文本框的名称分别为：tNo、tName、tSex 和 tTitle。当单击窗体上的“添加”命令按钮(名称为 Command1)时，首先判断编号是否重复，如果不重复，则向教师基本信息表中添加教师记录；如果编号重复，则给出提示信息。

主要代码如下：

```
Private ADOcn As New ADODB.Connection          'ADOcn 定义为 ADODB 连接对象
Private Sub Form_Load()                        ' 打开窗口时，连接 Access 本地数据库
  Set ADOcn = CurrentProject.Connection        ' 初始化为连接当前数据库时要使用此语句
End Sub
Private Sub Command1_Click()
' 追加教师记录
Dim strSQL As String
Dim ADOcmd As New ADODB.Command
Dim ADOrs As New ADODB.Recordset
Set ADOrs.ActiveConnection = ADOcn
ADOrs.Open "Select 教师编号 From 教师基本信息 Where 教师编号 ='"+tNo+"'"
If Not ADOrs.EOF Then
    MsgBox "你输入的教师编号已经存在，不能添加！"
Else
    ADOcmd.ActiveConnection = ADOcn
    strSQL = “Insert Into 教师基本信息表(教师编号，教师姓名，性别，职称)”
    strSQL = strSQL + "Values(' " + tNo + " ', ' "+tName + " ', ' " + tSex + " ', ' " + tTitles + " ') "
    ADOcmd.CommandText = strSQL
    ADOcmd.Execute
    MsgBox "添加成功，请继续！"
    End If
```

```
        ADOrs.Close
        Set ADOrs = Nothing
    End Sub
```

10.2.3　数据处理中的几个函数

在对数据库访问和处理时，一般都会使用到几个特殊聚合函数和方法，下面简要介绍4种函数。

(1) Nz 函数。

将 Null 值转换为 0、空字符串""或者其他指定的值，调用格式为：

Nz(表达式, 指定值)

当“指定值”参数省略时，如果表达式为数值型且值为 Null，Nz 函数返回 0；如果表达式为字符型且值为 Null，Nz 函数返回空字符串("")。当“指定值”参数存在时，如果表达式为 Null，则 Nz 函数返回“指定值”。

(2) DCount 函数、DAvg 函数、DSum 函数。

调用格式和含义如下：

```
DCount(字段, 记录集, 条件式)     ' 返回记录集(表名或 SQL 语句)中的记录数
DAvg(字段, 记录集, 条件式)       ' 返回记录集中某字段的平均值
DSum(字段, 记录集, 条件式)       ' 返回记录集中某字段的和
```

其中：

字段：用于标识统一的字段。

记录集：是一个字符串表达式，可以是表的名字或查询的名字。

条件式：是可选的字符串表达式，用于限制函数执行的数据范围。一般要组织成 SQL 表达式中的 WHERE 子句，只是不含 WHERE 关键字，如果忽略，则函数在整个记录集的范围内计算。

例如：

```
DCount("教师编号", "教师基本信息表", "性别 ='女'")
' 计算教师基本信息表中女教师的人数
DAvg("年龄", "学生基本信息表", "生源地 ='北京'")
' 计算学生基本信息表中生源地是北京的学生的平均年龄。
```

(3) DMax 函数和 DMin 函数。

DMax(字段，记录集，条件式)：返回记录集(表名或 SQL 语句)某个字段列数据的最大值；

DAvg(字段，记录集，条件式)：返回记录集(表名或 SQL 语句)某个字段列数据的最小值；

其中：

字段：用于标识统一的字段。

记录集：是一个字符串表达式，可以是表的名字或查询的名字。

条件式：是可选的字符串表达式，用于限制函数执行的数据范围。一般要组织成 SQL

表达式中的 WHERE 子句，只是不含 WHERE 关键字，如果忽略，则函数在整个记录集的范围内计算。

例如：

```
DMax("年龄","教师基本信息表","性别 ='女'")    ' 求教师基本信息表中女教师年龄最大值
```

(4) DLookup 函数。调用格式为：

```
DLookup(字段，记录集，条件式)    '从指定记录集里检索特定字段的值
```

其中：

字段：用于标识统一的字段。

记录集：是一个字符串表达式，可以是表的名字或查询的名字。

条件式：是可选的字符串表达式，用于限制函数执行的数据范围。一般要组织成 SQL 表达式中的 WHERE 子句，只是不含 WHERE 关键字，如果忽略，则函数在整个记录集的范围内计算。

【例 10-4】 根据窗体上一个文本框控件(名为 tNum)中输入的课程编号，将“课程表”里对应的课程名称显示在另一个文本控件(名为 tName)中。代码如下：

```
Private Sub tNum_AfterUpdate()
    Me.tName = DLookup("课程名称", "课程", "课程编号 ='" & Me.tNum & "'")
End Sub
```

注意 Dlookup 函数的使用，其中表达式用来指定要查询的字段，即“课程名称”；记录集用来指定要查询的范围，即“课程表”；条件式用来指定查询条件，即“课程编号 ='" & Me.tNum & "'”。

本章小结

本章介绍了数据库引擎及其体系结构的相关知识点；阐述了 3 种常见的数据库访问接口技术；重点讲解了数据访问对象(DAO)以及 ActiveX 数据对象(ADO)的数据库编程方法；介绍了数据处理中几个函数的使用方法。

习　题

1. 在 VBA 中，提供了哪三种基本的数据库访问接口？
2. 思考主要 ADO 对象的使用方法。
3. 思考数据处理中的常用函数。

第 11 章　Access 数据库应用系统开发实例

11.1　应用系统的开发过程

开发一个数据库应用系统，通常分为以下六个步骤：

(1) 需求分析及模块设计；

(2) 数据库设计；

(3) 查询设计；

(4) 系统窗体的创建；

(5) 报表的设计；

(6) 系统的运行。

下面结合“学生信息管理系统”的开发过程，介绍应用系统开发步骤的细节。

11.2　需求分析及模块设计

学生信息管理系统用来管理与学生相关的各种数据，能够实现学生、课程以及学生成绩等相关数据信息化、规范化的功能，提高学校的信息化管理水平。

学生信息管理系统的需求分析如下：

(1) 学生信息的录入、更新、删除、查询和打印。

(2) 课程信息的录入、删除、更新和查询。

(3) 选课信息的录入、删除、更新、查询和打印。

(4) 考虑到数据库安全问题，还需对使用数据库系统的人员加以限制，只有在管理员表里登记在册的人员才能进入数据库系统进行操作。

基于上述分析，可以将学生信息管理系统分为 4 个模块，包括学生信息管理模块、课程信息管理模块、选课信息管理模块及管理员登录模块。

(1) 学生信息管理模块，实现对学生信息的管理、查询和打印，其基本功能包括学生学籍信息的查询、添加、删除、更新及查询等。其中查询的具体信息包括学生的学号、姓名、性别、电话、住址等，查询学生信息又可以根据不同的输入条件进行查询。

(2) 课程信息管理模块，实现对课程信息的管理和查询，其基本功能包括添加课程信息、修改课程信息、删除课程信息及查询课程信息。其中查询课程信息也可以根据不同的输入条件进行查询。

(3) 选课信息管理模块，实现对学生选课信息的管理，其基本功能包括添加学生成绩、修改学生成绩、删除学生成绩、查看学生选课成绩及打印学生成绩。

(4) 管理员登录模块，实现对使用数据库系统的人员的限制，只有输入正确的用户名和密码才能进入数据库系统进行操作。

11.3　数据库设计

数据库设计最重要的就是数据表结构的设计，数据表作为数据库中其他对象的数据源，数据表设计结构的好坏直接影响到数据库系统的性能，也直接影响整个系统设计的复杂程度，因此数据表设计既要满足需求，又要具有良好的结构。

根据“学生信息管理系统”的业务需求，本系统共设计了 4 个数据表：“学生”表、“课程”表、“选课成绩”表和“管理员”表。

11.3.1　创建数据表

1. “学生”表

“学生”表的结构，如表 11-1 所示。

表 11-1　“学生”表结构

序号	字段名	是否主键	数据类型	字段大小	小数位	说　明
1	学号	主键	文本	7		
2	姓名		文本	20		
3	性别		文本	1		
4	身份证号		文本	18		
5	入学日期		日期/时间	8		
6	照片	外键	OLE 对象	4		
7	家庭住址		文本	30		
8	备注		备注	4		

2. “课程”表

“课程”表的结构，如表 11-2 所示。

表 11-2　“课程”表结构

序号	字段名	是否主键	数据类型	字段大小	小数位	说　明
1	科目代码	是	文本	4		
2	科目名称		文本	20		
3	说明		文本	40		

3. “选课成绩”表

“选课成绩”表的结构，如表 11-3 所示。

表 11-3　“选课成绩”表结构

序号	字段名	是否主键	数据类型	字段大小	小数位	说明
1	学号	外键	文本	7		“学号+科目代码”为主键
2	科目代码	外键	文本	4		
3	成绩		数字	6	1	

4.“管理员”表

“管理员”表的结构，如表 11-4 所示。

表 11-4　“管理员”表结构

序号	字段名	是否主键	数据类型	字段大小	小数位	说明
1	管理员账号	是	文本	10		
2	管理员密码		文本	10		

11.3.2　创建表之间的关系

要保证数据库各个表之间的一致性和相关性，就必须创建表之间的关系。

具体操作步骤如下：

(1) 分别为“学生”表、“课程”表和“选课成绩”表的相关字段建立索引。

(2) 单击“数据库工具”选项卡中“关系”组中的“关系”按钮。

(3) 右击关系试图中的空白处，在弹出的快捷菜单中单击“显示表”按钮，打开“显示表”对话框。

(4) 在“显示表”对话框中，分别双击“学生”、“选课成绩”和“课程”表，将 3 个表添加到“关系”视图中。

(5) 单击“关闭”按钮，关闭“显示表”对话框。

(6) 选定“学生”表中的“学号”字段，然后按下鼠标左键并拖动到“成绩”表中的“学号”字段上，松开鼠标，此时屏幕打开如图 11.1 所示的“编辑关系”对话框。

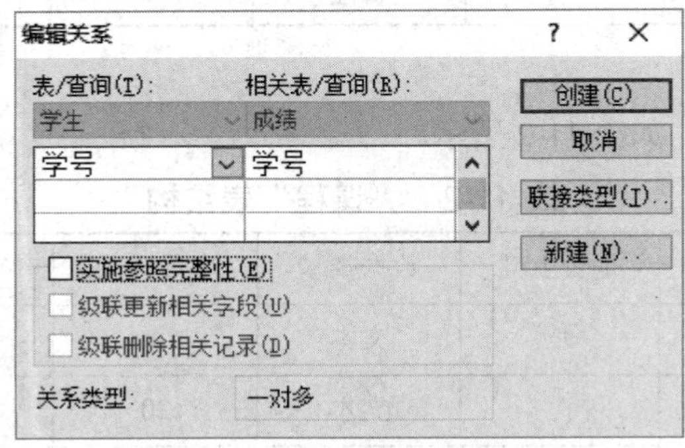

图 11.1　“编辑关系”对话框

(7) 在“编辑关系”对话框中选择“实施参照完整性”复选框，然后单击“创建”按钮，建立“学生”表和“选课成绩”表之间的一对多关系。

(8) 重复步骤(6)和(7)的方法继续为各表之间创建关系，得到的关系图如图 11.2 所示。

(9) 保存关系。

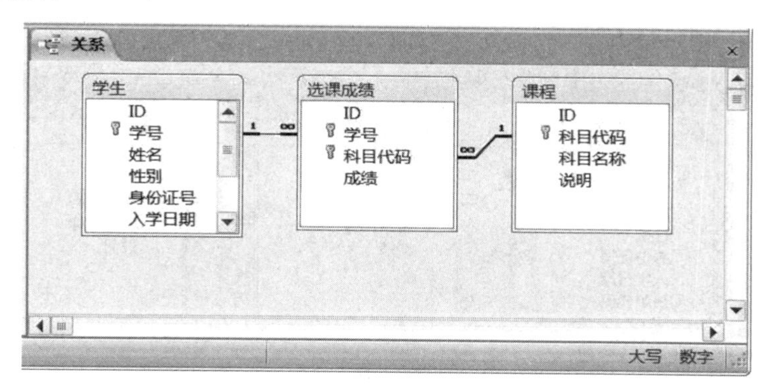

图 11.2　创建了表间关系后的“关系”窗口

11.4　查询设计

为了配合整个系统的功能，使用了多个查询，主要查询如下。

(1) 查询成绩。查询学生所选课程的成绩，该查询是一个选择查询，查询过程如图 11.3 所示，其结果如图 11.4 所示。

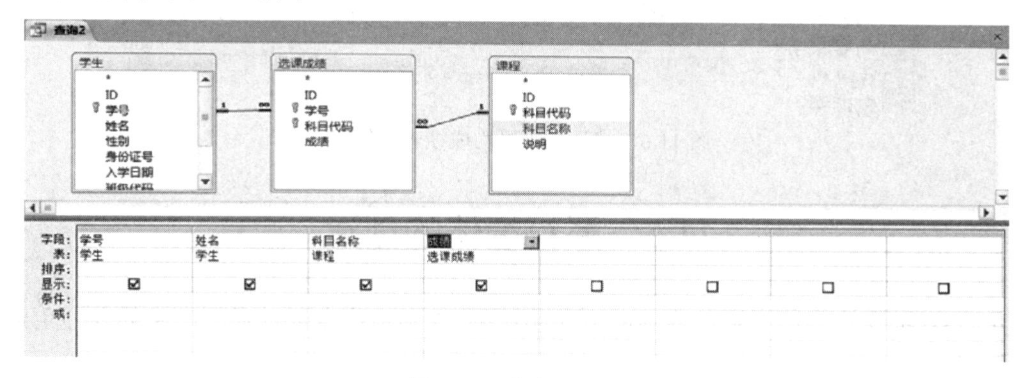

图 11.3　查询设计器

选择查询

学号	姓名	科目名称	成绩
2160101	王国强	计算机	85
2160101	王国强	数据库	86
2160101	王国强	高等数学	68
2170102	程向前	计算机	76
2170102	程向前	数据库	92
2170102	程向前	高等数学	88
2170302	宋立志	计算机	75
2170302	宋立志	数据库	76
3151401	高伟华	计算机	85
3151401	高伟华	数据库	59
3151401	高伟华	高等数学	77
3151402	李莹莹	计算机	86
3151402	李莹莹	数据库	78
3151402	李莹莹	高等数学	55

图 11.4　学生选课成绩查询结果

(2) 统计成绩。统计各门课程的平均成绩，该查询是一个交叉表查询。查询过程如图 11.5 所示，其结果如图 11.6 所示。

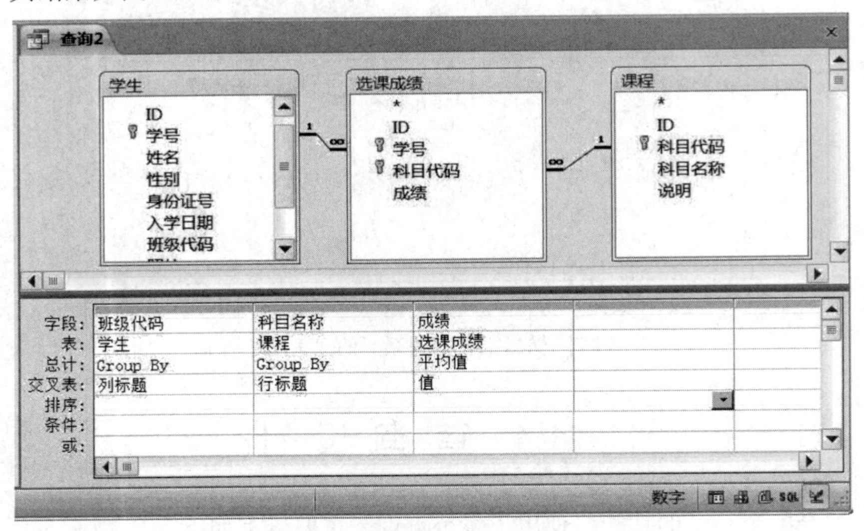

图 11.5 创建交叉表查询

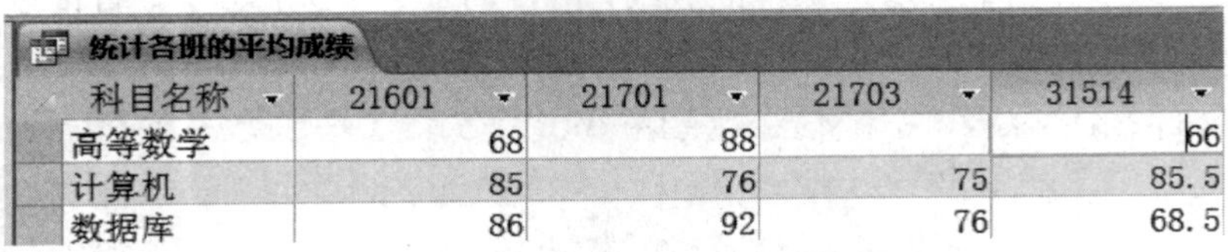

统计各班的平均成绩

科目名称	21601	21701	21703	31514
高等数学	68	88		66
计算机	85	76	75	85.5
数据库	86	92	76	68.5

图 11.6 统计各班平均成绩查询结果

11.5 系统窗体的创建

Access 的用户界面是通过窗体的方法实现的，“学生信息管理系统”中的部分主要窗体如下。

(1) 管理员登录主界面：该窗体设计是为了保证数据库系统使用的安全性，要求输入用户名和密码，操作界面如图 11.7 所示。

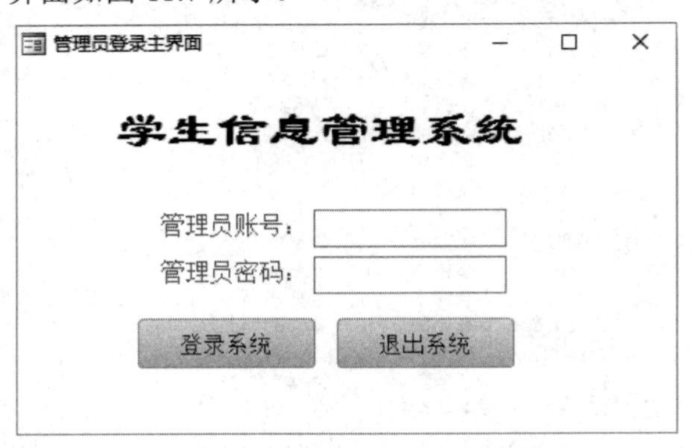

图 11.7 “管理员登录”窗体

(2) 输入学生基本信息：该窗体用于学生基本信息的录入工作，选择学生表作为窗体的数据源，如图 11.8 所示，学生基本信息设计视图如图 11.9 所示，学生基本信息窗口显示如图 11.10 所示。

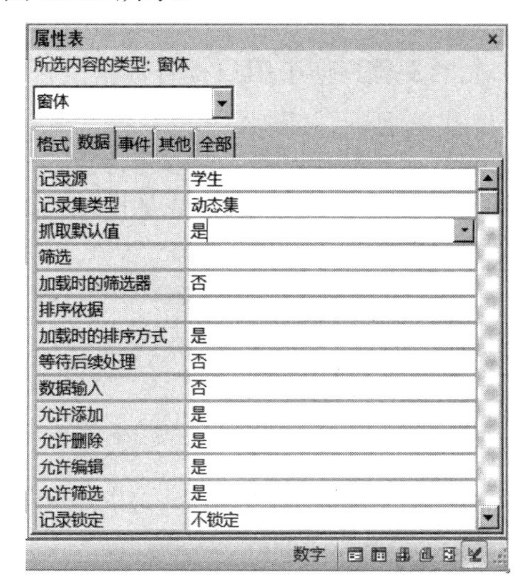

图 11.8　设置窗体数据源

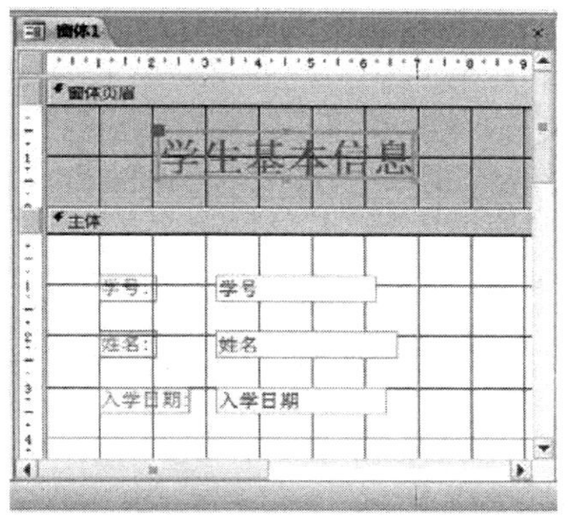

图 11.9　“学生基本信息”设计视图

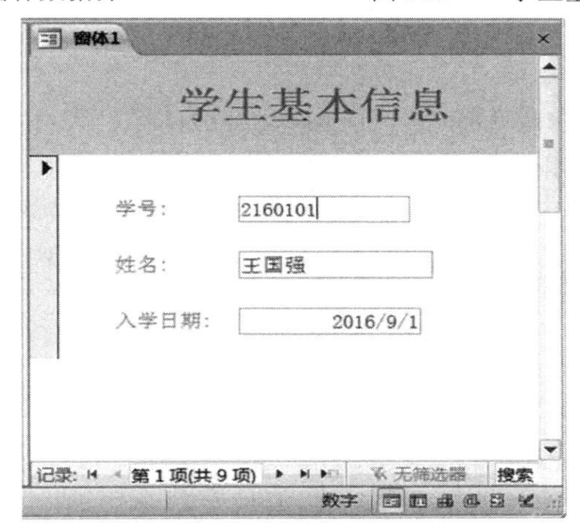

图 11.10　“学生基本信息”窗体视图

(3) 各班级学生人数统计：该窗体用于显示各班级的人数统计，其窗口显示如图 11.11 所示。

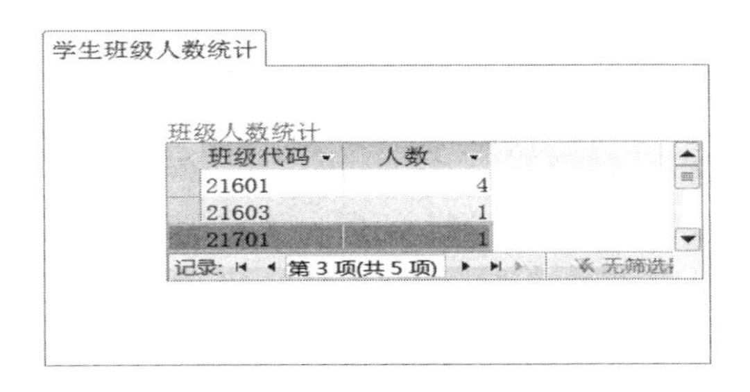

图 11.11　“各班级学生人数统计”窗体

11.6　报表的设计

报表的创建是为信息管理系统的用户提供书面的文档，便于用户查看数据，并能提供分组和汇总的数据。

本系统设计并创建了多张报表，以完成系统的打印和输出功能，主要报表如下。

(1) 学生基本信息：该报表用于浏览和打印输出学生基本信息，属性表如图 11.12 所示，用于选择学生记录源，浏览结果如图 11.13 所示。

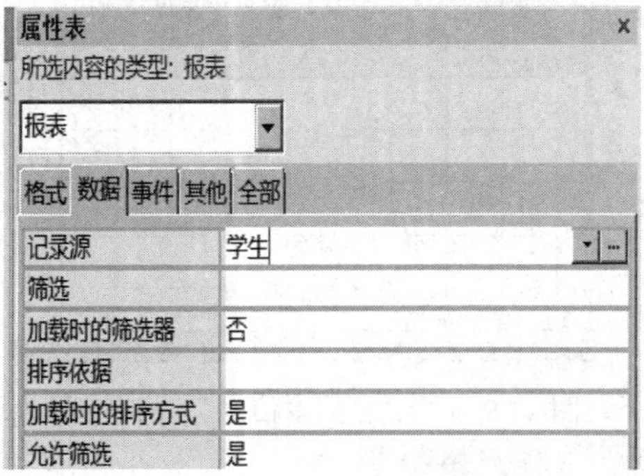

图 11.12　选择“学生”记录源 　　图 11.13　“学生基本信息”报表预览

(2) 学生选课成绩：该报表用于打印学生选课成绩单，选择排序字段如图 11.14 所示，其浏览结果如图 11.15 所示。

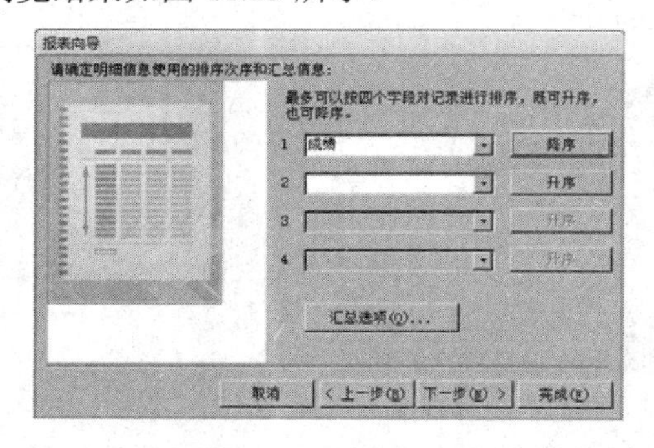

图 11.14　选择排序字段

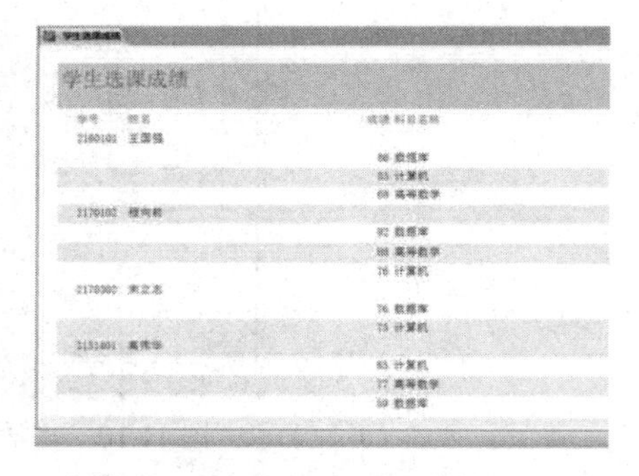

图 11.15　“学生选课成绩”报表浏览

11.7　系统的运行

当系统的以上各构成部分都设计完毕后，用户就已经设计了一个完整的“学生信息管理系统”。为了使数据库系统更加安全和方便用户使用，可在 Access 中启动运行主窗口。在此，设计一个自动运行宏，在数据库启动时自动打开登录窗体，当用户身份验证通过后再打开主窗体，其他功能通过菜单调用来完成。此过程经过多次试用，并加以认真调试，才能确保投入使用。

本章小结

本章以“学生信息管理系统”为例，从需求分析及模块设计、数据库设计、查询设计、系统窗体的创建、报表的设计、系统的运行六个方面简单介绍了应用系统开发过程。

参 考 文 献

[1] 祝群喜. 数据库基础教程(Access 2010 版). 北京：清华大学出版社，2014.
[2] 祝群喜. 数据库基础上机实验指导(Access 2010 版). 北京：清华大学出版社，2014.
[3] 教育部考试中心. 全国计算机等级考试二级教程：Access 数据库程序设计(2016 年版). 北京：高等教育出版社，2015.
[4] 罗晓娟，周锦春. Access 2010 数据库应用教程. 北京：清华大学出版社，2015.
[5] 张玉洁. 数据库与数据处理 Access 2010 实现. 北京：机械工业出版社，2013.
[6] 卢湘鸿. Access 数据库与程序设计. 北京：电子工业出版社，2008.
[7] 刘国燊. 数据库技术基础及应用. 2 版. 北京：电子工业出版社，2008.
[8] (美)Jeffrey A Hoffer，Mary B Prescott，Fred R McFadden. 现代数据库管理. 8 版. 刘伟琴，张芳，史新元，译. 北京：清华大学出版社，2008.